À ciel ouvert

Les canaux d'irrigation en pays de Vanoise

5-7, rue de l'Ecole-Polytechnique, 75005 Paris

www.harmattan.com

ISBN : 978-2-343-12063-8
EAN : 9782343120638

Brien A. Meilleur, Fabrice Mouthon
et Anne-Marie Bimet

À ciel ouvert

Les canaux d'irrigation en pays de Vanoise

L'Harmattan

Des mêmes auteurs

Brien A. Meilleur

1985 *Gens de montagne, plantes et saisons : Termignon en Vanoise*, Grenoble, Musée Dauphinois.
2008 *Terres de Vanoise : agriculture en montagne savoyarde,* Grenoble, Musée Dauphnois.

Avec M. Maigret et R. Manshardt

1997 *Hala and Wauke in Hawai'i*, Honolulu, Bishop Museum Press.

Avec R. Jones, A. Titchenal et A. Huang

2004 *Hawaiian Breadfruit : ethnobotany, nutrition, and human ecology*, Honolulu, College of Tropical Agriculture and Human Resources, University of Hawai'i at Manoa.

Avec B. Vinceti et W. Amaral (éds.)

2004 *Challenges in Managing Forest Genetic Resources for Livelihoods : examples from Argentina and and Brazil.* Rome, International Plant Genetic Resources Institute (en anglais et en espagnol).

Fabrice Mouthon

2009 *Les Bauges médiévales. Société paysanne société de montagne*, Chambéry, Université de Savoie.
2010 *Savoie médiévale. Naissance d'un espace rural*, Chambéry, Société Savoisienne d'Histoire et d'Archéologie.
2011 *Histoire des anciennes populations de montagne. Des origines à la modernité*, Paris, L'Harmattan.
2012 *Phileas Fogg ou la mondialisation*, Lyon, éditions Persée.
2014 *Le paysan au Moyen Âge*, Paris, éditions Gisserot.

2014 *Les communautés rurales dans l'Europe du Moyen âge. Une autre histoire politique*, Rennes, Presses Universitaires de Rennes.
2016 *La naissance des communs. Eaux, forêts, alpages dans les montagnes de Savoie (XIIe-XVIe siècles)*, Chambéry, Société Savoisienne d'Histoire et d'Archéologie.

Avec N. Carrier

2010 *Paysans des Alpes. Les communautés montagnardes au Moyen Âge*, Rennes, Presses Universitaires de Rennes.

Remerciements

Le financement pour la majorité des recherches menant à la production de ce livre a été fourni par le Parc national de la Vanoise et la Région Rhône-Alpes, et publié avec le concours du Centre de la Culture Savoyarde et l'Académie de la Val d'Isère, à qui nous exprimons notre sincère gratitude. Nous remercions aussi vivement les personnes suivantes pour l'assistance qu'elles ont apportée au projet, soit par leur aide logistique soit en tant qu'expert local ou par la mise à disposition de leurs archives familiales : Christian Abry, Serge Anxionnaz, Jean Arnaud, Monique et Roger Arnaud, René-Gérard Arpin, Habiba Atamaa, Françoise Ballet, Louis Bantin, Bruno Barral, Marie-Pierre Bazan, Henri Béguin, Jacky Bellisard, Jean-René Benoit, Alexis Bermond, Éliane Bermond, Yvette et Pierre Bermond, André Bernard, Marc Bernard, Alexis Bétemps, Antoine Bimet, Raymond Bimet, Roger Bimet, Jean-Auguste Blanc, Yvon Blanc, Michel Blanche, Alain Bonnevie, Jean Borrel, Gérard Buisson, Irma et Charles Buthod, Hervé Catenne, Christian Chaludet, Fernand Chamiot, Charlotte et Marie-Thérèse Chapuis, Gilles Charvet, Annie Chazal, Suzanne Chenal, Émile Chenu, Marie-Noëlle et Alain Chevassu, Élisabeth Chevronnet, Gabriel Chevronnet, Hélène Chiapusso, René Clappier, Sylvie Claus, Anne Collaudin, Christian Combet, Emmanuelle Combet, Marie-Rose Corréard, Liliane Costerg-Sabatier, Auguste Côte, Nicole et Philippe Cottereau, Arthur Couvert, Jean-François Dalix, Paul Dalix, Justin Damé, Janik Deléglise, Émilie Dreyfus, Jean-Pierre Dubourgeat, Claude Dunand, Yves Dunand, Evelyne Dupont, Th. Dutoit, Augusta Eard, Chantal Empereur, Roland Emprin, Élise Etiévent , Jean-Luc Etiévant, Claude Excoffier, Hubert Excoffier, Marcelle Excoffier, Raphaël Excoffier, Camille et Raymond Favre, Marcel Favre, Annie Ferbayre, Alain Filliol, Josette Filliol, Bernard Fraissard, François Fraissard, Yvette Fraissard, Roger Gaide, Esther Gaidet, Léon Gaidet, Louise et Paul Gaimard, Jean-Marie Gros, Alice Joisten, Jean-Pierre Jorcin, Claire Lagaye, Philippe Leveau, Georges Lozat, Philippe Marchenay, S. Massonat, Alexandre Meilleur, Lucien Merendet, Apollon Mestrallet, Joseph Mestrallet, Daniel Miédan-Peisey, Pierre Milloz, Louis Modelon, Gaston Mollard, Maurice Mollard, Jean-Marc Mollet, Julien Montaz, Juliette Montaz, Eugène Mugnier, René Mugnier, Danièle Munari, Christian Neumüller, Georges Nuer, Gérard Paraz, Gaston Pascal-Mousselard, Jean-Louis Pautas, Julia Payn, Jean-Luc Penna, Roger Peracio, Fabrice Personnaz, Georges Personnaz, Bernard Pinaud, Léon Placent,

Véronique Plaige, Guy Plassiard, Raphaëlle Poirier, Georges et Joseph Quey, Jean-Claude Raffin, Christian Raffort, Bernard Rémy, Albert Revial, Roger Richard, Joël Roche, André Romanaz, Jean Romanaz, Paul Romanaz, Germain Rosaz, Georges Sansoz, Francis Tracq, Madeleine et Albert Tresallet, Julie et Roger Usannaz, René Utile-Grand, Rosette et Jean-Yves Vallat, Simone et Henri Valloire, Pascale Vidonne, Lucien Vincendet, Paul Vion, Rémi Zanatta, Valentina Zingari. Julia Villette a contribué pour une part importante à la description physique du massif de la Vanoise au chapitre 2.

Introduction

L'eau est source de toute vie. Elle se trouve certes en abondance dans les Alpes du Nord, mais pas toujours là où on en a besoin ni dans les quantités adéquates au moment désiré. Les vallées alpines dites internes de la Tarentaise et la Maurienne, en Savoie (France), connaissent des précipitations moindres que les Préalpes et les massifs dits centraux. Dès leur arrivée, les hommes ont été confrontés à cette réalité à laquelle il leur a bien fallu s'adapter. Les premiers chasseurs-cueilleurs puis surtout les cultivateurs-pasteurs installés dans cette partie d'Europe ont initié un processus de modification du milieu naturel qui a touché aussi bien l'espace biotique (brûler et défricher la forêt, créer des champs, des jardins, des prés et des pâturages), qu'hydrologique (assurer au minimum leur approvisionnement en eau). Dans ce dernier domaine, archéologues, anthropologues et historiens ont depuis longtemps remarqué que les vallées les plus sèches des Alpes avaient vu la mise en place, siècle après siècle, de réseaux d'irrigation comprenant notamment la construction de milliers de canaux, certains d'entre eux étant encore de nos jours en état de fonctionnement.

Notre livre a comme objectif la documentation et l'analyse de l'irrigation coutumière pratiquée en Tarentaise et en Maurienne. Ces deux vallées sont séparées dans leur partie supérieure par le massif de la Vanoise, cœur depuis 1963 du parc national du même nom, à l'origine de ce travail. Notre champ chronologique s'étend depuis la préhistoire jusqu'aux années 1950 environ, avec une attention particulière portée, principalement pour des raisons de documentation, à la période « traditionnelle » qui s'étend pour nous du XVIIIe au milieu du XXe siècle. L'usage coutumier de l'eau dans ce massif recouvre d'une part l'arrosage par gravité des prés et prairies de fauche, des pâturages, des vergers ou des jardins par des canaux à ciel ouvert et, d'autre part l'utilisation de ces canaux pour les activités domestiques (bassins et abreuvoirs notamment), ainsi que pour les artifices traditionnels (moulins, scieries, forges …).

Au cours des siècles, nos deux vallées se sont dotées d'au moins 550 canaux de toutes sortes s'étendant sur plus d'une cinquantaine de communes, dont au moins 350 canaux d'irrigation proprement dits. Il s'agit là d'un ensemble d'aménagements hydrauliques qui peut sans difficulté rivaliser avec les infrastructures beaucoup plus connues que l'on trouve dans d'autres régions des Alpes, spécialement le canton suisse du Valais dont les « bisses » de réputation mondiale. Néanmoins, en dépit de l'intérêt de longue date suscité par l'irrigation ancienne en Valais ou encore en Val d'Aoste et malgré la présence de vestiges de nombreux canaux dans la haute montagne savoyarde, l'équipement hydraulique de la Tarentaise et de la Maurienne n'a jamais fait l'objet jusqu'ici d'une recherche approfondie.

Plus étonnant encore, malgré les chiffres impressionnants cités ci-dessus et en dépit du rôle crucial joué par l'irrigation dans l'économie agro-pastorale ancienne du massif, les canaux, il est vrai abandonnés ou détruits pour la plupart, n'ont laissé qu'une bien faible trace dans les mémoires. Ils sont notamment inconnus du grand public savoyard et quasiment ignorés des défenseurs locaux et nationaux des patrimoines agricole, culturel et historique. L'étude et la sauvegarde de certains d'entre eux représentent ainsi un défi considérable pour l'histoire régionale et pour la politique de conservation du patrimoine du département de la Savoie, de la région Rhône-Alpes et du Parc national de la Vanoise qui en abrite la majorité. Mais dans cette période de changement climatique, l'intérêt pour la question des usages de l'eau et des canaux dépasse leur valeur strictement mémorielle ou patrimoniale pour rejoindre les questionnements actuels à propos des enjeux liés au partage des ressources hydriques. Dans la mesure du possible, ce livre tente de répondre à ces défis. Il fait suite à un rapport livré au Parc national de la Vanoise en 2012, orienté principalement vers l'inventaire des canaux du massif. En complément à cette première étude, il se donne pour objectif de replacer ces canaux, leur construction, leur usage et leur évolution dans le contexte de l'ancienne société montagnarde mais aussi de les situer par rapport aux autres systèmes hydrauliques traditionnels connus, ailleurs dans les Alpes et dans le monde. Il s'agit donc à la fois d'un travail d'ethnologie et d'histoire agricole.

Notre ouvrage se compose de quatorze chapitres auxquels s'ajoute un lexique en annexe. Le premier chapitre expose la méthodologie que nous avons choisi d'adopter pour combiner ethnographie et histoire. Nous verrons ainsi que les données sur lesquelles se base notre étude sont principalement issues de quatre sources : les publications anciennes, les archives historiques comprenant aussi de vieilles cartes et des plans ainsi que le témoignage de personnes âgées qui ont connu les canaux d'irrigation et les pratiques d'arosage dans leur jeunesse. Le chapitre 2 explore la question difficile de l'origine des canaux d'irrigation dans le massif de la Vanoise ainsi que les explications avancées pour rendre compte de leur existence. Nous verrons que plusieurs fouilles archéologiques récentes semblent faire remonter le début de cette histoire à la période romaine voire à une période antérieure. De même, nous tenterons de montrer que le déterminisme climatique souvent avancé pour justifier le développement de l'irrigation dans les Alpes du nord, ne nous paraît pas acceptable, une combinaison des facteurs socio-économique, historique, démographique *et* physique semblant être davantage en mesure de rendre compte du phénomène. Le chapitre 3 s'intéresse aux propriétés irriguées et surtout aux infrastructures déployées pour distribuer l'eau aux secteurs arrosés, c'est-à-dire en fait, aux canaux. Le quatrième chapitre suit le cheminement de l'eau au fil de ces canaux et étudie les modalités, notamment le moment et la fréquence, selon lesquelles elle était dispensée aux cultivateurs et autres utilisateurs. Le chapitre 5 aborde la question de l'ingénierie, que l'on peut appeler traditionnelle ou populaire, mise en œuvre dans la construction, l'entretien et la réparation des canaux, ainsi que les formes d'auto-organisation adoptées pour servir de cadre à ces activités. Nous verrons que la corvée était le moyen le plus souvent employé pour effectuer les travaux d'entretien et de réparation des réseaux, au moins jusqu'aux périodes récentes. Dans le chapitre 6, nous considérons la diversité des usages de l'eau en Vanoise, qui, outre l'irrigation des prés de fauche, concerne également d'autres types de propriétés ainsi que l'alimentation des abreuvoirs à bestiaux ou la fourniture d'énergie hydraulique aux moulins. Nous évoquerons également dans ce même chapitre la dangerosité des canaux, sujet rarement abordé dans les études de référence. Le chapitre 7 traite d'un sujet-clé de notre point de vue, à savoir la répartition de l'eau entre les usagers. Quels étaient les principes qui présidaient à ce partage ? Comment et par qui était-il effectué concrètement, c'est-à-dire pour un canal donné, à une date donnée ? Comment les modalités de cette division ont-elles évolué au cours des générations et quelles conclusions peut-on tirer de la comparaison entre les solutions adoptées en Vanoise et dans d'autres régions internes des Alpes du Nord pratiquant l'irrigation ? Dans le chapitre 8 nous nous focalisons sur les acteurs locaux engagés dans l'irrigation, les utilisateurs de l'eau eux-mêmes et leur façon de s'auto-organiser en consortage, les communautés d'habitants, les responsables désignés pour gérer les canaux, surveiller leur utilisation, sanctionner les actes de malveillance. La question des relations entre ces acteurs locaux et l'autorité supérieure fait l'objet du chapitre suivant, depuis l'époque féodale jusqu'à l'État contemporain en passant par la monarchie sarde et les conséquences du rattachement de la Savoie à la France. Le chapitre 10 aborde la question juridique de la « propriété », de la « possession » ou du « contrôle » des canaux en relation avec la question des biens communs. Nous verrons que la notion classique de propriété privée n'a jamais été considérée comme étant la plus adéquate pour gérer équitablement et efficacement les ressources en eau dans le massif. Dans la même logique, la question du pouvoir, c'est-à-dire du contrôle et de la prise des décisions concernant les usages de l'eau est explorée dans le chapitre 11. Nous verrons que les critères d'appartenance à un groupe d'arrosants étaient solidement établis et que les femmes, bien que citées moins souvent que les hommes dans les documents anciens, avaient également leur rôle à jouer. Le chapitre 12 expose le sujet fascinant des conflits autour de l'usage de l'eau, un thème qui, comme celui des dissensions touchant les alpages ou la forêt, a laissé des traces abondantes dans les archives de nos deux vallées. Nous nous intéressons ensuite, dans le chapitre 13, à un aspect de l'irrigation rarement pris en considération dans les études du même type, à savoir l'ethnoécologie ou, plus précisément, le savoir populaire détenu et appliqué par les populations locales dans la gestion des ressources hydrauliques. Ce savoir formait en quelque sorte le socle, constituant la base durant au moins deux millénaires, de la création, de la gestion et du maintien en état de fonctionnement de centaines de canaux d'irrigation. Le dernier chapitre tente de replacer l'irrigation traditionnelle savoyarde dans le contexte plus général de la gestion de l'eau dans les sociétés anciennes. Il s'agit de reprendre les éléments de comparaison avec les régions voisines déjà esquissés, mais aussi d'élargir le débat, à la fois en évoquant la question du lien entre irrigation et certaines formes politiques et activités de conservation du patrimoine, et en abordant le sujet, en plein renouvellement théorique aujourd'hui, de la gestion des ressources communes. Pour compléter notre étude, nous proposons en annexe un lexique de l'irrigation traditionnelle en Vanoise. Il a pour double fonction d'éclairer le lecteur sur une terminologie parfois inconnue et d'assurer la sauvegarde de ces éléments linguistiques menacés d'oubli, reflets de la façon ancienne de conceptualiser l'irrigation dans le massif.

Chapitre 1.
Méthodologie

Avant d'entrer dans le vif du sujet, il nous est apparu nécessaire d'expliquer les méthodes qui ont conduit à la réalisation de ce travail. En premier lieu, notre étude des systèmes d'irrigation traditionnelle dans le massif de la Vanoise est dans une large mesure basée sur des faits qui concernent le passé, faits contenus dans des témoignages que l'on appelle des sources. Elle a donc été réalisée en rassemblant des données factuelles issues principalement de quatre types de sources :

- Des ouvrages et articles d'histoire locale ou régionale, publiés notamment dans les revues savantes de Savoie au cours des XIXe et XXe siècles. Dans un certain nombre de cas, les auteurs de ces travaux ont pris l'initiative de publier, partiellement ou intégralement, un ensemble de pièces d'archives qui se sont avérées d'autant plus précieuses ;
- Des documents originaux, allant du Moyen Âge au XXe siècle, conservés aux Archives Départementales de la Savoie (ADS) et secondairement dans des archives communales (AC), diocésaines (AD) et familiales (AF) ;
- Une série de cartes et plans anciens principalement rassemblés aux ADS et à la Bibliothèque Municipale de Chambéry ;
- Des interviews, soit de personnes âgées, détentrices de la mémoire de l'irrigation et notamment de la localisation et du fonctionnement traditionnel des canaux, soit de spécialistes ayant un intérêt professionnel ou académique pour ces systèmes ou leur histoire.

En combinant les données tirées de chacune de ces sources, après avoir évalué leur authenticité et leur exactitude, nous avons d'abord établi un inventaire des canaux du massif avant d'entamer notre étude ethnographique et ethnohistorique de l'irrigation traditionnelle en Vanoise. Une première phase de ce travail a été livrée sous forme d'un rapport au Parc national de la Vanoise en 2012 (Meilleur *et al.* 2012). La version présentée ici a été repensée et réécrite avec l'objectif d'être la plus accessible et la plus complète possible.

Les sources écrites

Établir le répertoire des publications traitant des canaux d'arrosage et de leur fonctionnement en Vanoise s'est avéré être une tâche facile. De fait, elles peuvent se compter sur les doigts d'une main. Relevons d'abord une brève allusion aux pratiques d'irrigation en Savoie dans « L'Exploitation pastorale dans le département de la Savoie » de François Rey, paru en 1930. En 1940, le géographe Henri Onde publie dans la *Revue de Géographie Alpine* un premier article de quelques pages seulement : « L'arrosage dans la zone intra-alpine en Savoie ». Il est suivi d'un article de deux pages de R. Godefroy, « L'irrigation en Savoie intra-alpine » paru en 1941 dans *La Revue de Savoie*. Ces deux dernières publications prennent acte de l'existence de canaux d'irrigation dans le massif de la Vanoise mais ne s'étendent guère sur leur fonctionnement. Quatre décennies plus tard, l'abbé Marius Hudry, historien de la Tarentaise, est le premier à offrir quelques développements à la question. Ses « Documents pour une histoire de l'irrigation en Tarentaise » paraissent en 1985 dans un numéro thématique de la revue d'ethnologie régionale, *Le Monde alpin et rhodanien*, consacré aux usages traditionnels de l'eau. Cet article pionnier a le mérite de localiser et de nommer de façon précise plusieurs canaux situés notamment sur le « Versant du Soleil » en moyenne-Tarentaise, ainsi que de décrire brièvement leur fonctionnement. Plus important encore, en analysant quelques documents d'archives non publiés jusqu'alors et en reproduisant des tracés de canaux sur une carte, l'abbé Hudry proposait une méthodologie d'étude historique et ethnographique de l'irrigation que nous avons largement reprise.

Ces trois articles ont permis de donner un sens aux observations des canaux d'arrosage, toujours en eau, que nous avions pu faire en Vanoise dans les années 1970-80 alors que nous travaillions sur d'autres sujets. Ils nous ont incités à en apprendre davantage sur ces cours d'eau quelque peu énigmatiques parce qu'en grande partie sortis de la mémoire collective savoyarde. Une recherche dans les publications spécialisées des grands géographes alpins de l'École de Grenoble, menée par Raoul Blanchard, n'avait pu fournir que quelques bribes d'information. Des monographies locales — souvent faites au niveau communal — traitant indirectement ou en partie de l'économie coutumière (Bessat et Germi 1993 ; Chazal 2002, 2008-2009 ; Combet et Bouchage 1998 ; Emprin 1933 ; Gaide-Chevronnay 1931 ; Jail 1969, 1977 ; Meilleur 1985 ; Silvin 2009) ont permis de rajouter davantage de données brutes. Une chronique récente de la mutation historique de la commune de Montvalezan-la-Rosière par Gisèle et Roger Gaide (2000), qui mentionne l'existence d'au moins vingt canaux, chacun individualisé par un nom propre dans cette seule commune, ainsi qu'une monographie portant sur la vie traditionnelle à Aussois par Arthur Couvert (2004), ont achevé de nous donner une idée de l'importance de l'irrigation dans le massif. En 2005, le Parc national de la Vanoise a commissionné une première étude sur les canaux d'arrosage. Confiée à Delphine Morel, elle a débouché sur un début d'inventaire.

Sources d'archives

L'exploitation des documents historiques dans les diverses archives concernant les usages de l'eau a été plus ou moins fructueuse et a montré que les communes de la haute et la moyenne-Tarentaise sont nettement mieux dotées d'archives anciennes que la moyenne et la haute-Maurienne, une situation en partie liée aux destructions subies par ce territoire lors de la retraite allemande à la fin de la Seconde Guerre mondiale.

Les Archives Départementales de la Savoie (ADS) sont relativement bien fournies en témoignages écrits concernant les usages de l'eau dans la Savoie traditionnelle. On y trouve naturellement les sources relatives à l'ancien duché de Savoie, à commencer par les fameux comptes de châtellenie des XIIIe-XVIe siècles, ainsi que les documents plus récents laissés par les administrations sardes puis françaises. Surtout, la plus grande partie des archives communales a peu à peu été déposée aux archives départementales pour y être classée de façon rationnelle et dotée d'un inventaire désormais consultable en ligne. Particularité savoyarde, une autre partie de ces archives communales se trouve toujours sous la responsabilité des municipalités de la Maurienne et de la Tarentaise. Si certaines entre elles font l'objet d'une conservation et d'un classement satisfaisant, grâce à l'existence d'archivistes locaux, souvent assistés par le personnel des archives départementales (c'est le cas par exemple à Hauteville-Gondon, Bourg-Saint-Maurice, Bramans, Montvalezan, Sollières-Sardières, Villarodin-Bourget, Villaroger), pour d'autres, la consultation voire l'accès s'avèrent plus compliqués. Un autre fonds important, les archives archidiocésaines de Moûtiers (AD), était fermé à la consultation pendant la plus grande partie de notre période de recherche. Malgré un bon accueil, celles de l'Évêché de Saint-Jean-de-Maurienne ne nous ont pas livré beaucoup d'informations, confirmant la pauvreté des archives mauriennaises en général. Dans bien des cas, la construction, l'entretien, l'usage et l'administration des canaux d'irrigation étaient l'affaire d'associations de droit privé, les anciens consortages, dont les affaires ne relevaient que très secondairement des communes ou des autorités supérieures. C'est ce qui explique en partie que des documents fort intéressants pour l'histoire de l'irrigation en Vanoise se trouvent encore aujourd'hui entre les mains des particuliers. En Tarentaise, plusieurs personnes ont généreusement mis leurs archives familiales (AF) à notre disposition ; certaines d'entre elles ont été d'une grande valeur pour le projet.

Au total, l'inégale disponibilité de la documentation concernant l'irrigation nous a conduits à privilégier les époques les plus récentes sur les plus anciennes ainsi que les communes tarines sur celles de la Maurienne. Dans une large mesure, il s'agit d'un « effet de sources », c'est-à-dire que ce double déséquilibre ne traduit vraisemblablement pas la réalité historique. Comme on le verra, tout porte à croire que la plupart des systèmes d'irrigation sont en place et en plein fonctionnement dès avant la fin du Moyen Âge et ce, en Maurienne comme en Tarentaise.

Les cartes et plans

Au commencement du projet, afin de localiser les canaux, nous comptions mener une étude approfondie des fameuses mappes sardes (1728-1738), ces fantastiques plans cadastraux savoyards établis dans la première moitié du XVIIIe siècle pour des raisons de fiscalité. Dans la période préparatoire du projet, nous avons effectivement trouvé quelques preuves de l'existence de ces canaux sur les mappes et les tabelles de quelques communes étudiées. Une fois le projet démarré, néanmoins, un regard plus rigoureux sur ces mappes nous a montré que nos attentes initiales étaient irréalistes, principalement parce qu'en l'absence d'indications textuelles, elles permettent très difficilement de différencier les canaux des cours d'eau naturels et même des chemins ou sentiers. Tout juste nous ont-elles servi à clarifier la présence ou l'absence d'un canal, une fois son emplacement signalé par d'autres sources. En conséquence, nous avons transféré nos efforts de repérage iconographique sur ce que l'on appelle en Savoie le Premier Cadastre Français (PCF), dressé en Vanoise entre 1862 et 1945 et principalement à l'échelle 1 : 1000. Celui-ci avait en outre l'avantage d'être consultable en ligne sur le site des archives départementales de la Savoie. Souvent mieux colorés que les mappes sardes, aussi détaillés sinon plus, ces plans possèdent le grand avantage de donner dans beaucoup de cas le nom des cours d'eau représentés, comme celui des routes et des chemins.

À la recherche d'autres sources figurées susceptibles d'apporter des précisions sur la localisation et la dénomination des canaux, nous avons consulté d'autres cartes et plans disponibles aux ADS et à la Bibliothèque Municipale de Chambéry. En définitive, seule la série des cartes du Service Géographique de l'Armée, dites « cartes de l'État-Major », levée au 1 : 20000 à la fin du XIXe siècle et publiée en 1927-1928, a pu livrer quelques données supplémentaires, malgré l'absence de la majorité des canaux répertoriés sur les plans du PCF. Consultable aux ADS sous la forme d'un CD-ROM (11Num1221), l'atlas dit de Marchetti (1781-82), figure un petit nombre de canaux de haute-Maurienne tous situés à proximité de la rivière Arc et de la route Royale menant de Chambéry au col du Mont Cenis. Enfin, quelques plans communaux ou de sections de communes, également conservés aux ADS, ont pu fournir quelques informations originales. La superposition des cartes et plans d'époques différentes permet *a priori* d'analyser de façon diachronique les tendances à l'expansion ou au contraire, à l'abandon des canaux. Par exemple, la juxtaposition de certains canaux de Bramans portés sur l'atlas de Marchetti, en 1781-1782, et de ceux répertoriés en 1894 sur le PCF (3P 7408), suggère déjà un certain appauvrissement du réseau. En réalité, les différences de méthode et de finalité dans l'établissement de ces plans rendent ces conclusions fragiles. Tout juste peut-il s'agir de pistes pour des recherches ultérieures basées essentiellement, faute de documentation écrite, sur des enquêtes de terrain.

Le Premier Cadastre Français (PCF) s'est donc révélé comme la plus importante source figurée pour notre projet, malgré les inégalités parfois importantes dans la quantité des détails portés sur les plans par les géomètres opérant dans les différentes communes. Certains, comme pour Montvalezan, ont été particulièrement minutieux dans le report des informations concernant les canaux, tandis que d'autres ont été moins rigoureux, comme le suggère la comparaison entre les plans et les études de terrain. En règle générale, les canaux secondaires et les rigoles ne sont pas figurés sur le PCF tandis que d'autres canaux n'ont pas de nom ou sont dotés de noms inexacts. Par exemple, l'emplacement et la dénomination du « canal des Villards » sur le PCF pour la commune de Séez, sont certainement erronés. Ces défauts se retrouvent d'ailleurs aussi sur les cartes de l'État-Major. Ces erreurs ont pu être mises en évidence par comparaison avec d'autres sources. Malgré ces imperfections, le PCF et les autres documents figurés et iconographiques (photographies) ont permis de créer un inventaire des canaux d'irrigation représentés sur une série de cartes, pour une majorité des communes étudiées (Meilleur *et al.* 2012) qui ont servi de base pour les recherches de terrain et les discussions avec les témoins locaux.

Le recours à la mémoire : les « experts » locaux

Même si certaines infrastructures matérielles sont encore partiellement en place, la grande majorité des réseaux d'irrigation de la Vanoise ne sont plus en fonction depuis plus d'un demi-siècle. Pour comprendre ces témoignages du passé, la consultation d'anciens documents laisse forcément dans l'ombre de nombreux détails dont la mémoire humaine seule conserve la trace. De ce point de vue, nous avons eu la chance de pouvoir nous adjoindre la coopération d'une centaine de personnes, aujourd'hui âgées, qui dans leur jeunesse ont pratiqué l'irrigation traditionnelle, voire possédé une expertise particulière dans ce domaine. Ces témoins et experts locaux ont pu nous fournir des informations parfois très détaillées sur les canaux et les usages de l'eau pendant les derniers temps de l'économie agro-pastorale traditionnelle. Les cartes et les données historiques, rassemblées avant ces rencontres sur le terrain, se sont avérées fort utiles pour stimuler et orienter les conversations durant des centaines d'heures d'interview. La plupart de ces témoignages, aussi passionnants soient-ils, portaient sur des aspects très concrets de l'irrigation ou sur des réalités purement locales. Aucun de nos experts ne possédait une vue d'ensemble des activités économiques coutumières dont sa commune était le cadre, notamment en matière d'irrigation. Le savoir paysan est étendu mais empirique et généralement très localisé. Pour une grande commune comme Bourg-Saint-Maurice, qui possédait au moins six réseaux d'irrigation distincts et plus d'une vingtaine de moulins hydrauliques, besoin était d'interroger autant de témoins, apportant chacun son expertise sur un seul des « quartiers » de la commune. Cela n'a pas toujours été possible. Enfin, il faut souligner que, pour beaucoup de nos témoins, les souvenirs évoqués se trouvaient relégués à la frange de leur mémoire d'adolescent ou de jeune adulte. Quoiqu'il en soit, leur aide fut indispensable pour donner à ce travail sa véritable coloration d'actualité ethnographique.

En conclusion, notre enquête sur l'existence, le fonctionnement et la gestion des canaux dans le massif de la Vanoise ainsi que l'inventaire des réseaux existant ou ayant existé se veut aussi un travail de « sauvetage » ; sauvetage d'un patrimoine matériel, mais aussi d'une mémoire déjà largement oblitérée. En conséquence, nous ne considérons pas ce qui va suivre comme une fin mais plutôt comme un début. Nous espérons que cet ouvrage, premier effort collectif sur ce thème, éveillera l'intérêt d'autres chercheurs et encouragera les Savoyards eux-mêmes à explorer cet aspect remarquable — et remarquablement méconnu — de leur patrimoine culturel.

Le repérage des canaux

Déterminer la présence et localiser les canaux furent un élément essentiel de notre méthodologie, surtout pour l'identification d'exemples du patrimoine hydraulique humanisé en Vanoise en vue de leur sauvegarde et/ou de leur mise en valeur potentielle. Un canal peut se repérer par le biais de plusieurs sources : l'observer sur place, le visualiser sur une carte ou un plan, en admettre l'existence d'après une description écrite ou les dires d'un expert. En regardant une carte ancienne ou en se déplaçant sur le terrain, il était naguère relativement facile de reconnaître la présence des canaux dans une commune ou une région donnée en Vanoise. Les premières publications sur l'arrosage dans le massif se situaient à ce niveau de description — affirmant la présence des canaux d'arrosage en Tarentaise et en haute-Maurienne, parfois indiquant les communes où ils se situaient (Onde 1940 ; Godefroy 1941). Les écrits d'Onde, par exemple, citant la présence de l'irrigation dans quelques communes de la haute-Maurienne et de la moyenne-Tarentaise, étaient probablement basés sur ses propres observations et une rapide consultation du peu de littérature disponible sur le sujet à l'époque. Hudry (1985), quant à lui, passait à une étape plus détaillée, combinant ses propres observations sur le terrain avec une étude des documents historiques, révélant ainsi les tracés des canaux spécifiquement nommés dans des communes bien-déterminées.

Nos connaissances sur les canaux en Vanoise en étaient à peu près à ce point, au début de cette étude. Cependant, nous savions déjà que des réseaux importants existaient depuis longtemps dans le Valais en Suisse et dans la Vallée d'Aoste en Italie. Le fait que la Vanoise se situe également dans la zone intra-alpine des Alpes du Nord et présente de nombreuses affinités historiques, socio-économiques et climatiques avec ces deux régions voisines, nous a laissé supposer qu'elle devait être probablement bien pourvue de canaux aussi.

Puisque notre projet débutait au mois de décembre, période non propice pour les visites sur le terrain, nous avons commencé notre inventaire par une consultation de documents publiés, de documents d'archives et de sources iconographiques anciennes. En raison du temps limité et d'un travail portant sur environ 50 communes (les 29 communes du parc plus une vingtaine d'autres ayant parfois des liens hydrauliques avec elles), nous avons opté pour une exploration simultanée de ces trois types d'information.

La documentation écrite originale traitant des canaux consiste principalement en deux types de textes : d'une part ce que nous appelons les rôles et les règlements (voir chapitre 7), dont la majorité date de la deuxième moitié du XIXe siècle, d'autre part, les documents relatifs aux relations entre la paysannerie et les autorités supérieures sur le sujet de l'eau (voir chapitre 9). Ces deux types principaux d'écrits, ainsi que d'autres de nature diverse, ont fourni de nombreuses indications sur la présence, la localisation, la dénomination et la gestion des canaux. Quant aux cartes et plans anciens — surtout ceux du Premier Cadastre Français — ils ont livré une abondante moisson d'indices sur la présence des canaux dans le massif. Or, celle-ci s'est avérée beaucoup plus dense que ce à quoi nous nous attendions.

À partir de cette masse documentaire, nous avons commencé à recenser les canaux, commune par commune, afin dans un premier temps, d'établir leur tracé sur les cartes modernes (localisation de la prise, longueur ...). Cette étape fut plus complexe que la précédente. Il s'agissait en effet d'identifier, avec un maximum de précision, les canalisations à cartographier à partir de la documentation avant de transférer, par digitalisation, leur tracé sur les cartes modernes. Parfois, dans une commune donnée, nous avons pu repérer des canaux figurés sur des cartes anciennes alors qu'aucun n'était cité dans les documents d'époque. À l'inverse, il arrivait que la présence de canaux d'arrosage dans une commune soit évoquée par la documentation sans que nous puissions découvrir aucun canal sur les cartes et plans consultés. Ceci fut le cas par exemple pour les communes d'Hautecour, Peisey-Nancroix, Saint-Jean-de-Belleville et Saint-Martin-de-Belleville.

Une autre difficulté apparut du fait que beaucoup de canaux étaient multifonctionnels, servant tantôt à l'arrosage des prés et des jardins, tantôt à celui des alpages, tantôt à l'alimentation des moulins ou des abreuvoirs.

Ainsi les désignations telles que « canal d'arrosage » ou « canal d'alpage » figurant dans le Tableau 1 ci-dessous demandent-elles à être interprétées avec une certaine souplesse.

Une fois les canaux repérés sur le PCF (ou sur d'autres cartes ou plans) et transférés sur nos cartes de travail, nous disposions des premières données de base à partir desquelles nous pouvions entamer des discussions avec les experts locaux. Alors que nos informations de terrain se précisaient, enrichies de nouveaux indices et corrections fournis par les experts, nous étions en mesure de modifier nos premières cartes. Cette méthodologie servit à créer une « boucle de rétroaction » débouchant sur une nouvelle phase d'interviews, une nouvelle mise à jour de la base de données et des cartes, de nouvelles interviews, etc.

À ce stade, notre objectif n'était pas de produire un seul jeu des cartes définitives, notamment parce que les canaux « secondaires », d'amenée ou d'alpage sont beaucoup plus difficiles à inventorier et à cartographier que les canaux principaux, mais plutôt de créer une base de données cartographique modifiable en continu par l'ajout progressif de nouvelles informations. Nous avons donc procédé à une digitalisation de nos données transférées ensuite sur la base cartographique du Parc national de la Vanoise.

Notre recherche nous a permis d'identifier environ 550 canaux de toute nature dans le seul massif de la Vanoise et régions limitrophes (Tableau 1), dont environ 350 canaux principaux affectés à l'arrosage, totalisant une longueur globale dépassant 360 kilomètres. Malheureusement, nous n'avons pu produire des cartes que pour les seules communes du Parc, étant donné que celui-ci, notre collaborateur privilégié, ne possédait des patrons cartographiques digitalisables que pour les communes appartenant à son territoire légal.

Tableau 1 : Canaux par commune dans le massif de la Vanoise

Une estimation très approximative du nombre de canaux traditionnels de toute nature et de la longueur globale des canaux d'arrosage, décomptés par catégorie (principalement en moyenne et haute-Tarentaise ainsi qu'en haute-Maurienne) est présentée ici par commune. Sont concernées majoritairement celles qui se trouvent en amont de Moûtiers en Tarentaise (cantons de Moûtiers, Bozel, Aime, Bourg-Saint-Maurice) et pour la Maurienne, les cantons de Modane et Lanslebourg-Mont-Cenis principalement (haute-Maurienne) mais aussi ceux de Saint-Michel-de-Maurienne, Saint-Jean-de-Maurienne et La Chambre explorés brièvement, formant une enclave savoyarde d'environ 40 communes de montagne qui pratiquaient traditionnellement l'irrigation à ciel ouvert. Les communes du Parc national de la Vanoise sont indiquées en **gras** (Hauteville-Gondon, maintenant fusionnée avec Bourg-Saint-Maurice est traitée séparément). En 1940, Henri Onde estimait la superficie totale irriguée en Tarentaise et Maurienne à 6500 ha (p. 483), mais ce total nécessite probablement une révision à la hausse, au vu des chiffres présentés ci-dessous.

Tarentaise

1. **Hauteville-Gondon** : entre 40 et 50 canaux d'arrosage totalisant plus de 30 km de longueur ; environ 3 canaux d'amenée ; plusieurs canaux d'alpage
2. **Bourg-Saint-Maurice** : environ 40 canaux d'arrosage d'environ 60 km de longueur ; environ 6 canaux d'amenée ; nombreux canaux d'alpage
3. **Montvalezan** : entre 20 et 25 canaux d'arrosage d'au moins 30 km de longueur (Onde 1940 : 483… les estimait à 34 km soit 13% de plus pour la période 1882-1886) ; au moins 6 canaux d'amenée ; plusieurs canaux d'alpage
4. **Sainte-Foy-Tarentaise** : environ 25 canaux d'arrosage et/ou de drainage d'au moins 30 km de longueur ; quelques canaux d'amenée (3 ?) ; nombreux canaux/rigoles d'alpage
5. Aime (comprenant aujourd'hui les anciennes communes de Longefoy, Tessens et Villette) : environ 25 canaux d'arrosage, longueur globale non-estimée ; environ 15 canaux d'amenée et un canal d'assainissement
6. **Séez** : au moins 12 canaux d'arrosage d'environ 20 km de longueur ; 2 canaux d'amenée ; nombreux canaux d'alpage
7. Les Chapelles : environ 8 canaux d'arrosage, longueur globale non-estimée
8. Valezan : environ 8 canaux d'arrosage, longueur globale non-estimée
9. Granier : peut-être 5 canaux d'arrosage, longueur globale non-estimée ; environ 5 canaux d'amenée (1 long, 4 courts) ; quelques canaux d'alpage
10. La Côte-d'Aime : environ 5 ou 6 canaux d'arrosage, longueur globale non-estimée ; environ 5 canaux d'amenée ; plusieurs canaux d'alpage
11. **Villaroger** : au moins 4 canaux d'arrosage d'une longueur globale d'environ 9 km ; 1 canal de transit ; environ 6 canaux d'amenée ; au moins 1 ou 2 canaux d'alpage
12. **Landry** : au moins 4 canaux d'arrosage d'une longueur globale supposée de 6 km ; environ 6 canaux d'amenée
13. Macôt-la-Plagne : au moins 3 canaux d'arrosage, longueur globale non-estimée ; environ 7 canaux d'amenée desservant des artifices classiques ; 4 ou 5 canaux d'amenée (?) liés au fonctionnement de la mine de plomb argentifère de la Plagne
14. **Saint-Bon-Tarentaise** : 3 canaux d'alpage et/ou d'arrosage d'environ 5 km de longueur ; quelques petits canaux d'amenée très courts ; 1 canal d'amenée récent (?) lié à une usine d'électricité
15. **Bellentre** : peut-être 3 canaux d'arrosage d'une longueur globale d'environ 10 km ; environ 4 canaux d'amenée
16. Montgirod sur Centron (aujourd'hui fusionnée avec la commune d'Aime) : 3 ou 4 canaux d'alpage ou d'arrosage (?), longueur globale non-estimée ; 1 long canal d'amenée
17. **Tignes** : peut-être 2 canaux d'arrosage ou d'alpage d'une longueur globale supposée de 5 km ; au moins 3 canaux d'amenée ; plusieurs petits canaux d'alpage

18. Saint-Marcel : peut-être 3 canaux d'irrigation, longueur globale non-estimée ; 2 canaux d'amenée
19. **Bozel** : peut-être 2 canaux d'arrosage d'environ 3 km de longueur ; environ 5 canaux d'amenée ; un petit nombre de canaux d'alpage
20. **Les Allues** : 1, peut-être 2 canaux d'arrosage de plus de 2 km de longueur globale ; environ 15 canaux d'amenée
21. Montagny : 1 canal d'arrosage (de passage ?), longueur globale non-estimée ; au moins 1 canal d'amenée ; 1 ou 2 canaux d'alpage
22. **Planay** : au moins 1, peut-être 2 canaux d'alpage d'une longueur globale d'environ 2 km ; 5 canaux d'amenée pour artifices « classiques » ; plusieurs barrages avec conduits métalliques pour amener l'eau aux « usines » récentes (centrale électrique, usine d'électrochimie)
23. Feissons-sur-Salins : 1 canal d'arrosage (de passage seulement ?), longueur globale non-estimée
24. Hautecour : 1 canal d'arrosage éventuel, longueur globale non-estimée ; environ 4 canaux d'amenée courts
25. Doucy : 1 canal d'arrosage faisant également office de drainage, longueur globale non-estimée
26. **Saint-Martin-de-Belleville** : au moins 8 canaux d'amenée ; plusieurs canaux d'alpage potentiels
27. **Peisey-Nancroix** : 5 canaux d'amenée « classiques » ; au moins 2 canaux d'amenée liés aux mines de plomb argentifère
28. Naves : 1 canal ambigu (d'arrosage ?) ; 5 canaux d'amenée
29. **Pralognan-la-Vanoise** : 2 canaux assez longs d'usage principalement domestique (?) ; 4 canaux d'amenée dont plusieurs très courts
30. **Val-d'Isère** : environ 3 canaux d'amenée et plusieurs canaux d'alpage (au moins 3)
31. **Champagny-la-Vanoise** : 3 canaux d'amenée ; 1 canal faisant office de déversoir d'un lac
32. Notre-Dame-du-Pré : 1 « canal du marais » d'usage inconnu ; 2 canaux d'amenée

Total préliminaire des canaux répertoriés (de toute nature) dans 32 communes de Tarentaise : 380 environ, dont approximativement 240 canaux principaux d'irrigation et/ou d'alpage sur 25 communes, totalisant pour 13 d'entre elles au moins 212 km de longueur (longueurs non-estimées pour 12 communes). Environ 175 des canaux d'arrosage sont situés dans les seules communes du Parc national de la Vanoise, soit à peu près 73%.

Maurienne

1. **Bramans** : au moins 20 canaux d'arrosage et/ou d'alpage d'environ 30 km de longueur ; au moins 2 canaux d'amenée
2. **Bessans** : au moins 15 canaux d'arrosage ou d'alpage totalisant environ 15 km de longueur ; au moins 6 canaux d'amenée
3. **Sollières-Sardières** : au moins 15 canaux d'arrosage d'environ 11 km de longueur ; environ 4 canaux d'amenée
4. **Termignon** : environ 15 canaux d'arrosage et/ou d'alpage totalisant plus de 22 km de longueur ; 2 canaux d'amenée
5. **Bonneval-sur-Arc** : au moins 10 canaux d'arrosage et /ou d'alpage d'environ 14 km de longueur ; environ 7 canaux d'amenée
6. **Villarodin-Bourget** : au moins 6 canaux d'arrosage et/ou d'alpage d'environ 8 km de longueur ; 2 canaux d'amenée
7. **Aussois** : environ 5 canaux d'arrosage totalisant peut-être 15 km de longueur ; 4 canaux d'amenée ; au moins 2 canaux d'alpage
8. **Saint-André** : environ 4 canaux d'arrosage et/ou d'alpage d'environ 16 km de longueur
9. **Modane** : 3 canaux d'arrosage et/ou d'alpage d'environ 4 km de longueur ; 3 canaux d'amenée
10. La Chambre (comprenant aujourd'hui également les anciennes communes des Chavannes, Notre Dame de Cruet, Saint Avre et Saint-Martin-de-la-Chambre) : au moins 5 canaux d'amenée (et/ou d'irrigation ?)
11. **Avrieux** : au moins 3 canaux d'arrosage totalisant environ 7 km de longueur ; 1 canal d'arrosage de passage ; 5 canaux d'amenée ; 1 canal industriel ou de fuite (EDF)
12. **Lanslevillard** : peut-être 3 canaux d'arrosage et/ou d'alpage d'environ 3 km de longueur ; 2 canaux d'amenée
13. Saint-Martin-d'Arc : 3 canaux d'arrosage, longueur globale non-estimée ; 1 canal d'amenée ; 1 canal industriel (« L'Usine »)
14. Orelle : 3 canaux d'arrosage et/ou d'alpage, longueur globale non-estimée ; au moins 2 canaux d'amenée
15. Saint-Martin-de-la-Porte : 3 canaux d'arrosage, longueur globale non-estimée ; 1 canal d'amenée
16. Saint-Michel-de-Maurienne (comprenant aujourd'hui les anciennes communes de Beaune et Le Thyl) : au moins 2 canaux d'arrosage, longueur globale non-estimée ; 2 canaux d'amenée ; 1 canal d'écoulement
17. **Lanslebourg-Mont-Cenis** : 1 canal d'arrosage d'environ ,5 km de longueur ; 1 canal d'alpage ; 4 canaux d'amenée
18. Fourneaux : 2 canaux d'amenée
19. Freney : 1 canal d'amenée

Total préliminaire de canaux répertoriés (de toute nature) dans 19 communes de Maurienne : environ 170, dont environ 110 canaux principaux d'arrosage et/ou d'alpage sur 16 communes, totalisant au moins 145 km de longueur sur 12 communes (longueurs non-estimées pour 4 communes). Environ 102 de ces derniers soit 93% sont situés dans les seules communes du parc.

Total des canaux (de toute nature) répertoriés dans 51 communes de la Tarentaise et de la Maurienne : 550 environ, dont approximativement 350 canaux principaux d'arrosage et/ou d'alpage sur 41 communes du massif, totalisant sur 25 communes au moins 360 km de longueur (longueurs non-estimées pour 16 communes). Environ 280 des canaux d'arrosage soit 80% sont situés dans les seules communes du Parc national de la Vanoise.

La dénomination des canaux

Une majorité des canaux inventoriés portaient une dénomination propre. Comme pour le patrimoine bâti ou pour d'autres aspects du repérage culturel, la dénomination des canaux souligne le poids de l'investissement affectif, symbolique et socio-économique dans ces structures. Les canaux et leurs éléments techniques comme leurs prises et leurs tournes étaient des points d'ancrage dans la vie quotidienne au même titre que les mas (lieux-dits), les oratoires, les sommets, les villages, les chemins, les chapelles ou les cours d'eau naturels. Certains canaux parmi les plus longs de la moyenne et la haute-Tarentaise eurent une renommée régionale de même la pierre de partage de Saint-André en haute-Maurienne (Meilleur *et al.* 2012), constituant aujourd'hui des icônes du passé agro-pastoral et des emblèmes de l'immensité de l'œuvre des ancêtres tarins et mauriennais.

Nouveaux problèmes méthodologiques

La transcription et l'interprétation de la façon dont les populations locales désignaient les canaux représentent une part fondamentale de notre travail ainsi qu'un véritable défi. Ne voulant pas déformer le mode de dénomination coutumière des canaux et de leurs aménagements techniques — comme cela s'est fait à la fin du XIXe et au début du XXe siècle pour la topographie de la haute montagne savoyarde (Debarbieux et Gumuchian 1987) — nous avons adopté une approche conservatrice pour accorder un nom à un canal donné. Nous avons également pris la précaution, chaque fois que cela était possible, de n'attribuer ce nom qu'après son identification dans au moins deux sources différentes.

Si tous les types de sources explorées ont donné des noms de canaux, la moisson la plus abondante a été fournie par le Premier Cadastre Français et par les experts locaux. Néanmoins, de ce point de vue, l'intérêt de ce cadastre a pu se révéler variable d'une commune à une autre. Certain plans n'attribuaient aucun nom à des cours d'eau qui, incontestablement, étaient aménagés pour l'arrosage (voir par exemple Termignon dans Meilleur *et al.* 2012), tandis que d'autres dénommaient systématiquement les canaux. Les cartes de l'État-major, dressées à la fin du XIXe et au début du XXe siècle, ont, quant à elles, la particularité de figurer de nombreux canaux, mais sans les dénommer, si ce n'est exceptionnellement. Heureusement, dans un second temps, de nombreux noms de canaux nous ont été communiqués par des personnes âgées. Certains étaient très connus, d'autres moins, et une partie d'entre eux quasiment oubliés. Les perturbations provoquées par les guerres, les nouvelles opportunités économiques, la déprise agricole, la difficulté d'identifier des informateurs pour toutes les communes et quartiers, sont autant d'éléments qui ont altéré la mémoire d'une commune, d'un village et même des individus. Nos propres résultats sont tributaires de ces facteurs.

La transmission des noms locaux des canaux se faisait oralement en patois savoyard. Bon nombre de ces noms en parler local existent encore dans le lexique des patoisants les plus âgés. Néanmoins, nous avons opté pour une présentation de ces noms en français, ceci pour trois raisons. D'abord, une partie significative des noms a été recueillie en français sur les cartes et dans les documents historiques. Ces dénominations étaient sans doute basées sur les termes dialectaux mais francisés. Il n'est d'ailleurs pas rare de rencontrer le même nom orthographié de plusieurs façons dans le même document ou sur la même carte. Par ailleurs, dans certaines familles, même les personnes les plus âgées aujourd'hui n'ont pas appris le patois, leurs parents n'ayant pas souhaité transmettre cette langue. Enfin, les parlers en vigueur en Vanoise il y a cent ans variaient d'une commune à l'autre, voire à l'intérieur d'une commune, rendant leur écriture problématique. La transcription réalisée pour une personne n'est pas toujours acceptable pour une autre. Il n'existait évidemment aucun standard à l'époque pour écrire une langue majoritairement orale, et seul le système de la graphie de Conflans (Groupe de Conflans 1983) est assez largement utilisé aujourd'hui en Savoie. Notre approche propose une solution permettant de recueillir des mots de provenances diverses.

La « motivation » des noms

La dénomination des canaux d'arrosage en Vanoise est souvent « motivée » dans le sens linguistique du terme. C'est-à-dire que l'on peut établir un lien phonétique ou étymologique entre ces noms propres et des noms d'objets ou d'éléments présents dans le milieu de proximité, leur sens étant parfois perdu. Ceci concerne majoritairement les canaux situés dans les zones de prés irrigués, les canaux d'alpage étant de toute évidence moins souvent nommés. Il nous est arrivé de rencontrer des canaux désignés par un patronyme, tel le canal des Favre à Bessans (Meilleur *et al.* 2012). Ce cas, rare cependant pour les canaux d'arrosage, concernait plutôt les canaux d'alpage et d'amenée des moulins, l'usage d'un patronyme reflétant probablement la nature privée de beaucoup de ces canaux.

On nommait bon nombre de canaux d'arrosage en Vanoise d'après leur cours d'eau d'origine. On dérivait le canal de l'Arc (Bourg-Saint-Maurice, Hauteville-Gondon) du ruisseau de l'Arc, le canal de l'Arbonne du ruisseau de l'Arbonne (Bourg-Saint-Maurice), de même le départ du canal de Beaupré (Séez) se situait sur le ruisseau de Beaupré (Bourg-Saint-Maurice), comme le canal de Ste-Anne partait du ruisseau de Ste-Anne à Avrieux. Le canal des Roches naissait, lui, du ruisseau des Roches à Bessans (Meilleur *et al.* 2012). Parfois on désignait un canal par rapport au lieu-dit de son origine, comme pour le canal de l'Arménaz (Notre-Dame-du-Pré, Champagny), mieux connu sous le vocable canal de Montfort (Saint-Marcel).

Plus nombreux encore sont les noms de canaux qui prennent le nom des quartiers ou lieux dits de la destination finale des eaux d'arrosage. On peut citer le canal de Montfort, appelé aussi le canal de l'Arménaz (voir ci-dessus), qui traversait au moins deux communes avant d'arriver dans le secteur de Montfort à Saint-Marcel. Le même phénomène existait pour le canal des Chapelles, naissant sur la commune de La Côte-d'Aime et traversant la commune de Valezan avant d'arriver sur la commune des Chapelles, « propriétaire » du canal. En haute-Tarentaise, on peut relever le canal de Séez et celui des Villards-Breuil, desservant les prés et autres propriétés autour de ces villages. De tels exemples sont légion de chaque côté du massif : le canal de Côte Plaine à Lanslevillard, le canal du Plan Pommier à Bramans, le canal de Chatalmia à Villarodin-Bourget en haute-Maurienne, le canal de Rochefort à Bourg-Saint-Maurice, le canal de la Finnaz à Hauteville-Gondon, tous liés aux lieux dits ou mas qu'ils irriguaient. Plusieurs canaux du massif portent un nom décrivant le trajet qu'ils empruntaient, comme le canal du Villaret aux Combes ou le canal de la Boëra à l'Orgère, tous deux à Villarodin-Bourget en haute-Maurienne (Meilleur *et al.* 2012).

Certains noms de canaux reflètent une des caractéristiques physiques de l'environnement naturel proche. Tels est le cas du canal des Combes à Bramans, du canal des Balmes à Sollières-Sardières, de l'airel des Teppes à Montvalezan, du canal de l'Envers à Avrieux ou du canal du Biollay aux Allues, ce dernier terme se référant à la fois aux villages du Biollay (petit et grand) et à l'arbre du même nom (bouleau) en dialecte (Meilleur *et al.* 2012). La prise des Gorges à Termignon est peut-être un cas de polysémie, désignant aussi bien la prise que le canal lui-même.

Plusieurs noms pour un canal… un même nom pour plusieurs canaux

Nombre de canaux en Vanoise voyaient leur nom changer d'une portion à l'autre de leur trajet : c'est le cas à Séez pour le canal de Séez, appelé aussi, selon les endroits, le canal du Berleret, le canal Dailleu, l'ariel des Etrats et le canal de la Tannerie. Le canal de Montfort à Saint-Marcel, appelé aussi le canal d'Arménaz, devient dans son parcours inférieur le ruisseau de Montfort, l'airel neuf d'en bas à Montvalezan devient le ruisseau de la Provenchère, le canal du Mont se transforme en ruisseau du Nantet à Hauteville-Gondon, et le canal du Praz se métamorphose en ruisseau des Chaisoz à Saint-Bon (Meilleur *et al.* 2012). Il est probable toutefois que ces différents noms ne soient pas toujours de simples synonymes, mais dans certains cas des branches d'un canal principal ou la prolongation d'une canalisation humanisée sous forme de cours d'eau majoritairement naturel. On trouve probablement cette première situation à Séez où l'on constate de véritables changements dans les différents parcours du canal de Séez et la seconde à Montvalezan, à Saint-Marcel ou à Saint-Bon où la nature des cours d'eau passe d'élément humanisé à élément naturel ou même vice versa (voir « Interconnexions », chapitre 3). Dans d'autres cas, il semble plus juste d'opter pour une explication de synonymie, comme pour le canal de Montfort et le canal d'Arménaz déjà évoqué, ou pour le canal de la Côte et le canal de Pierrolaz à Valezan, où des experts locaux déclinent ces différents noms selon les quartiers dans lesquels ils résident. D'autres canaux encore sont désignés par rapport aux « artifices » qu'ils desservaient partiellement ou exclusivement. On peut compter plus d'une quinzaine de canaux des Moulins ou du Moulin en Vanoise, alors qu'il existait au moins deux canaux de la Scie en haute-Maurienne, à Bramans et à Saint-André (Meilleur *et al.* 2012), la plupart d'entre eux fournissant en même temps de l'eau aux arrosants.

Noms et ancienneté de construction ou d'usage

Certains canaux enfin ont été dénommés par rapport à un critère temporel, levant le voile sur un pan de l'histoire de leur existence en Vanoise. Les deux « airel nuaz » (canal neuf) de Montvalezan en sont un exemple, ainsi que peut-être « le béa nua » à Saint-André (Meilleur *et al.* 2012). En contrepartie, plusieurs canaux abandonnés après avoir été détruits ou par suite de réparations incessantes sont désignés « canal de pain perdu » par des arrosants locaux. C'est le cas de certains canaux à Montvalezan et à Sainte-Foy (Emprin 1933 : 58) en haute-Tarentaise, ainsi que du canal de Beaupré à Séez, abandonné autour de 1884 à la suite d'un éboulement (ADS S741 ; Meilleur *et al.* 2012). Le « canal [ou] bied mort », partant autrefois des hauteurs du ruisseau de l'Ormente sur La Côte-d'Aime, est probablement celui qui traversait les hauteurs de la commune des Chapelles. Il fut décrit par Emprin (1925 : 12) et détruit en 1638. Peut-être est-ce celui qu'il nomme canal de Vulmix qui correspondrait au nom local de « bied de Bourg » et qui, de toute évidence, alimentait autrefois la partie amont du quartier de Vulmix à Bourg-Saint-Maurice.

Enfin, il est probable que la plupart des prises et des points importants de bifurcation de l'eau (écluses, vannes, tournes) aient porté aussi des noms propres, parfois bien distincts de ceux des canaux sur lesquels ils se situaient. Un règlement des Chapelles de 1724 en cite bon nombre : « la tornaz appelée mala tornaz Blanche Rovenaz, les advenieres et touttes les autres ... [celle] que l'on nomme la tornaz de la tour de Couverclaz ... [et] la tornaz des fieugeres, » ainsi que « touttes les autres petites et grandes » (ADS S745). Par ailleurs, il existe sans doute de nombreux toponymes s'originant dans l'activité d'arrosage ou dans la présence de canaux ou de leurs éléments bâtis. Le plus connu en Vanoise est peut-être celui d'Avérole, village de la commune de Bessans, probablement tiré d'*averolium* signifiant « canalisation en bois (soit tronc d'arbre creusé, soit trois planches bien jointes) qui amenait l'eau d'assez loin, plusieurs centaines de mètres » (Tuaillon 2015 : 47 fn14). À Bellentre, en 1870, nous avons relevé le lieu-dit « la Tuerna » sur le Tableau d'Assemblage du Premier Cadastre Français (ADS 3P 7333), sans doute motivé par l'ancienne présence d'une tourne (voir « Écluses, vannes ... tournes », chapitre 3).

Chapitre 2.
La quête des origines

La question des origines constitue l'un des aspects les plus mal connus des canaux d'irrigation du massif de la Vanoise, un sujet sur lequel nous n'apporterons guère de données définitives. Il s'agit donc seulement de poser ici les différentes hypothèses envisagées par les chercheurs, laissant le mot de la fin aux archéologues du futur qui, espérons-le, adopteront davantage la montagne savoyarde comme terrain d'investigation.

La question du moment de la création des réseaux d'irrigation dans les Alpes du Nord a pourtant retenu l'attention de nombreux auteurs. Cet intérêt s'est, il est vrai, surtout porté sur les bisses du Valais, « vedettes » de l'irrigation nord-alpine, à un moindre degré sur les rus valdôtains et beaucoup moins sur les canaux des Alpes françaises et notamment sur ceux du massif de la Vanoise. Pour certains, les canaux d'arrosage ont été mis en place au bas Moyen Âge (Brissaud 2004 ; Chavoutier 1977 : 15 ; Leguay 1985), époque où apparaissent les premiers documents écrits relatifs à l'irrigation ainsi que les premières mentions explicites de construction de canaux. D'autres font remonter leur mise en place à l'époque romaine (Leveau 2006 ; Ronc 1992 ; Roulier 1995) voire potentiellement à l'époque des premiers peuplements permanents, aux âges du bronze ou du fer (Reggio 1965 : 5 ; Werner 1995). D'autres enfin, tout en reconnaissant leur existence à la fin du Moyen Âge, ne se prononcent pas sur l'époque de leur mise en place (Carrier et Mouthon 2010 ; Dubuis 1995a ; Mouthon 2010 ; Reynard 2002 : 31). Nous donnons ici une synthèse de l'état actuel des connaissances concernant l'irrigation en Vanoise pendant la période médiévale.

L'irrigation médiévale en Maurienne et Tarentaise d'après les textes

Les sources

L'irrigation en Maurienne et Tarentaise est documentée depuis la fin du XIIIe siècle (Meilleur *et al.* 2016). Cette chronologie n'est pas propre aux documents traitant de l'irrigation. Avec la formation de l'administration savoyarde et son recours croissant à l'écrit, ce sont tous les aspects de la vie des hautes vallées de Savoie qui sortent de l'ombre dans les années 1270-1330 : population, habitat, économie, encadrement seigneurial et communautaire. On ne peut donc en aucun cas associer les débuts de l'irrigation avec les débuts de la documentation écrite la concernant. La plus ancienne référence à l'arrosage des prés est un extrait de l'extente ou enquête sur les droits du comte de Savoie dans la châtellenie de Tarentaise, en 1290. Aymonet d'Aigueblanche, chevalier, reconnaît que ses hommes des paroisses de Bellentre et Montvalezan (probablement Montvalezan-sur-Bellentre soit Valezan actuel), où le réseau d'irrigation sera par la suite particulièrement étendu, tiennent du comte leurs droits et usages de pâturage et d'arrosage (*pascuorum jurum et aquarum*) (ADS SA 3112, peau 12). La toute première mention probable de canaux concerne l'investiture par le châtelain du comte de Savoie pour la Tarentaise d'une « conduite d'eau » (*conductum aque*) dans la paroisse de Mâcot, sans que l'on puisse préciser sa destination ou son usage. Elle remonte à 1299. Les premières références explicites à l'arrosage des prés datent de 1336 et de 1340 et concernent les paroisses tarines de Saint-Marcel et d'Hauteville (-Gondon). Comme pour les autres régions alpines, ces premiers textes semblent décrire un système d'irrigation en place depuis fort longtemps sans que l'on puisse fournir plus de précision.

Les sources écrites des XIIIe-XVIe siècles qui évoquent pour la première fois l'irrigation sont en réalité de plusieurs types :

- Les sources seigneuriales sont les plus anciennes (à partir de la fin du XIIIe siècle) : concessions (albergements) de cours d'eau et de canaux à des communautés ou des consortages, paiements de droits d'arrosage par ces mêmes communautés ou consortages, aveux ou reconnaissances par les membres de ces communautés ou consortages des cours d'eau et canaux qu'ils tiennent de leur seigneurs, terriers mentionnant les canaux en limites de parcelles.
- Les sources judiciaires concernant le règlement de conflits touchant au partage de l'eau à des fins d'arrosage apparaissent à la fin du XIVe siècle.
- Les sources communautaires n'apparaissent qu'à la fin du XIVe siècle : constitution de consortages pour la construction ou la rénovation d'un canal, « ratement » (partage des tours d'arrosage entre les ayants droit), règlement sur l'entretien et la gestion des canaux. Le plus ancien de ces textes est un règlement pour le partage des eaux de plusieurs canaux de Montvalezan, daté de 1374 (voir ci-dessous).

Le recensement de ces sources n'est pas exhaustif. Aucune pièce n'a à ce jour été intégralement publiée. Certaines sont citées et sommairement analysées dans six publications déjà anciennes (Gaide-Chevronnay 1931 ; Hudry 1985 ; Hudry 1991 ; Million et Miédan-Gros 1866 ; Onde 1940 ; Truchet 1912). La plus grande partie des documents est donc encore inédite et se trouve dispersée dans plusieurs dépôts d'archives.

Les archives départementales de la Savoie (ADS)

Citons notamment :

- Les comptes de châtellenies de Maurienne et de Briançon et Salins (Tarentaise) pour les XIIIe, XIVe, XVe et début du XVIe siècle. Pour le moment seule une partie de ce corpus a été dépouillée. On accordera une mention spéciale au compte particulier de Maurienne pour 1429-1430 (ADS SA 16084). Dépouillé et analysé par une étudiante de l'université de Savoie dans le cadre de son master en histoire (Cousin-Woyseck 2005-2006), il contient huit références aux canaux et à l'arrosage des prés.
- La série G Maurienne des ADS a révélé deux documents utiles : un règlement de police rurale de la communauté de Termignon (1376) et un accord entre les communautés de Sollières et de Termignon pour le partage des eaux du torrent de Bonnenuit (1402) avec rappel d'actes plus anciens (1394 et 1401).
- La série des archives communales (AC) déposées aux ADS.

Après consultation des inventaires, ceux de Termignon et de Valezan se sont révélés les plus riches.

Les archives communales (AC) encore conservées dans les mairies.

Leur inventaire est en cours. Celles de Bourg-Saint-Maurice, pour les anciennes communes de Bourg-Saint-Maurice et d'Hauteville-Gondon ont donné des résultats prometteurs.

Les premiers résultats

Le corpus de sources a permis d'établir la présence de canaux servant à l'arrosage des prés dans treize paroisses de Tarentaise et dix paroisses de Maurienne. En réalité, il est probable que l'absence de mentions concernant des communes (ou anciennes paroisses) où l'irrigation était pratiquée aux époques plus récentes n'est due qu'à l'absence de sources.

En Maurienne : Beaune, Lanslebourg-Mont-Cenis, Le Bourget, Le Thyl, Modane, Montdenis, Orelle, Pralognan (Saint-André ?), Sollières-Sardières, Termignon.

En Tarentaise : Aime (Villette), Bellentre (Valezan), Bourg-Saint-Maurice (Le Bourg et Vulmix), Bozel, Hautecour, Hauteville-Gondon, Les Chapelles, Mâcot, Montgirod, Montvalezan, Planay, Saint-Jean-de-Belleville, Saint-Marcel (Montrichard), Sainte-Foy-Tarentaise.

La chronologie et le type de sources sont tout à fait conformes à ce qui a été mis en évidence dans le canton du Valais à propos des bisses : premières mentions écrites à la fin du XIIIe ou au début du XIVe siècle décrivant là encore un système bien en place, campagne de construction de nouveaux canaux s'étendant de la fin du XIVe au tout début du XVIe siècle en parallèle avec le développement de conflits opposant plusieurs communautés à propos du partage des eaux.

Le vocabulaire utilisé est assez diversifié et semble gagner en précision à la fin du XVe et au XVIe siècle (voir le lexique en annexe) :

En latin (XIIIe-XVe s.) : *Aqueductum, conductum aque, bialagium, bialerium* pour les canaux. *Aque ducere* (conduire l'eau), *rigadere* (irriguer), *aquare* (inonder) pour le processus d'irrigation.

En français (XVIe siècle) : eyriels, heyriels, heyrieuls, cheneaulx, bieds, conduitte d'eau (sic), bial commun, bialliere, esgaige pour les canaux. Eyguer, ayguer, esguer pour le processus d'irrigation (voir le lexique en annexe).

Les pratiques de gestion des canaux connues grâce aux textes de la fin du XVe et du XVIe siècle, spécialement pour Termignon et Hauteville-Gondon, semblent tout à fait similaires à ce que l'on connaît pour les XIXe et XXe siècles. Certains accords de partage des eaux du Moyen Âge, tel celui de 1402 entre Sollières et Termignon sont encore en vigueur cinq siècles plus tard. Tout cela plaide pour un savoir-faire déjà ancien mais à quel degré ?

L'irrigation en Vanoise, des origines préhistoriques ?

Dans la zone intra-alpine, l'agriculture et l'élevage sont pratiqués par des populations sédentaires depuis le néolithique final, entre 3500 et 2200 avant JC (Martin 2014 : 45). *A priori*, il est possible de supposer que les débuts de l'irrigation puissent remonter à cette période. Les sources médiévales antérieures au XVe siècle n'évoquent guère la construction de canaux mais plutôt leur existence et leur fonctionnement dans le cadre d'usages déjà anciens. Remonter plus haut dans le temps supposerait, faute de texte, de pouvoir compter sur les résultats de fouilles archéologiques, hélas très peu nombreuses dans les secteurs de haute montagne dans les vallées internes. Des données issues de trois campagnes récentes, dont deux concernent la vallée de la Tarentaise, semblent néanmoins conforter l'idée d'une origine ancienne, pour le moins antique, des premiers canaux d'irrigation.

Le premier site qui nous intéresse est Pfyngut en Valais, révélé à l'occasion de travaux autoroutiers et fouillé entre 2004 et 2007. Comparé aux secteurs de Maurienne et de Tarentaise qui sont le cadre de notre étude, il s'agit d'un site de « plaine » (580 mètres d'altitude seulement), situé à quelques kilomètres à l'est de Sierre, dans les fonds de la vallée de l'Ill, affluent du Rhône (Paccolat *et al.* 2011). Les fouilles ont révélé une douzaine de tracés de canaux d'irrigation (appelés « bisses » en Valais). Deux de ces canaux ont été datés, l'un de l'époque romaine (1er siècle apr. J.-C.) et deux de l'antiquité tardive (IVe-VIe siècle). Trois ont été en fonction entre le XIVe et le XVIIIe siècle. Entre les deux périodes, un hiatus de plus de six siècles marque l'interruption des pratiques d'arrosage dans un contexte d'abandon de la mise en valeur agricole de la zone, entre l'abandon du domaine antique et la formation d'un hameau à partir des environs de l'an mille. Un dernier canal fonctionne entre la fin du XVIIIe et le milieu du XXe siècle, époque à laquelle le système traditionnel d'irrigation par gravité a été remplacé par l'arrosage par aspersion. Tous ces canaux étaient manifestement destinés à irriguer des prairies pâturées et des prés de fauche, les plus anciens se caractérisant par un pendage nettement plus fort (2-3 %) que ceux de la période médiévale et moderne (0,7 %), ainsi qu'une profondeur plus importante, ce qui dénote peut-être une moindre maîtrise des techniques d'aménagement et de terrassement.

Le deuxième site qui nous intéresse se trouve en Tarentaise, sur la commune d'Aime, au lieu-dit « les Chaudannes » à 750 mètres d'altitude (Chemin 2010). Les fouilles ont révélé les vestiges d'une occupation humaine et d'activités agricoles. Parmi ceux-ci, on note ce que les archéologues identifient comme étant deux canaux d'irrigation « probablement distincts » (p. 37). Sans plus de précision, le site est attribué à l'époque « protohistorique », peut-être au Bronze final (VIIIe siècle av. J.-C.).

Le troisième site, mis à jour en 2004 par l'archéologue Pierre-Jérôme Rey, se trouve à proximité du lieu-dit « Créternas » dans le vallon du Versoyen sur la commune de Bourg-Saint-Maurice, à 1590m d'altitude (Rey 2011). Une présence humaine y a été constatée et datée du second âge du fer. D'après les résultats de la fouille, ce canal qualifié de « canal d'amenée » par P.-J. Rey avait, selon lui, peut-être pour fonction d'alimenter un bassin-abreuvoir pour le bétail. Il est toutefois frappant de constater que les vestiges de ce canal se trouvent à quelques dizaines de mètres d'un canal d'arrosage toujours en fonctionnement aujourd'hui (probablement le canal des Veis d'en Haut … Meilleur *et al.* 2012). Néanmoins, d'après l'auteur, « le lien avec la pratique de l'irrigation reste une hypothèse » (p. 370).

En résumé

Les données tirées à la fois des plus anciens textes concernant l'irrigation et de ces trois sites archéologiques sont suffisamment concordantes pour proposer l'hypothèse suivante : le captage et la canalisation de l'eau ont été initiés aux premiers siècles de l'occupation permanente du massif par des populations d'agriculteurs. Il s'est peut-être d'abord agi d'alimenter en eau les établissements humains eux-mêmes dont certains, à l'image du village de Séez, ne se trouvaient pas à proximité immédiate de sources ou de cours d'eau naturels. Assez vite cependant, l'idée d'arroser une partie des prairies et des prés a dû s'imposer. C'est peut-être au Moyen Âge, plus précisément entre le XIIIe et le XVIe siècle, que le fort développement de l'élevage en relation avec l'ouverture économique des vallées et les progrès de la commercialisation du fromage et du bétail sur pied, ont pu conduire, comme dans le Valais et le Val d'Aoste voisins, à l'extension et au perfectionnement des réseaux d'irrigation. De nouvelles recherches sur l'histoire de l'agropastoralisme dans notre région, appuyées par les techniques de l'archéologie scientifique, devraient apporter des éléments de réflexion supplémentaires dans les toutes prochaines années.

Les canaux pour pallier le manque d'eau ?

Lorsque l'on entreprend des recherches sur l'irrigation de la Vanoise, ce qui frappe très vite c'est l'ampleur des efforts consentis, siècle après siècle, par les populations pour aménager et entretenir ces centaines de canaux. Une question s'impose alors : pourquoi des canaux d'arrosage en Vanoise ?

Partout dans la zone intra-alpine où les réseaux d'irrigation ont été installés, y compris en Vanoise, la réponse donnée par des chercheurs de différentes disciplines s'appuie majoritairement sur l'idée d'une insuffisance des précipitations (Blanchard 1943 : 485 ; Guichonnet 1980 : 39 ; Hudry 1985 : 114 ; Jail 1977 : 125 ; Niederer 1980 : 32 ; Onde 1940). Pour les moyennes et hautes vallées de la Tarentaise et de la Maurienne, cette hypothèse a pris forme dans les études de géographie physique et humaine des chercheurs de l'Institut de Géographie Alpine de Grenoble, tels leur chef de file, Raoul Blanchard, ou ses disciples comme Henri Onde, Marcel Jail et d'autres encore. Elle continue d'être évoquée de nos jours comme l'explication la plus évidente (Tracq 2000). Afin de participer à ce débat, nous avons passé rapidement en revue les connaissances actuelles sur l'environnement physique du massif de la Vanoise. Nous verrons que si l'analyse des facteurs climatiques et géologiques est fondamentale pour comprendre l'hydrologique du massif, c'est la rencontre de ceux-ci avec le contexte socio-économique qui rend le mieux compte du recours à l'irrigation.

Le climat, le relief, le sol, l'eau elle-même

Par l'étude des données physiques, nous tenterons ici de montrer l'influence du milieu dans le développement de l'irrigation en Vanoise. Nous présenterons donc les facteurs influant sur l'hydrologie en nous basant sur de rapides études climatiques, géologiques et hydrauliques de cette région. Il est cependant important de noter que si les facteurs physiques peuvent suggérer une explication pour l'implantation de canaux d'irrigation dans cette partie des Alpes, il ne faut pas pour autant négliger l'importance des aspects sociaux et économiques pour leur installation ainsi que leur développement. C'est l'ensemble de ces critères, dans un contexte social particulier, qui a participé à leur émergence.

Au-delà des pluies

La Tarentaise et la Maurienne appartiennent à ce que les géographes nomment les « vallées internes » dont relèvent également le Valais, le Val d'Aoste et le Briançonnais (Richard 1999 : 73-74). Le massif de la Vanoise se trouve protégé par la grande barrière formée d'un côté par les massifs du Mont-Blanc et du Beaufortain, de l'autre par le massif de Belledonne et du Grand-Arc. La zone dite intra-alpine est donc à l'abri des systèmes nuageux atlantiques qui s'usent sur les Préalpes et les massifs montagneux environnants. Ainsi, même si la vallée de l'Isère est une voie de passage pour les vents de pluies atlantiques (Balseinte 1955), ceux-ci arrivent déjà bien affaiblis au-dessus de Moûtiers dans la vallée de l'Isère ou de Saint-Jean-de-Maurienne dans la vallée de l'Arc. Plus méridionale que la Tarentaise, la Maurienne subit des influences méditerranéennes annonçant l'aridité relative des Alpes du Sud, influences accentuées par la Lombarde et ses évolutions en effet de Foehn. La Lombarde est un vent de sud-est (tiède et sec) à nord-est (froid et sec), soufflant le long de la frontière italienne et subissant l'effet de Foehn lors de son passage sur le versant occidental des Alpes. Cet effet, également bien connu dans le Valais, est défini comme un courant aérien qui, au contact d'un relief, subit une ascendance orographique. En altitude, l'air se refroidit et se condense jusqu'à entraîner des précipitations. Une fois le sommet franchi, l'air délesté d'une partie de son humidité subit cette fois une compression amenant son réchauffement. Le vent qui souffle sur le versant occidental est alors chaud et sec (htttp://comprendre.meteofrance.com). Ces conditions particulières façonnent en partie les paramètres climatiques de la région marquée par des précipitations moindres que dans les Préalpes ou les massifs centraux.

Climat montagnard

La Vanoise est un territoire de haute montagne, c'est ce qui détermine en partie son climat et ses caractéristiques hydrographiques. L'altitude moyenne du massif dans l'enceinte du parc national est de 2500 m. Les points les plus hauts sont le Mont Pourri, qui culmine à 3779 m et la Grande Casse, à 3855 m. Ils sont accompagnés d'une quarantaine d'autres sommets qui dépassent 3200 m. L'étage alpin qui, selon les biologistes, s'étend de 2100 à 2400 m d'altitude, représente 20% du territoire du parc national et la tranche nivale, au-dessus de 2400 m, pas moins de 49% (Tournier *et al.* 2000). L'orogénèse du massif a engendré des paysages imposants, marqués par des dénivelés importants ainsi que de fortes pentes dont l'inclinaison se répercute sur la vitesse d'écoulement des cours d'eau. Cependant, chacune des deux vallées — celle de l'Isère en Tarentaise et celle de l'Arc en Maurienne — a ses propres caractéristiques. Le géographe Henri Onde associe ainsi la Maurienne à un obstacle et la Tarentaise à « un prolongement des bas pays d'aval » (Onde 1938 : 85). Cela revient à dire que la Maurienne est en moyenne plus élevée, plus massive et plus profonde que la Tarentaise, avec un appareil glaciaire plus important (Vivian 1964). Le berceau tarin (= la moyenne-Tarentaise), s'affirme quant à lui par de fortes dénivellations opposant une région basse et un bloc central très élevé (Onde 1938). Les glaciers, reliques d'un englacement total de la chaîne alpine, représentent aujourd'hui à peine 1% de la surface totale de la zone centrale du parc, soit autant tout de même que les forêts et les lacs réunis. Ils n'en conservent pas moins une importance capitale pour la compréhension du cycle de l'eau et du réseau hydraulique des deux vallées (Tournier *et al.* 2000 : 23+).

Le relief et l'altitude déterminent en grande partie le climat montagnard. Tout d'abord, l'altitude croissante provoque une régression régulière de la pression atmosphérique. La baisse des températures du fait de la moindre densité de l'air atteint en moyenne un degré Celsius tous les 200 mètres (Delorme *et al.* 2009). C'est le gradient thermique. En Vanoise, les différences de température au cours de la même journée peuvent ainsi atteindre 15°C entre 600 et 3300 m d'altitude. En conséquence, une partie des précipitations tombe sous forme de neige toute l'année au-dessus de 2500 mètres, en hiver dans les fonds de vallée. De ce fait et de façon paradoxale, l'hiver qui, en Vanoise, voit le maximum des précipitations, connaît aussi une certaine pénurie d'eau, du fait de la rétention nivale et du gel des cours d'eau (Blanchard 1920). C'est au contraire à la fin du printemps et au début de l'été, alors que les précipitations se réduisent, que la fonte tardive des neiges et la fusion des glaciers donnent leur débit maximum aux torrents (*ibid.*). Ensuite, à cause de l'air humide amené par le vent et s'élevant le long des versants avant de se condenser en pluie, la pluviométrie tend à augmenter avec l'altitude, du moins jusqu'à un seuil altitudinal baptisé optimum pluviométrique. Dans les vallées internes, ce seuil se situe entre 2700 et 3000 mètres environ, avec des écarts locaux liés aux caractéristiques d'un versant relatives à la topographie, à l'exposition et à la nébulosité (Bénévent 1926). Vallées voisines aux caractéristiques physiques proches, Maurienne et Tarentaise n'en ont pas moins des régimes pluviométriques légèrement différents. La seconde connaît des précipitations supérieures à la première : plus de 1000 mm en moyenne par an contre 800 mm environ (Balseinte 1955 ; Tournier *et al.* 2000). On associe ordinairement cette différence au fait que la Tarentaise possède des surfaces plus importantes situées autour de l'optimum pluviométrique : 55 % de sa superficie se trouve entre 2500 et 3000 m contre 35 % pour la Maurienne (Bénévent 1926).

Endroit/envers

En montagne l'exposition des versants détermine en grande partie l'insolation, c'est-à-dire la quantité de rayonnement solaire reçue par le sol. C'est ce qui explique probablement que l'implantation humaine ait privilégié les versants au soleil, c'est-à-dire les adrets ou « endroits », lieux privilégiés d'extension des villages et des cultures, aux dépens des versants ubacs ou comme on dit en Vanoise, les versants « envers », souvent dominés par les forêts. Sans surprise, on constate que la majorité des zones anciennement irriguées se trouvent sur les adrets, en particulier sur des versants sud et à des altitudes moyennes où les températures estivales atteignent des niveaux relativement élevés, soit une moyenne de 14.7°C en juillet à 1500 m. Or, une étude portant sur le Val d'Aoste (Trévisan *et al.* 1994) note que l'évapotranspiration est un critère non négligeable pour expliquer les déficits hydriques des prairies alpestres. Ce phénomène, joint au manque de précipitations, est invoqué par plusieurs auteurs pour expliquer le développement des systèmes d'irrigation. À tout le moins, l'exposition des versants doit être considérée comme un facteur accentuant la sécheresse relative pouvant régner dans les vallées du massif de la Vanoise en période estivale.

Afin de déterminer la quantité d'eau disponible pour la croissance de la végétation, la topographie et le climat ne sont pas tout. Il faut tenir compte également de la géologie locale, des conditions du ruissellement et de la composition des sols.

Géologie

D'un point de vue géologique, le massif de la Vanoise est constitué de trois grands ensembles. À l'Ouest, le substrat rocheux est composé de granit et de micaschistes puis d'une zone houillère qui se rattache au Briançonnais. À l'Est, on rencontre d'abord la zone des schistes lustrés, où l'on trouve également des roches serpentines issues de l'ancien fond océanique soulevé par la collision des plaques africaine et européenne, puis la zone dite interne du Grand Paradis, socle cristallin de gneiss et de feldspath. Ces deux premiers ensembles sont dominés par des roches dures et imperméables qui favorisent un écoulement rapide des eaux de surface. Le dernier ensemble, au centre du massif, est composé de roches tendres et perméables, les gypses du Trias, présents en haute-Maurienne comme en haute-Tarentaise. L'eau s'infiltre facilement dans cette roche poreuse ce qui a pour effet de réduire significativement le débit des cours d'eau de surface. On remarque même, autour de la station de Super-Tignes, la formation de véritables entonnoirs où l'eau vient s'engouffrer avant de disparaître (Vivian 1964 ; voir « Connaissance de l'eau », Chapitre 13). Notons tout de même que ces infiltrations ne sont effectives qu'à la saison chaude, le gel hivernal ayant tendance à imperméabiliser la roche.

De ce résumé rapide de la géologie du massif, il faut retenir que dans sa partie centrale, une part non négligeable des précipitations s'infiltre directement dans la roche tandis que dans les zones externes, la quasi-totalité se retrouve dans les cours d'eau de surface. Les réserves souterraines produites par les infiltrations sont donc moindres dans ces secteurs périphériques que dans le secteur central, moins sujet par conséquent au déficit hydrique estival. C'est donc dans les zones périphériques que l'apport d'eau peut s'avérer décisif pour la poussée de l'herbe.

Hydrologie

Dans le massif de la Vanoise, l'alimentation des cours d'eau dépend autant de la fonte des neiges et des glaces que des précipitations directes. C'est ce que Raoul Blanchard définissait comme le « régime alpin de haute montagne » (Blanchard 1920). Les neiges hivernales constituent en quelque sorte des réserves d'eau que la fonte rend disponible au printemps et au début de l'été. De fait, les torrents susceptibles d'alimenter les canaux d'irrigation voient leur débit augmenter dès le mois d'avril par la fonte du manteau neigeux des régions basses et moyennes puis se maintenir à un niveau élevé grâce à la fonte des neiges d'altitude, vers mai-juin et ensuite par la fusion des glaciers durant toute la période estivale. La conjugaison du régime des précipitations et du régime sous-glaciaire explique ce paradoxe apparent, plus net encore en Maurienne qu'en Tarentaise : un étiage hivernal des cours d'eau calé sur le maximum des pluies et un débit maximum printanier et estival synchronisé avec la baisse des précipitations. Bien que moins arrosée que la Tarentaise, la Maurienne voit ses cours d'eau connaître un débit estival plus important du fait de la plus grande surface englacée et donc d'une plus grande abondance des eaux de fonte glaciaire (Vivian 1964). En Tarentaise, la fonte des neiges et les précipitations plus abondantes induisent par contre un débit des torrents plus régulier que dans la vallée voisine. Les cours d'eau tarins connaissent leur maximum en juin et restent à un niveau élevé une bonne partie de l'été tandis que le maximum des torrents mauriennais est nettement plus tardif : juillet-août, voire septembre (Vivian 1964).

Notre hypothèse est que l'irrigation en Vanoise a été encouragée par l'association de faibles précipitations estivales et d'une abondance de l'eau de surface durant la même saison, une abondance que les fortes pentes permettaient d'exploiter volontiers par le jeu de la gravité. Ceci dit, même si ces paramètres environnementaux ont dû influencer l'installation de systèmes d'irrigation en Vanoise, il faut se garder de tout déterminisme et rappeler que l'irrigation se pratiquait jadis dans une bonne partie de l'Europe, souvent dans des régions bien plus humides, et pas seulement en milieu de montagne (Cabouret 1999).

Autres hypothèses

Certains secteurs de la Vanoise reçoivent moins de 700 mm de précipitations annuelles ce qui, dans le contexte des Alpes du Nord, peut être considéré comme faible. On a également noté que la zone intra-alpine française, où se trouvent la Tarentaise et la Maurienne, se caractérise par une roche-mère en moyenne plus perméable que d'autres régions alpines, avec pour conséquence un risque de pénurie d'eau de surface pendant la période estivale. Plusieurs auteurs ont affirmé que la mise en place et le développement de l'irrigation en Vanoise s'expliquaient par cette sécheresse des vallées intra-alpines. Ce discours déterministe, souvent avancé aussi pour expliquer l'existence des bisses du Valais, est à relativiser dans la mesure notamment où, en Vanoise, le développement des réseaux d'irrigation les plus denses ne correspond en rien aux secteurs les plus secs du massif (Meilleur *et al.* 2012).

Parmi les communes de Tarentaise, c'est en effet le secteur central de la moyenne et haute vallée de l'Isère qui abrite la plus forte concentration de canaux d'arrosage : Hauteville-Gondon avec une cinquantaine, Bourg-Saint-Maurice une quarantaine, Montvalezan une trentaine. Or, la consultation des données fournies par les stations météorologiques du massif ne permet d'obtenir aucune correspondance avec la faiblesse des précipitations. La situation est plus complexe en haute-Maurienne, en raison de la difficulté à faire la distinction entre les canaux d'arrosage et les nombreux canaux d'alpage ne servant pas à l'irrigation dans des zones inférieures. On peut toutefois admettre qu'ici aussi, les communes les plus densément irriguées, à savoir Bessans et Bramans avec au moins une quinzaine de canaux chacune, Sollières-Sardières et Termignon avec presque autant, se situent majoritairement à une altitude moyenne supérieure à celle des secteurs moins élevés les plus secs de la vallée.

En 1995, le médiéviste valaisan Pierre Dubuis a lancé l'hypothèse que la création et le développement des bisses en Valais étaient le résultat d'une conjonction entre phénomènes environnementaux, démographiques et économiques, plutôt que la simple conséquence d'un manque de précipitations. Ce faisant, il abandonnait la « doctrine » du seul déterminisme climatique qui prévalait jusque-là (Dubuis 1995a). Partant de l'idée que la disponibilité de l'eau en Valais n'avait vraisemblablement pas changé de façon significative depuis deux millénaires (ce qui peut être contesté au vu des études paléo-climatiques les plus récentes), il insiste sur deux phénomènes ayant marqué la période médiévale dans les Alpes du Nord. Dans un premier temps, les XIe-XIIIe siècles voient la poursuite d'une forte croissance démographique et d'un développement des implantations humaines d'altitude (*ibid.*). Dans un contexte climatique marqué par des températures relativement élevées et des précipitations faibles (c'est le « Petit Optimum Médiéval »), cette humanisation sans précédent de la montagne aurait amené une demande grandissante en eau à destination des activités agricoles et domestiques en même temps qu'une réduction des prés de fauche de fond de vallée remplacés par des champs de céréales. Or, c'est de la fin de cette période que datent les premiers textes décrivant l'existence de canaux d'irrigation, autant dans le Valais qu'en Maurienne, Tarentaise ou que dans le Val d'Aoste ou le Briançonnais (Carrier et Mouthon 2010 : 216-217 ; Meilleur et *al.* 2016). Augmentation démographique, pénurie d'eau et manque de surfaces enherbées ont pu se conjuguer pour renforcer l'importance de l'irrigation dans certains secteurs des Alpes internes. Dans un second temps, aux XIVe et XVe et dans la première moitié du XVIe siècle, la spécialisation progressive des exploitations de montagne dans l'élevage bovin laitier entraîne des besoins accrus en fourrage pour la nourriture des bêtes à l'étable en hiver (voir aussi Carrier et Mouthon 2010 : 278-281 ; Onde 1940 : 487). Dans un premier temps, le développement des prés de fauche aux dépens des champs de céréales, permis par l'effondrement démographique lié aux grandes épidémies de peste, ne résiste pas à la reprise démographique du XVe siècle. L'extension des réseaux d'irrigation constatée à cette époque, et pour la première fois étayée par des textes relatifs à la construction de canaux, aurait alors eu pour objet l'accroissement de la productivité des parcelles fauchées, à défaut de leur superficie, ceci à une époque où le climat devient paradoxalement plus frais et plus humide (Meilleur *et al.* 2016 ; Mouthon 2010 : 143-145 ; voir pour le Valais Reynard 2002 : 30-33).

La synthèse de Dubuis, complétée par des études plus récentes, a le mérite d'invoquer à la fois facteurs environnementaux et conjoncture historique pour expliquer, si ce n'est la création (qui remonte sans doute bien en deçà du Moyen Âge central ... voir « Origines », ci-dessus), du moins l'extension des réseaux de canaux d'arrosage.

Colonisation humaine et pénurie d'eau locale

En ce qui concerne la Vanoise, un autre aspect de l'environnement naturel du massif doit également attirer l'attention, la superposition imparfaite des points d'eau avec les implantations humaines. Certains secteurs densément humanisés et manifestement occupés depuis avant le Moyen Âge central, apparaissent dépourvus de sources en même temps qu'à l'écart des cours d'eau naturels. On peut faire l'hypothèse que ces zones n'ont pu être définitivement colonisées qu'après que l'eau y ait été amenée à la fois pour satisfaire les besoins domestiques et les besoins agricoles. De fait, nos observations sur le terrain couplées aux témoignages des arrosants les plus âgés nous conduisent à établir une corrélation entre la configuration géomorphologique de certaines communes et l'emplacement des canaux anciens. Les réseaux les plus denses se trouvent ainsi dans les communes possédant les caractéristiques suivantes : territoire en forme de bouclier rejetant les cours d'eau à la périphérie et secteurs habités dépourvus de sources importantes ou de torrents. Telles sont, en Tarentaise, La Côte-d'Aime, Montvalezan, Séez ou encore le secteur de Montrigon, situé sur la rive gauche de l'Isère au-dessus de Bourg-Saint-Maurice. D'où l'idée de proposer une explication complémentaire à celles déjà exposées plus haut, explication déjà indirectement énoncée par le géographe Henri Onde il y a trois quarts de siècle (Onde 1940 : 486) : l'absence de cours d'eau naturels et de sources importantes dans des secteurs par ailleurs convoités pour l'habitation ainsi que pour l'agriculture, a constitué un facteur stratégique dans la création et le développement des canaux dans le massif et probablement dans les Alpes du Nord en général.

Chapitre 3.
Aménagements et infrastructure

L'irrigation traditionnelle dans le massif de la Vanoise est aussi une histoire des techniques. Un réseau d'irrigation avant tout est physiquement un ensemble d'infrastructures permettant de détourner une partie de l'eau des cours d'eau de montagne afin d'arroser des propriétés qui, on le verra plus loin, appartiennent à ceux qui ont mis en place ces infrastructures ou du moins à leurs descendants.

Quelles propriétés irriguées ?

Les propriétés irriguées dans le massif de la Vanoise consistaient essentiellement en parcelles de prés de fauche. Toutefois, dans des communes de la haute-Maurienne et de la haute-Tarentaise où l'altitude moyenne était particulièrement élevée, et où les secteurs irrigués se trouvaient principalement dans les zones d'alpage, il s'agissait également de « prairies » fauchées et/ou pâturées. Une consultation par commune du Premier Cadastre Français (1862-1945) et de la Mappe Sarde (1728-1738) confirme la prépondérance des « prés » et des « prairies » parmi les parcelles situées autour des canaux d'irrigation. Il est probable que l'augmentation du rendement en herbe et donc la production d'une quantité supérieure de fourrage pour l'hivernage des bêtes, ait représenté le but principal recherché lors de la construction des canaux d'irrigation (voir « L'ethnoécologie et les rendements », chapitre 13).

Les « prés » et les « prairies » bénéficiant de l'irrigation pouvaient se situer tout à la fois dans les zones inférieures, intermédiaires et hautes du territoire des communes, c'est-à-dire au niveau des villages, des « montagnettes » et des chalets d'alpage. La localisation des zones fauchées variait pour chaque commune en fonction de son exposition, de sa configuration topographique et son altitude moyenne. En moyenne et partiellement en haute-Tarentaise, les zones importantes de fauchage se situaient autour des villages habités en permanence et des montagnettes. En haute-Maurienne et dans les communes situées au fond de la vallée de l'Isère, les secteurs de fauche sont davantage concentrés sur les montagnettes et les alpages, le fond de vallée étant accaparé par la culture des céréales et plus récemment des pommes de terre. L'irrigation des prés dans les zones intermédiaires et supérieures (montagnettes et alpages) utilisait ordinairement de l'eau mélangée au fumier issu des granges-étables (voir « néyè » dans le lexique en annexe) ou étendu sur les parcelles. On utilisait pour cela le réseau des rigoles et canaux d'alpage en général moins long, moins ramifié et de moindre débit que les canaux desservant les zones inférieures.

Plusieurs communes de la moyenne-Tarentaise — surtout du côté ubac — avaient fortement développé la culture des arbres fruitiers (Meilleur 1990), d'où la présence caractéristique d'une catégorie foncière particulière, le pré-verger, peu fréquent ailleurs dans le massif (voir « On n'irrigue pas seulement les prés de fauche », chapitre 6). Comme son nom l'indique, le pré-verger produisait à la fois du foin et des fruits, pommes et poires surtout. Dans plusieurs communes ces prés-vergers bénéficiaient de l'arrosage, tout comme les prés proprement dits. À Hauteville-Gondon, en 1862, on inscrivait les prés-vergers dans le rôle de répartition d'eau de l'année, exactement comme les prés (AC 3O13). À Bozel, en 1886, on irriguait environ cinquante hectares de vergers (ADS 51SPC4). Plus d'un demi-siècle plus tard, en 1946, le village de Vulmix, dans la commune de Bourg-Saint-Maurice, se lançait dans un projet prévoyant l'irrigation de vingt hectares d'arbres fruitiers (ADS S785), c'est-à-dire cette fois, d'un véritable verger dans le sens classique. L'arrosage des jardins était aussi une pratique fréquente. Un document daté de 1830 parle spécifiquement « des arrosements des jardins » par le canal de Séez (ADS 187e dépôt 218). Dans la plupart des cas, on les irriguait par le biais de petites rigoles tirées des canaux secondaires et non de canaux spécifiquement dédiés à ce type d'arrosage. Néanmoins, à Termignon, un canal d'amenée d'environ un kilomètre de long partant de la rive gauche du Doron semble avoir eu pour objet essentiel d'irriguer un grand nombre de jardins regroupés dans un même secteur (dont plusieurs sont d'ailleurs toujours cultivés et arrosés ... Meilleur 1985).

Suite à l'arrivée de la pomme de terre en Vanoise, au cours du XVIIIe siècle (Meilleur 2008), on s'est mis à irriguer les « triffouillières », c'est-à-dire les champs destinés au tubercule sud-américain. De fait, les textes de cette période mentionnent assez souvent l'irrigation de la pomme de terre dont l'intérêt économique paraissait de plus en plus évident. En 1864, à Séez, on donnait spécifiquement aux arrosants des prés le droit de détourner l'eau en cas de besoin vers les champs de pomme de terre (ADS S749). À Termignon, il semble que les nouvelles « triffouillières » aient été majoritairement et intentionnellement implantées à proximité des canaux d'arrosage préexistants (Meilleur 1985 : 40). Dans les communes du massif où les réseaux de canaux d'irrigation étaient peu développés ou inexistants, notamment dans les cantons de Bozel et de Moûtiers, on détournait directement l'eau des cours d'eau pour arroser les champs de pomme de terre, là encore placés intentionnellement dans leur voisinage (Meilleur 2008). En inventoriant les propriétés signalées comme arrosées par un rôle de répartition d'eau de 1853 à Villarodin-Bourget, à l'entrée de la haute-Maurienne, on dénombre 157 parcelles irriguées, parmi lesquelles 98 « prés » (62% du total), 30 chènevières (19%), un pré + chènevière (<1%), mais aussi 18 « triffouillières » (11%) et 10 « prés et triffouillières » (2,6%) (AC 302).

Au XIXe siècle, profitant en quelque sorte des débuts de la déprise agricole et de l'abandon des terres labourées, les habitants de quelques communes ont également entrepris l'arrosage de plantes fourragères récemment introduites, telles que la betterave fourragère, le trèfle, la luzerne ou le *ray-grass* (Meilleur 2008). Certaines d'entre elles sont ainsi mentionnées dans un extrait du registre de l'association syndicale du canal de l'Arc à Montrigon (Bourg-Saint-Maurice) en 1875, qui précise que les « trèfles et luzernes » n'ont pas pu être arrosés cette année alors que [les terres] « ensemencées de sainfoin » ont eu le droit à l'irrigation (ADS S739). Au demeurant, cet aspect de l'irrigation n'a jamais pris d'ampleur en Vanoise. Enfin, nous n'avons découvert aucune preuve concrète que des champs de céréales, de légumineuses ou des parcelles de vigne, contrairement à ce qui se pratiquait dans le Valais, aient pu bénéficier de l'irrigation systématique (voir néanmoins « On n'irrigue pas seulement les prés de fauche », chapitre 6 et la figure 50 ci-dessous).

Le captage et le contrôle de l'eau

Les canaux anciens de la Vanoise étaient creusés à même le sol et l'eau y circulait à ciel ouvert par la seule force de la gravité. De ce fait, leur aspect et les matériaux employés peuvent paraître élémentaires au regard des systèmes hydrauliques modernes.

Il reste que les réseaux d'arrosage et d'autres canalisations du massif se sont avérés être suffisamment sophistiqués pour permettre le contrôle et l'usage des eaux pendant au moins mille ans et sans doute davantage (voir « La quête des origines », chapitre 2). Généralement, jusqu'à la fin du XIXe siècle, on utilisait un outillage manuel et des matériaux locaux, principalement du bois, de la pierre et de la terre, ainsi que plusieurs types de plâtre (Meilleur 1986). Ensuite, les technologies ayant évolué, on s'est tourné rapidement vers l'emploi du béton et de l'acier. Le surcroît d'efficacité ainsi apporté aux systèmes hydrauliques fut toutefois de courte durée car, très vite la déprise agricole associée à d'autres changements économiques et sociaux a abouti, en l'espace d'environ un demi-siècle, à l'abandon des canaux ou, à certains endroits, à leur transformation en réseaux d'irrigation par aspersion. Certes, quelques sections des anciens canaux sont encore de nos jours en fonction et permettent de se faire une idée de leur construction et de leur fonctionnement. Citons par exemple, le canal des Veis d'en Haut et une portion du canal de l'Arc à Montrigon (dans la commune de Bourg-Saint-Maurice), le canal des Chapelles (dans les communes de Valezan et des Chapelles), le Bief de Bovet à Aime, le bied Saint-Michel à Landry, le canal de l'Envers à Avrieux ainsi que plusieurs canaux de Montvalezan (Meilleur *et al.* 2012). La plupart des autres toutefois, plusieurs centaines, ne sont plus en service depuis les années 1970-1980 au plus tard.

Où prendre l'eau ? Les points d'alimentation

L'analyse technique des systèmes hydrologiques anciens peut se décomposer en six parties : 1. Les infrastructures de captage et de contrôle de l'eau : points d'origine, prises, vannes, écluses, tournes, etc. ; 2. Les canalisations : canaux, rigoles, leurs pendages, les déchargeurs, etc. ; 3. Les passages difficiles ; 4. Les aires de stockage de l'eau : lacs, réservoirs, retenues ; 5. Les connexions entre canaux ; 6. Les zones arrosées.

Le massif de la Vanoise est doté d'une vingtaine de glaciers principaux nourrissant des centaines de torrents et de ruisseaux, eux-mêmes alimentant deux rivières majeures, l'Arc et l'Isère. Ces expressions visibles de l'hydrographie du massif sont complétées par la circulation souterraine de l'eau qui se manifeste ici et là en surface sous forme de sources. On rencontre également, là où la topographie le permet, c'est-dire souvent en altitude, de petits lacs alimentés par des sources, des torrents ou par la fonte des glaciers. Ces diverses manifestations de l'élément liquide étaient largement utilisées par les anciens habitants de la Vanoise, afin notamment d'arroser leurs propriétés. Le point de départ d'un canal se situait le plus souvent sur un torrent, plus rarement sur une source ou sur l'une des deux rivières majeures, exceptionnellement sur un lac. Ce point d'origine d'un canal était appelé « la prise ». Dans le cas de réseau d'irrigation complexe, la prise d'un canal pouvait se situer également sur un canal plus important, voire sur un réservoir. Enfin, si la plupart des canaux n'ont qu'une seule prise, beaucoup étaient alimentés secondairement sur leur parcours en aval par des ruisselets ou par des sources.

Une majorité des quelques 350 canaux d'irrigation recensés en Vanoise se branchait donc sur l'une ou l'autre rive d'un torrent permanent, en général vers la moitié de son parcours. La meilleure manière de retrouver ces prises d'eau aujourd'hui est de consulter d'anciens plans, spécialement ceux issus du Premier Cadastre Français. Parmi beaucoup d'autres, les trois gros canaux partant de la rive gauche du torrent de l'Ormente que sont le canal des Chapelles, le canal de Montvalezan (ou de Valezan) et le canal de la Côte d'Aime, dans la commune de La Côte-d'Aime, sont ainsi particulièrement bien figurés (figure 1).

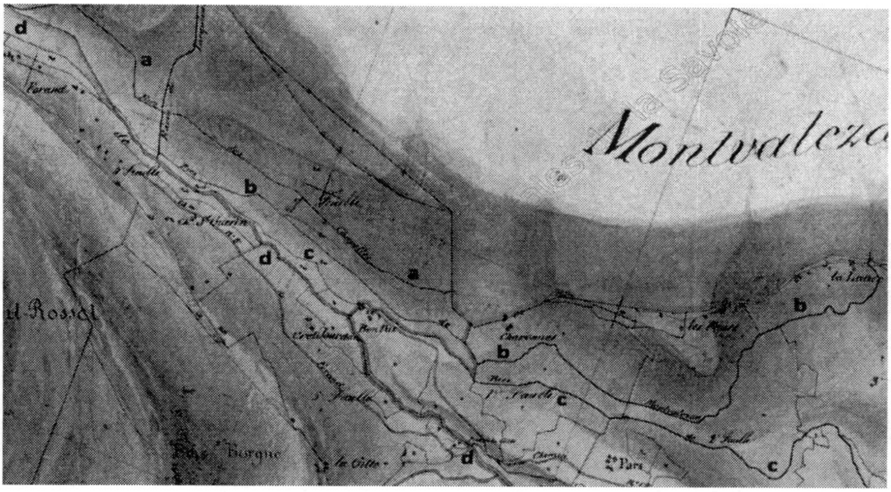

Figure 1. Points de départ des canaux des Chapelles (a), de Montvalezan (b), et de la Côte d'Aime (c) sur la rive gauche du ruisseau de l'Ormente (d) (La Côte-d'Aime 1870). ADS PCF 3P 7342, Tableau d'Assemblage.

Par contraste, les canaux, généralement plus petits, dont le point d'origine est constitué d'une ou plusieurs sources, sont nettement moins facilement discernables sur les anciens plans. Moins importants, ces canaux ont moins intéressé les cartographes. Il a donc fallu, pour déterminer l'emplacement de leur prise, faire appel aux textes et surtout à la mémoire des experts locaux. Mais ces recherches de terrain sont elles-mêmes rendues plus difficiles par les modifications apportées à l'hydrographie locale par les aménagements hydro-électriques, industriels ou militaires et, plus récemment par le développement des stations de ski. Le canal de la Biolène à Doucy (figure 2), qui émane des « Sources du Riondet » (1866, ADS 7M211), le canal de la Dhuy à Séez, qui tire son eau de la source de Laduy et plusieurs autres petites sources « de moindre importance » (1882, ADS S741), ou encore le canal de Prélatoute, à Aussois, qui partait des sources du Vallon des Balmes avant leur captage par EDF, sont quasi-indétectables sur les anciens plans cadastraux. Néanmoins, un petit nombre de canaux importants tiraient leur eau principalement des sources. Par exemple, le Bief de Bovet, qui partait de l'ancienne commune de Longefoy maintenant fusionnée avec Aime, prélevait une partie de son eau des sources de l'Envers, le reste venant du ruisseau des Frasses (ou le Nant du Pontet … Combet et Bouchage 1998 : 5 ; figure 3). Les sources de l'Envers conservant un débit constant tout au long de l'année, permettaient de maintenir le débit du canal au cœur de l'été, alors que le ruisseau était à l'étiage. Enfin, à Sainte-Foy, en haute-Tarentaise et à un moindre degré à Villarodin-Bourget, en haute-Maurienne, plusieurs canaux d'arrosage faisaient d'abord office de draineurs de zones humides sur la première partie de leur parcours, rendant ainsi double service à leurs utilisateurs (Meilleur *et al.* 2012).

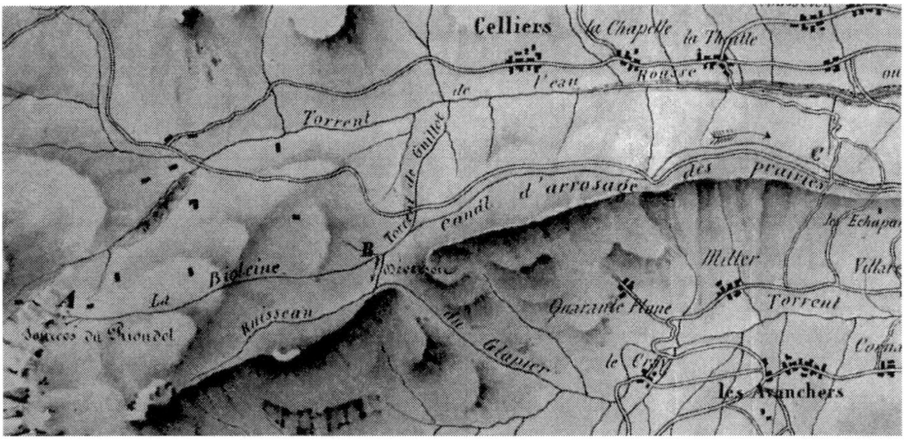

Figure 2. « Sources du Riondet » (A) et départ du canal de la Biolène (Doucy 1866). ADS 7M211. Cliché B. Meilleur (BAM).

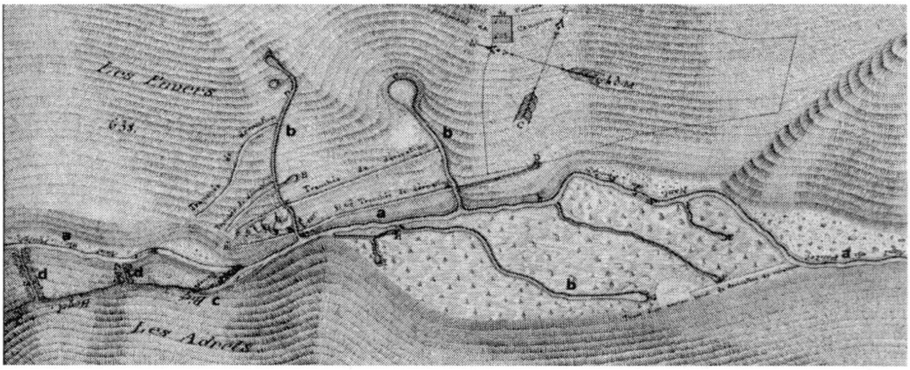

Figure 3. Sources de l'Envers (**b**) et Nant du Pontet (**a**) alimentant le Bief de Bovet (**c**) ; à gauche, deux déchargeurs ou déversoirs (**d**), appelés ici « canaux de rupture » (Aime 1875). ADS 1Fi219.

D'un point de vue fonctionnel, l'eau des torrents ou celle des sources avaient la même finalité. Cependant, une lecture attentive des documents anciens laisse entrevoir une différence de nature « écologique » entre ces deux types d'alimentation. À Montrigon, dans la commune de Bourg-Saint-Maurice, un document de 1902 explique ainsi que « les eaux des fontaines » [sources] sont disponibles plus tôt en saison que celles du ruisseau de Pissevieille (ou de l'Arc), point d'origine du canal de l'Arc. On les utilisait donc pour alimenter le canal en cours de route, afin d'irriguer les prairies plusieurs jours voire plusieurs semaines avant l'ouverture de sa partie supérieure (ADS S739). En réalité, bon nombre des canaux importants, sinon la majorité étaient renforcés tout au long de leurs parcours par de petites sources ou ruisselets. Des textes anciens décrivent cet apport en insistant sur son importance pour le maintien des débits. Il était crucial pendant les grosses chaleurs d'été au moment où les arrosants tiraient le maximum d'eau, tandis que le débit des canaux baissait du fait des fuites et de la forte évaporation (Combet et Bouchage estiment que le Bief de Bovet [Longefoy/Aime] perd un tiers de son débit lors de son parcours … 1985). En 1840, le « Plan figuratif » du ruisseau de l'Église à Hauteville-Gondon (figures 4 et 4a.) expose de façon exceptionnelle l'emplacement de ces petites sources par rapport aux canaux. On remarque que plusieurs canaux apparaissant sur le milieu du plan profitent dans leur voisinage immédiat d'« un grand nombre de fontaines » [sources], permettant l'arrosage « à volonté ». Au contraire, les huits canaux inférieurs du ruisseau « ne possèdent aucune fontaines » …, obligeant ainsi les propriétaires à « arroser pendant la nuit, et [à] voler l'eau aux propriétaires » desservis par les autres canaux. Cette fonction complémentaire des sources est soulignée par d'autres documents anciens, par exemple pour le canal de Vaugellaz à Bourg-Saint-Maurice en 1859 (AF SA et ADS 83S10), pour les canaux de la plaine de Bessans en 1902 (ADS 84S7) et 1904 (ADS 39SPC1), pour les trois canaux traversant La Côte-d'Aime vers Valezan et Les Chapelles, ainsi que, comme nous l'avons vu, pour le canal de l'Arc à Montrigon. Pour ce dernier, l'article 4 du rôle de répartition de l'eau de 1902 stipule que les sources pouvaient être « recueillies avantageusement … avec l'autorisation des propriétaires » riverains (ADS S739).

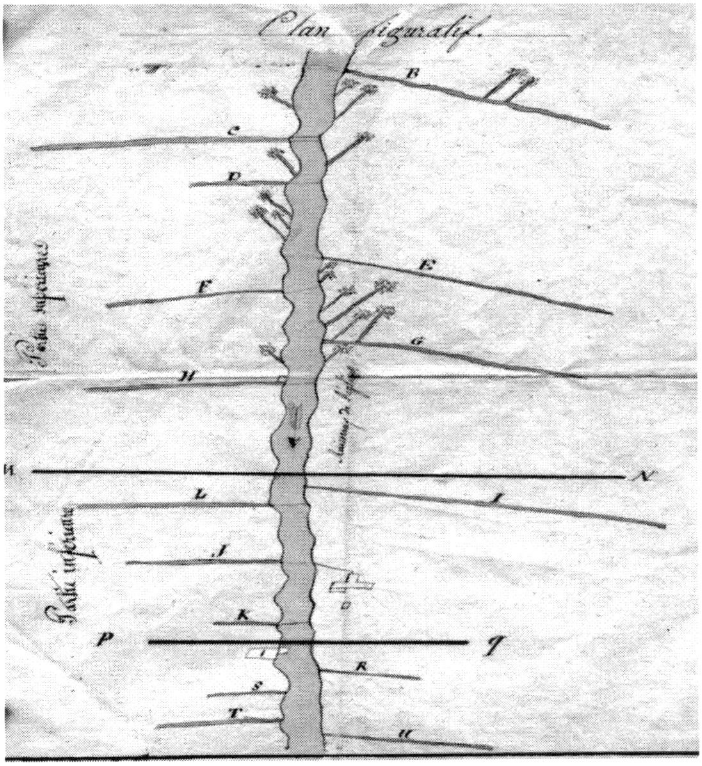

Figure 4. « Plan figuratif » du ruisseau de l'Église et de ses 15 canaux, ainsi que des sources captées pour augmenter le débit du ruisseau et des canaux (Hauteville-Gondon 1840). AF LC-S. Cliché BAM.

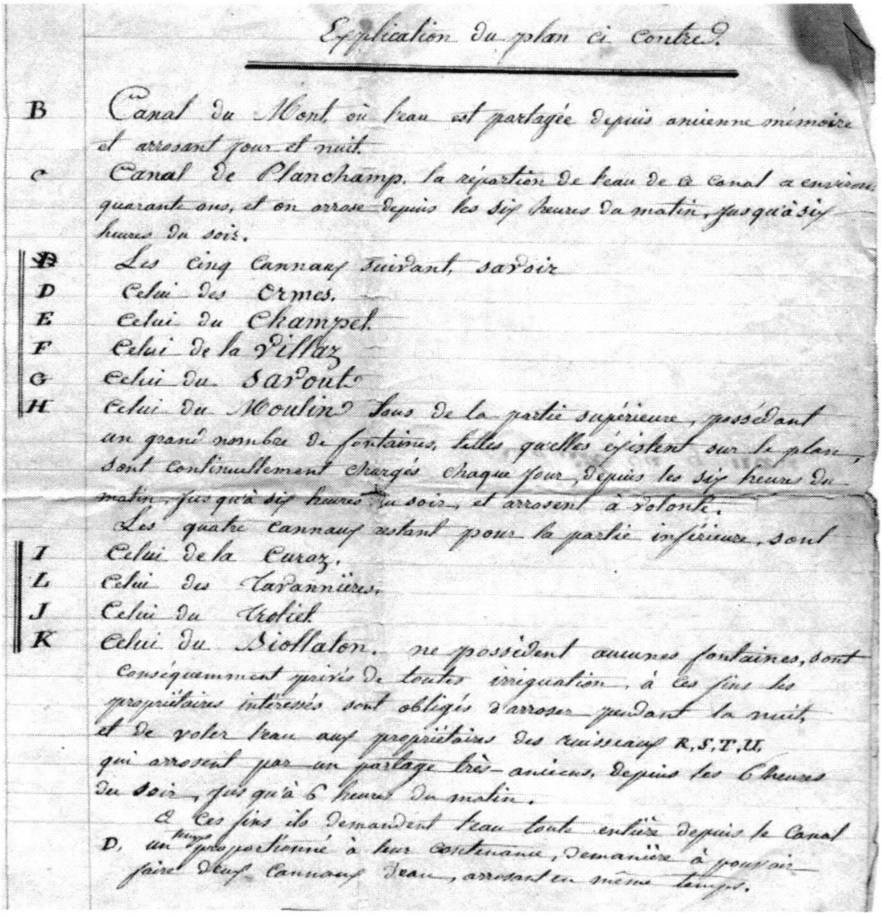
Explication du plan ci contre.

B Canal du Mont où l'eau est partagée depuis ancienne mémoire et arrosant jour et nuit.

C Canal de Planchamp. la répartition de l'eau de ce canal a environ quarante ans, et on arrose depuis les six heures du matin, jusqu'à six heures du soir.

D Les cinq cannaux suivant, savoir
D Celui des Ormes.
E Celui du Champel
F Celui de la Villaz
G Celui du Savout
H Celui du Moulin. Tous de la partie supérieure, possédant un grand nombre de fontaines, telles qu'elles existent sur le plan, sont continuellement chargés chaque jour, depuis les six heures du matin, jusqu'à six heures du soir, et arrosent à volonté.

Les quatre cannaux restant pour la partie inférieure, sont
I Celui de la Curaz.
L Celui des Tarannières.
J Celui du Trolet.
K Celui du Diollaton. ne possèdent aucunes fontaines, sont conséquemment privés de toutes irrigation, à ces fins les propriétaires intéressés sont obligés d'arroser pendant la nuit, et de voler l'eau aux propriétaires des ruisseaux R, S, T, U, qui arrosent par un partage très-ancien, depuis les 6 heures du soir, jusqu'à 6 heures du matin.

A ces fins ils demandent l'eau toute entière depuis le Canal D, un temps proportionné à leur contenance, de manière à pouvoir faire deux cannaux d'eau, arrosant en même temps.

Figure 4a. Légende du « Plan figuratif ».

Dans certaines zones à arroser privées de sources comme de torrents permanents, l'eau des canaux pouvait être acheminée sur place par un canal principal parfois assez long. On rencontre cette configuration dans plusieurs communes telles Montvalezan, Les Chapelles, Bellentre, mais aussi dans le secteur nord-est du finage d'Hauteville-Gondon. À Montvalezan, le torrent des Moulins et ses affluents d'altitude, descendant sur les confins centre-est de son territoire, constituaient pratiquement le seul système hydrographique naturel de la commune en capacité de fournir l'eau consacrée à l'irrigation. De ce réseau était tirée une vingtaine de canaux, la plupart se dirigeant vers l'ouest-sud-ouest afin d'irriguer la partie centrale et occidentale de la commune, formant ainsi un réseau d'arrosage dense, complexe et interconnecté. Au fur et à mesure qu'ils se dirigeaient vers l'ouest, les trois ou quatre canaux principaux se partageaient en de nombreux canaux secondaires, dont chacun avait sa désignation propre et irriguait un secteur particulier de la commune. On retrouve ce cas de figure à Bellentre, où le canal du Revers de Bellentre se partageait en plusieurs rameaux, à Hauteville-Gondon pour la partie centre-ouest du canal de Montrigon, et aux Chapelles pour la partie aval du canal des Chapelles desservant aussi certaines zones irriguées à Bellentre (Meilleur *et al.* 2012).

Très peu de canaux tiraient leur eau de l'Arc ou de l'Isère, principalement du fait de la puissance de ces rivières et de leur propension aux crues dévastatrices. Néanmoins, en haute-Maurienne, l'Arc alimentait plusieurs canaux, par exemple à Bonneval-sur-Arc (Meilleur *et al.* 2012), Bramans (canal du Moulin ou du Verney, 1866, ADS 51SPC4), Lanslebourg (Meilleur *et al.* 2012), Sollières-Sardières (canal des Moulins, 1879, ADS 84S60 ; 1880, ADS ASPC10) et Villarodin-Bourget (Bief du Moulin, Meilleur *et al.* 2012). Comme leur nom le suggère, leur fonction première était de faire fonctionner les moulins. Toutefois, avant de retourner dans l'Arc, leurs eaux servaient également à irriguer les propriétés situées autour de ces artifices, voire à alimenter des bassins. Les cas de ce genre signalés en Tarentaise sont moins nombreux. Le canal des Journaux ou « bied des Iles » (Meilleur *et al.* 2012) se branchait sur la rive gauche de l'Isère à Hauteville-Gondon pour irriguer les prés des deux mas des Iles et des Journaux (1927, AF LC-S). À Saint-Marcel, un autre canal d'irrigation (pour l'instant sans nom) conduisait l'eau captée sur la rive gauche de l'Isère vers le lieu-dit « la Contamine » (1888, ADS PCF 3P7371). Enfin, à Val-d'Isère, sur le Premier Cadastre Français figure un canal d'amenée branché sur la rive gauche de l'Isère en amont du chef-lieu (Meilleur *et al.* 2012). C'est entre la fin du XIXe et le début du XXe siècle, que l'eau de l'Arc et de l'Isère commença à être captée massivement, cette fois pour alimenter les nouvelles usines hydro-électriques.

Signalons pour finir quelques cas où un canal naissait d'un lac de haute montagne ou d'un réservoir artificiel. À Hauteville-Gondon, un canal abandonné depuis fort longtemps se branchait sur le lac du Pré Saint-Esprit pour aller arroser des propriétés d'altitude à Villaroger. C'est encore le cas pour des vestiges d'au moins un ancien canal partant du lac Sans-Fond sur les hauteurs de la commune de Séez (ADS S741). Toujours à Hauteville-Gondon et ce jusqu'à l'abandon de l'irrigation traditionnelle, deux étangs artificiels, l'un au-dessus du village du Villaret et l'autre au cœur de celui de La Chal retenaient l'eau pendant la nuit pour permettre l'arrosage le jour. Ces réservoirs, peu nombreux au demeurant, semblent avoir été créés pour pallier la faiblesse du débit d'un cours d'eau naturel. Stockée pendant la nuit, l'eau pouvait être déchargée durant la journée pour arroser des propriétés situées en aval, au moyen d'un canal.

Les prises

Le terme « prise » désigne à la fois l'emplacement et l'aménagement permettant le captage de l'eau d'un torrent ou d'un ruisseau. Un même cours d'eau pouvait s'ouvrir sur une seule ou sur de multiples prises selon son débit moyen et la facilité avec laquelle ses berges pouvaient être aménagées. Fondamentalement, une prise est une brèche, une ouverture artificielle dans l'une ou l'autre berge du torrent, toujours orientée vers l'aval afin d'utiliser la gravité. Elle prend habituellement la forme d'une patte d'oie ou, si l'on veut, d'un « y » à l'envers (« ʎ ») dessinant un angle plus ou moins aigu. En Vanoise, la plupart des prises captaient l'eau des cours d'eau naturels, soit à mi-versant, soit en haute montagne. Certaines toutefois avaient pu être aménagées sur l'Isère, par exemple pour le canal des Iles à Hauteville-Gondon en moyenne-Tarentaise (ADS S752), ou sur l'Arc, surtout à Sollières-Sardières, Bramans et Bessans (Meilleur *et al.* 2012). Comme nous l'avons déjà vu, certains canaux étaient branchés directement sur des sources captées, ceci sur les deux versants du massif.

Les fondations des prises importantes étaient établies de façon aussi pérenne que possible, au moyen de différentes sortes de pierres trouvées sur place et de mortier de plâtres locaux pour une solidité maximale. L'installation était complétée par une pierre ronde ou une lauze mobile placée verticalement près de la bouche de la prise afin de permettre son ouverture et sa fermeture. Selon le débit du cours d'eau, on pouvait ou non choisir de diriger une partie du flux vers la prise au moyen d'un petit barrage formé de quelques blocs ou d'une lauze verticale orientée vers l'ouverture servant de vanne. Lorsque le débit d'un cours d'eau diminuait, on surélevait le niveau de la retenue afin de capter davantage d'eau. À l'inverse, si le débit du ruisseau devenait trop fort, on réduisait la hauteur du barrage. En ce qui concerne les prises installées sur les rivières, comme l'Arc en haute-Maurienne, on construisait ces barrages au moyen d'une ligne de pieux fichés verticalement dans le lit de la rivière dont on remplissait ensuite les interstices de pierres et de branches. Là encore, il fallait que le barrage forme avec la berge un angle relativement ouvert afin de diriger l'eau vers la prise. Une installation de ce type fut projetée à Bramans, en 1866. On envisagea un « barrage » (c'était le terme utilisé) de 27 mètres de long sur 6 de large placé au travers de l'Arc (ADS 51SPC4). Plus tard, on équipa les prises avec des écluses en bois et, éventuellement, de petits barrages en béton et en acier (figures 5 et 6). Par contre, pour celles alimentant les réseaux les plus modestes, on se contentait de dispositifs beaucoup plus simples : barrer ou non la brèche creusée dans la berge du ruisseau au moyen d'un ou plusieurs blocs de pierre ou de pièces de bois, ou encore diriger l'eau vers la prise au moyen de « branches maintenues par de grosses pierres » en guise de barrage, comme ce fut le cas pour le torrent de l'Arbonne en 1913 (AC Bourg-Saint-Maurice, 3O14). Ce type d'aménagements, simple à mettre en place, avait l'inconvénient d'être instable et souvent emporté par les crues.

Figure 5. Écluse en bois et béton près de la Chapelle St. Benoit (Avrieux 2012). Cliché J. Villette (JV).

Figure 6. Écluse en acier et béton (Avrieux 2012). Cliché JV.

Dans le cas de torrents au débit violent et/ou aux berges particulièrement encaissées, la prise pouvait consister en une structure en bois surélevée. C'était le cas en 1811 de la prise du canal de Séez située sur le ruisseau du Reclus. Désignée par le terme de « levée d'eau », elle consistait en une structure composée « de pilotis, de madriers ou de plateaux de mélèze » combinée à de grosses pierres et des murs de soutènement (AF J-LP). On retrouve ce type de levée en 1865 sur le canal des Villards, également à Séez (ADS S749), ainsi que sur le canal des Îles à Hauteville-Gondon en 1927 (ADS S914), sur le canal de la Tourna à Bramans, et aussi, probablement, sur le torrent de la Tour à Villette, en 1866, où l'eau « en deux endroits … passe dans deux troncs d'arbres évidés » (ADS 39SPC1).

Écluses, vannes … et « tournes »

Lorsque l'on suit l'eau d'un canal principal, on rencontre, de loin en loin, des embranchements de canaux secondaires (voir « La hiérarchie des canaux », chapitre 4). La distribution se faisait par des vannes, certaines équipées « de repères … apparents », comme c'était le cas aux Chapelles en 1864, afin que le garde canal puisse assurer dans les canaux le niveau d'eau jugé approprié (ADS S745 ; voir « La surveillance des canaux », chapitre 8). Pour les canaux les plus modestes, on pouvait diviser ou rediriger l'eau avec des pierres ou des planches, le choix étant conditionné par le débit du canal principal, le nombre d'embranchements, les matériaux disponibles, et le savoir-faire des constructeurs et entreteneurs des canaux. À Montvalezan en 1766 on employait une « pierre ronde » pour effectuer ces séparations en aval des prises (AC I-Archives anciennes).

Par ailleurs, nous avons décrit brièvement la « grande vanne de partage » (ADS S739), probablement à trous, qui séparait le canal de l'Arc à Montrigon en deux canaux secondaires importants. De toute évidence cette technologie de la pierre à trou était utilisée couramment et à plusieurs niveaux de distribution dans les réseaux hydrauliques, tout au moins en moyenne et en haute-Tarentaise. Jaubert de Passa (1821 : 63) décrit un procédé semblable dans les Pyrénées-Orientales au début du 19e siècle. Dans la zone supérieure des trois canaux des Veis à Bourg-Saint-Maurice, tous trois alimentés par le torrent du Versoyen, des lauzes verticales percées de petits trous de dimensions différentes (mesurés en « pouces » en 1828… AF RM ; en millimètres en 1882 … ADS S738), permettaient (et permettent encore) de diriger l'eau vers des chalets d'alpage (ADS S738). On équipait le canal des Veis du Milieu avec une lauze à trou de quelques centimètres (figure 7), semblable à celle, beaucoup plus large, retrouvée et photographiée à Hauteville-Gondon (figure 8). En haute-Maurienne, nous avons rencontré une « pierre de partage » à Saint-André sur le canal Béa Nua, plus impressionnante encore par sa taille, sa complexité et sa longévité (figure 9). Pour les années 1860-1870, dans les anciennes communes de Villette et Tessens, plusieurs documents décrivent la construction d'une vanne fixe en béton, appelée « régulateur », placée sur un canal sortant du torrent de la Tour, ceci afin de résoudre un litige survenu entre les deux communautés (figure 10).

Figure 7. Lauze à petit trou délivrant l'eau du canal des Veis du Milieu à un chalet d'alpage des Veis Devant (Versoye, Bourg-Saint-Maurice 2012). Cliché BAM.

Figure 8. Lauze à grand trou permettant de diviser l'eau du canal principal (Hauteville-Gondon 2012.). Cliché A-M. Bimet (A-MB).

Figure 9. « Pierre de partage » (Saint-André 2012). Cliché JV.

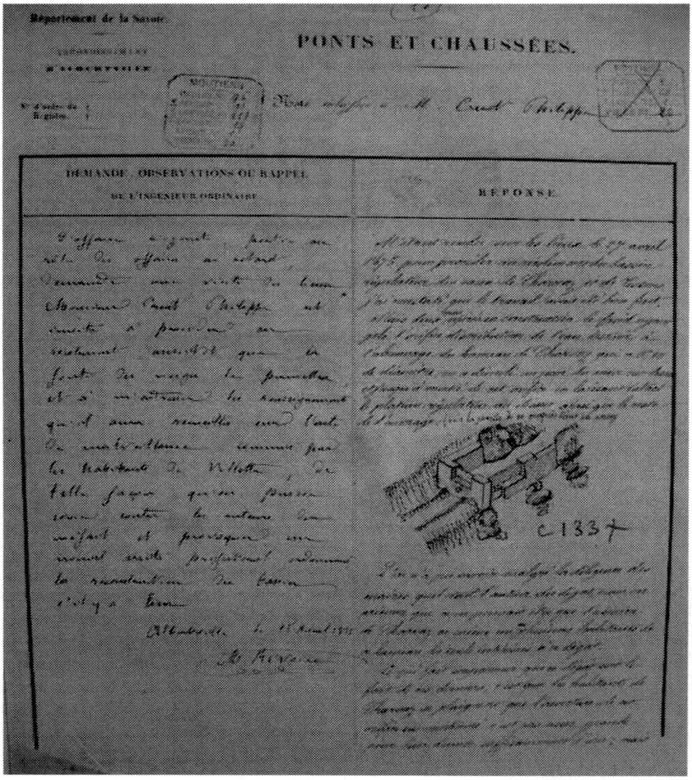

Figure 10. « Régulateur » ou vanne fixe en béton installé sur le torrent de la Tour pour résoudre un conflit entre Tessens et Villette (Villette 1875). ADS 39SPC1. Cliché BAM.

Ces dispositifs complexes étaient difficilement remplaçables. Hors des périodes de mise en eau, il fallait en assurer la protection contre le vol ou les dégradations. À Séez, en 1869, on enfermait la vanne de partage du canal de Beaupré entre « Cossier [et] Villaret » à l'intérieur d'une « barraque … fermant à clef (celle-ci étant) tenue par le garde » (ADS 187[E] dépôt 21).

Jusqu'au milieu du XIXe siècle, la majorité aussi bien des écluses et des prises principales que celles des bifurcations secondaires, était confectionnée en bois de mélèze (réputé imputrescible) et secondairement en bois d'épicéa (figure 5 ci-dessus). Il s'agissait alors principalement d'écluses fixes mais dont on pouvait régler le débit au moyen d'une tige métallique ou en bois permettant de retenir la vanne dans la position désirée. Les documents décrivent généralement ces dispositifs en les qualifiant d'« ouvrages d'art ». Durant la deuxième moitié du siècle, ils furent progressivement et partiellement remplacés par des écluses métalliques à fondation de béton.

Plus en aval, au niveau des bifurcations entre les canaux secondaires et la multitude de rigoles de distribution et de façon habituelle sur les réseaux les plus modestes, on se servait pour dévier l'eau d'un dispositif encore plus simple : une plaque métallique en forme de demi-lune munie de deux poignées en Tarentaise, une sorte de pelle métallique à long manche en haute-Maurienne, une pierre plate allongée ou bien encore une planche ou une motte de terre. On les employait également pour obstruer une rigole d'alimentation afin de provoquer son débordement sur la propriété à arroser (figures 11 et 12). Tous ces dispositifs portaient le nom de « tourne » en Tarentaise et dans plusieurs secteurs de la haute-Maurienne, qu'il s'agisse de l'outil métallique, de la pierre ou de la lauze, et « farouir » ailleurs en haute-Maurienne pour l'outil ressemblant à une grande pelle. Les tournes métalliques existaient bien évidemment en plusieurs tailles permettant de s'adapter à la largeur des différents canaux ou rigoles (figures 13, 14 et 15).

Figure 11. Lauze placée verticalement pour bloquer le bras supérieur du canal de la Vigne et le faire déborder (La Ravoire, Hauteville-Gondon 2012). Cliché A-MB.

Figure 12. Lauze verticale faisant déborder une rigole d'irrigation (Termignon 1981). Cliché BAM.

Figure 13. Tournes métalliques ou en bois et sapes (Landry 2012). Cliché BAM.

Figure 14. Tourne métallique bloquant un bras du canal de la Vigne
(La Ravoire, Hauteville-Gondon 2012). Cliché A-MB.

Figure 15. Tourne métallique ou *farouir* (Termignon 2012). Cliché BAM.

Comme nous l'avons vu, les sources et ruissellements rencontrés le long du cours d'un canal étaient captés, soit pour augmenter son débit soit seulement pour le maintenir. De fait, les pertes d'eau par infiltrations pouvaient être considérables dans les canaux, surtout les plus longs. Ceux qui concevaient et entretenaient les canaux cherchaient à les compenser, en dirigeant vers les conduites des sources et/ou des ruissellements surgissant en amont. Une telle stratégie est évoquée en 1806 au village de La Thuile, à Bourg-Saint-Maurice, où l'on augmentait le débit du canal de Vaugellaz et Lancevard en captant plusieurs sources « qui naissent dans la prairie environnante » (AF SA). On peut retrouver les traces de tels captages un peu partout dans les réseaux du massif (voir la figure 4 ci-dessus pour le captage des sources sur le ruisseau de l'Église à Hauteville-Gondon en 1840).

Les conduites

Les conduites constituent la partie la plus visible d'un réseau d'irrigation. Certaines d'entre-elles constituaient mêmes d'incontestables ouvrages d'art dont l'édification avait dû représenter, eu égard aux moyens techniques disponibles, de véritables exploits d'ingénierie populaire.

Construction

On l'a dit, la très grande majorité des canaux et rigoles d'arrosage du massif a été creusée à la main, principalement à même la terre mais aussi parfois dans la roche. Des sections ainsi taillées dans la roche sont repérables, entre autres, pour le canal de l'Arc à Montrigon, pour le canal des Veis d'en Haut à Bourg-Saint-Maurice, le canal de Beaupré à Séez (ADS S741), le canal de l'Auget à Hauteville-Gondon (ADS 9O81), le canal de l'Écot à Bonneval-sur-Arc (figure 16), le canal des Favres à Bessans (figure 17), le canal de l'Ortet à Aussois (Couvert 2003) ou encore sur le Bief de Bovet à Longefoy (Aime … cf Onde 1940 : 488 ; Combet et Bouchage 1998 : 6).

Figure 16. Canal de l'Écot taillé à même la roche (Bonneval-sur-Arc 2005). Cliché D. Morel, collection Parc national de la Vanoise (PNV).

Figure 17. Section du canal des Favres creusée dans le rocher (Bessans 1998). Cliché A. Chazal.

La plupart des canaux principaux d'arrosage suivaient les courbes de niveau, affectés seulement d'un faible pendage, compris probablement en général entre 1 et 3 degrés (Hudry 1985 : 116 pour un pendage légèrement supérieur aux Chapelles ; voir aussi Paccolat *et al.* 2011 : 187 pour un pendage ancien semblable en Valais). La réfection du canal de Beaupré à Séez, en 1885, prévoit par exemple un pendage d'un « mètre pour cent mètres », soit 1%, pour les premiers 1248 mètres du canal, suivi d'un pendage de « 1m50 pour 100m », soit 1,5%, pour la section suivante (ADS S741). Bien que conditionné par la largeur et la profondeur des canaux, le choix général de tels pendages permettait probablement une vitesse d'eau qui soit un compromis entre un écoulement trop lent qui aurait occasionné l'accumulation de débris et une circulation trop rapide susceptible de provoquer des brèches dans les berges.

Les lits des canaux étaient empierrés là où leur pente était la plus forte ainsi que dans les virages très marqués, ceci afin d'éviter l'érosion et les ruptures. Le plus souvent, pour des sections pavées, on utilisait des pierres lisses de rivière, rondes ou ovales, enfoncées dans le sol du lit du canal (figure 18) ou des pierres plates comme les ardoises ou lauzes placées verticalement sur les sections basses des courbes (figures 19 et 20). Dans ce dernier cas, on rembourrait les interstices de terre glaise et de mousse que l'on tassait ensuite. D'autres techniques étaient également mises en œuvre. À Pralognan, des lauzes taillées étaient placées à plat dans le lit et verticalement le long des parois du canal des Fontanettes. Cette technique fut employée pour la rénovation récente du canal de l'Arc à Montrigon. Particulièrement spectaculaire est l'aménagement de 1836 de l'une des sections du canal de Séez qui longe une pente particulièrement raide : d'énormes blocs de roche taillés à l'équerre ont été disposés de façon à maintenir l'eau dans la partie supérieure du canal et étayer le talus à l'amont pour éviter qu'il ne s'éboule dans le canal (ADS DD187e dépôt 218 ; figure 21). À l'emplacement de virages importants ou sur les sections où le sol était particulièrement meuble, il était d'usage de construire de petites digues en pierre pour empêcher l'eau de déborder et les berges de s'effondrer. Ce fut le cas par exemple encore à Séez en 1794 pour le canal des Villards (Freppaz 1963 : 140). Là où les canaux coupaient des pentes raides, comme pour le canal de Séez, ou le bied Saint-Michel à Landry, on retenait la terre en amont par des murs de soutènement édifiés en pierres sèches (figures 22-24).

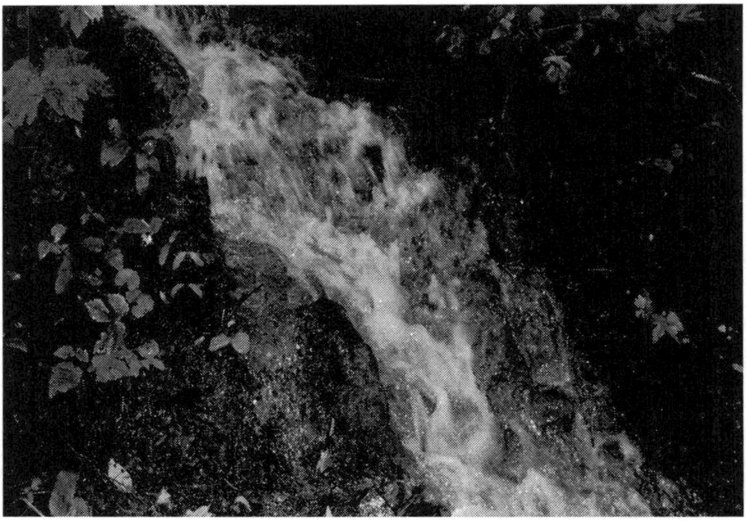

Figure 18. Pierres rondes ou ovales enfoncées dans le lit du canal de l'Arc (Bourg-Saint-Maurice 2012). Cliché BAM.

Figure 19. Pierres plates placées verticalement sur les bords du canal de la Côte Plaine (Lanslevillard 2012). Cliché BAM.

Figure 20. Empierrement au moyen de pierres plates, du canal de l'Arc, rénové en 2007 (Montrigon, Bourg-Saint-Maurice 2012). Cliché BAM.

Figure 21. Énormes blocs de roche taillés, canal de Séez (Séez 2012). Cliché BAM.

Figure 22. Mur de soutènement, canal de Séez (Séez 2012). Cliché BAM.

Figure 23. Ancien mur de soutènement affaissé, canal inconnu (Termignon s.d.). Cliché J.-F. Dalix.

Figure 24. Mur de soutènement, canal de Champ-rond ou de la Cure (Hauteville-Gondon 2012). Cliché BAM.

À plusieurs endroits dans le massif, spécialement dans les secteurs avalancheux ou sujets aux chutes de pierres ou lors de la traversée d'une zone habitée, des sections de canaux ont pu être recouvertes de dalles plates. La partie supérieure du canal de Beaupré fut ainsi protégée, ainsi que certaines sections du canal de l'Arc à Montrigon (ADS S739) et du bief de Bovet à Longefoy (Aime … Combet et Bouchage 1998 : 8). On couvrait aussi assez fréquemment les sections de canaux traversant des villages, comme on le fit pour certains d'entre eux à Modane déjà en 1372 (cité dans un document de 1514 … ADS C1823) ou pour le canal de Séez encore en 1887 (ADS 49SPC15). Enfin, les intersections entre un canal important et un sentier ou un chemin étaient également dallées afin que les hommes et les animaux puissent les franchir sans peine et sans les endommager.

Le curage des conduites, pratiqué au moins annuellement des siècles durant, avait pour conséquence d'agrandir progressivement les berges inférieures des canaux principaux, ceci grâce à l'accumulation des débris charriés par l'eau et de la terre provenant de l'affaissement des abords enlevée par les nettoyages successifs. Le relèvement des berges pouvait atteindre un mètre de hauteur, tandis que l'aplanissement de leur faîte rendait plus aisés les déplacements le long du canal. Les dirigeants du canal de Séez exigeaient ainsi des accotements d'un mètre de large de chaque côté du canal en 1864 (ADS S749). De nos jours, ces accotements facilitent la redécouverte sur le terrain ainsi que la cartographie des anciens canaux. Lors du curage, la fine couche de calcaire déposée par l'eau au fond des canaux au fil des années était soigneusement conservée. Elle contribuait à augmenter l'étanchéité des canaux et à réduire les infiltrations. On disait localement que le lit ainsi recouvert (par exemple à propos du bief de Bovet à Longefoy) était « culotté » (Combet et Bouchage 1998 : 6).

Les rigoles

Lorsque l'eau arrivait par les canaux secondaires sur les zones d'arrosage ou d'habitation, elle se dirigeait vers les propriétés en empruntant de petits canaux (ou canaux tertiaires) d'alimentation ou de simples rigoles de taille plus réduite encore. Leurs dimensions et leur débit variaient en fonction de la distance à parcourir. Elles étaient particulièrement nombreuses près des chalets d'alpage et des montagnettes, où elles alimentaient les bâtiments et permettaient l'arrosage des prairies (figures 25 et 26). Partout en Vanoise, l'eau des rigoles facilitait la vie des alpagistes, notamment en l'absence de sources situées à proximité des chalets (voir « Des canaux pour d'autres usages », chapitre 6). L'eau alimentait des bassins extérieurs mais traversait également de petites constructions basses, sortes de caves accolées ou non au chalet, nommées « frègué » en haute-Maurienne (voir le lexique en annexe), dans lesquelles on conservait les produits laitiers ainsi maintenus au frais (figure 27). En moyenne-Tarentaise on désignait sous le terme d'« abiolètes » de toutes petites rigoles, presque éphémères par endroits, creusées en fonction des besoins, pour diriger l'eau vers les parties les plus écartées des parcelles à irriguer ou les plus difficiles d'accès qui restaient hors d'atteinte du débordement d'une canalisation plus importante.

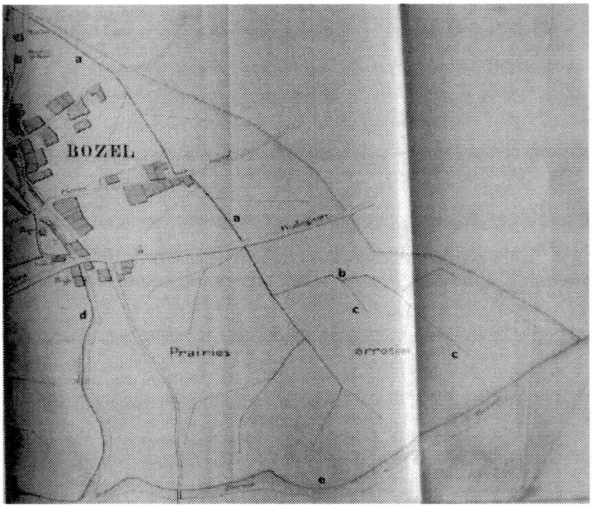

Figure 25. Schéma d'un réseau d'arrosage … canal principal (**a**), canal secondaire (**b**), canaux tertiaires ou rigoles (**c**), ruisseau de Bonrieux (**d**), Doron de Bozel (**e**) (Bozel 1886). ADS 51SPC4. Cliché BAM.

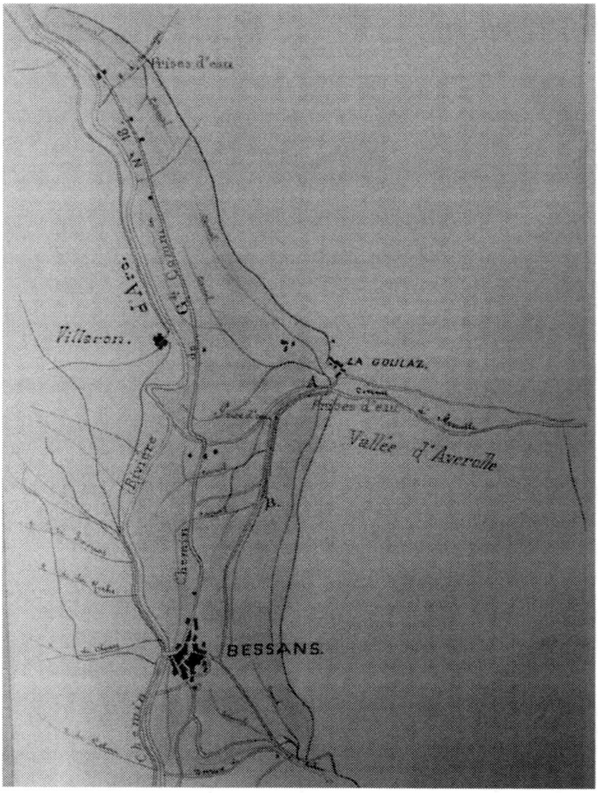

Figure 26. Canaux d'arrosage et leurs rigoles quadrillant la plaine de Bessans (Bessans 1885). ADS 84S7. Cliché BAM.

Figure 27. Petit bâtiment où l'on conservait les produits laitiers (Le Monal, Sainte-Foy 2005). Cliché D. Morel, collection PNV.

Les canaux sur « moraines »

Certaines spécificités du paysage et de l'histoire ont donné naissance à un dernier type de rigole, que l'on trouvait essentiellement en haute-Maurienne. Une prairie ou un groupe de prés se voyait naturellement ou artificiellement partagé en deux par une petite crête ou un monticule allongé, appelé à Sollières-Sardières « la more̱na » (la moraine). L'aménagement en ligne de crête d'une rigole alimentée par un canal permettait d'irriguer les deux versants en même temps par débordement. Nous avons retrouvé ce type de curieux petits canaux près de Sardières à Sollières-Sardières, à Aussois et à Entre-Deux-Eaux à Termignon. Cette technique permettait aux arrosants d'utiliser le relief naturel ou de le modifié à leur avantage afin d'obtenir un arrosage plus efficace (figure 28).

Figure 28. Ancien canal sur « moraine » (Sollières-Sardières 2012). Cliché BAM.

Dimensions

Puisque la grande majorité des canaux de la Vanoise est depuis longtemps déjà à l'état d'abandon, il est difficile de se faire *in situ* une idée autre qu'approximative de leurs dimensions d'origine. Il nous a fallu compléter nos observations par les données fournies par les documents d'archives, notamment ceux traitant des réparations ou de la construction des canaux.

Ainsi en juillet 1501, à Termignon, à propos de la vente par un certain Jean Vial du droit de faire passer une bialère (un canal principal ou secondaire ?) par son pré, il est précisé que celle-ci devra faire un pied et demi de large, soit environ 45 cm, et jusqu'à deux pieds (60 cm) là où ce sera nécessaire (ADS, AC Termignon, E-sup. DD48, pièce b : *quod quid bialerium esse debeat latitudini unus pedis et dimidio se ultimus duorum pedem ubi fuerit necesse*). Une autre concession du même type, datée du 3 mai 1503, donne au canal projeté une largeur d'un pied seulement (AC Termignon, E-sup. DD48, pièce f : *de latitudinis unus pedis*).

Les documents plus récents sont plus précis. Par exemple à Séez en 1776, une réparation importante du canal des Villards-Breuil spécifie que la section à réparer, longue de 92 mètres environ « devra avoir un pied un quart ... de hauteur [soit 42 cm environ avec là encore 1 pied de 32.5 cm] ... sur un pied trois quarts ... en largeur [soit 57 cm environ] » (ADS 187^{E} dépôt 21). À Bessans en 1885, l'Ingénieur ordinaire désire restaurer les réseaux d'arrosage « dérivés du ruisseau d'Andagne et des torrents d'Avérolle et de Ribon. » Il souhaite donner 40 cm de largeur et de profondeur aux canaux principaux et 30 cm x 30 cm aux canaux secondaires. La largeur des canaux principaux les plus importants, ceux directement issus des cours d'eau et alimentant le reste des réseaux, pourra atteindre 80 cm de largeur et 50 cm de profondeur. Toutes ces indications correspondent à ce qu'il appelle « ses vieux fonds et vieux bords, » ce qui semble indiquer qu'il s'agit de dimensions coutumières (voir aussi le plan attaché au rapport ; ADS 84S7).

D'autres indications, partielles ou moins précises, nous renvoient plus ou moins à ces dimensions, avec cette réserve que la largeur et la profondeur des canaux pouvait varier d'un endroit à l'autre (par exemple à Séez en 1864, ADS S749 ; Sollières–Sardières en 1895 ADS 1SPC10). D'une façon générale, comme on le précise à Séez en 1875, les canaux principaux sont plus larges et plus profonds que les canaux secondaires, ceux-ci ayant des dimensions supérieures à celles des canaux tertiaires ou des rigoles (ADS S740). Une terminologie spécifique (voir le lexique en annexe) pouvait s'appliquer à ces différentes sortes de canaux. En Tarentaise par exemple on appelait le canal principal « le bié », le canal secondaire « l'èryé kòrché» ou « l'éryé » et le canal tertiaire « l'éryé ». Le terme vernaculaire « rigola » s'appliquait un peu partout à la rigole et/ou au canal tertiaire, bien que sur le Versant du Soleil en moyenne-Tarentaise, on l'appelât « l'u ».

Canaux d'amenée, canaux de drainage et « déchargeurs »

Jusqu'à présent nous avons exposé des détails technologiques concernant les canaux servant précisément à l'arrosage. Il nous faut maintenant nous pencher sur d'autres types de canaux qui assuraient des tâches non moins importantes dans le fonctionnement de l'économie traditionnelle et parfois aussi des réseaux d'irrigation. Il s'agit des canaux d'amenée, des canaux de drainage, des canaux d'assainissement, des canaux de décharge ou « déchargeurs ». Nous nous bornerons ici à en dire quelques mots.

Par convention, on appellera ici « canaux d'amenée » les conduites creusées dans la terre ou/et confectionnées en bois ayant pour fonction d'amener l'eau aux nombreux moulins, « artifices » ou « usines », pour employer les anciennes désignations, dont la Vanoise était autrefois émaillée. Il s'agissait en général de conduites assez courtes mais d'une complexité parfois considérable puisqu'il s'agissait de mettre en place des chutes d'eau adaptées à l'usage de l'artifice : broyer les grains, fouler le drap, tanner les peaux, battre le fer, scier les grumes. Nous ne les détaillerons pas ici, nous contentant de renvoyer le lecteur aux travaux déjà existants consacrés aux moulins savoyards (Gotteland et Crabières n.d.), mais précisant néanmoins que certains canaux servaient une double ou même parfois une triple fonction : amener l'eau aussi bien pour l'irrigation que le fonctionnement des moulins et quelquefois aussi l'alimentation des bassins et/ou des abreuvoirs. La majorité des moulins étaient sis à côté ou même sur des cours d'eau naturels mais dans un bon nombre de cas l'eau était tirée aussi des ruisseaux ou d'un canal principal par un canal d'amenée.

Bien différents sont les « canaux de drainage » ou « drains », évoqués par un petit nombre de documents et cartes d'archives et décrits ainsi par plusieurs témoins aujourd'hui âgés. Ces deux termes désignent des canalisations dont la fonction principale est d'évacuer l'eau des zones humides de façon à les assécher. Il pouvait s'agir d'assainir une prairie et d'en améliorer par la même occasion le rendement, comme par exemple à Bonneval-sur-Arc à proximité de l'Arc ou bien aux Veis-d'en-Haut à Bourg-Saint-Maurice. Il pouvait aussi s'agir de stabiliser une zone marécageuse sujette à des affaissements, ce qui permettait à la fois d'étendre les espaces de fauche et de sécuriser les zones habitées en contrebas en réduisant les risques de glissement de terrain. À Doucy, selon Henriquet (2005 : 81), le canal de la Biolène, qui existait déjà à la fin du XVIIe siècle, avait été construit au moins en partie pour « éviter que les ruissellements détruisent la prairie de Beaudin, de Gelaz, des Lanches et de Mussillon, » localisée au-dessus du village. Le même cas de figure semble se retrouver à Sainte-Foy-Tarentaise et à Villarodin-Bourget (Meilleur *et al.* 2012). Le système actuel des canaux de drainage de Sainte-Foy-Tarentaise, majoritairement mis en place sous l'égide de l'État à la fin du XIXe et au tout début du XXe siècle, est sans doute le mieux connu (voir surtout Coanus 1995). La première tranche du projet, dirigée par l'Administration des Eaux et Forêts, essayait de contenir plusieurs importantes coulées de boue qui avaient enlevé le village de Champet, couvrant également des finages productifs et détruisant un ancien réseau d'irrigation. La deuxième phase s'adressait au mouvement constant du la partie centrale de la commune, comprenant la construction de plus de vingt kilomètres de canaux de drainage. Les plans du Premier Cadastre Français de 1905 (ADS 3P 7368) indiquent déjà la présence de plusieurs « drains » dans la partie centrale de la commune. Selon Coanus (1995 : 61), en 1899, déjà huit cent mètres de drains ont été réalisés sous le chef-lieu. L'eau drainée pouvait également servir à amorcer un canal d'arrosage ou à accroitre son débit si le cours d'eau naturel qui l'alimentait était trop faible. Ainsi à Villarodin-Bourget, en 1809, le « canal qui conduit les eaux du Villaret aux Combes » pour irriguer ce dernier lieu-dit était connu aussi dans sa partie supérieure comme un canal de drainage (AC 3O).

Dans un registre différent, la fonction d'un canal de drainage pouvait être d'éviter le débordement périodique d'un lac. On connaît au moins deux exemples de ce type en Vanoise. En 1897, avait été entrepris le drainage d'un petit lac situé à proximité de la route allant d'Aussois à Sollières-Sardières, dont les débordements causaient des infiltrations dans les caves des habitations de Sardières. Un canal avait permis de conduire ces eaux vers le ruisseau de Villeneuve (AD StJdeM, « Livre de Sardières »). L'autre exemple concerne Champagny-en-Vanoise où, en 1818, la communauté construisit spécialement un canal de déversement pour le Lac de la Glière, envahi en 1818 par des blocs de glace ayant provoqué le débordement de l'eau (communication personnelle R. Excoffier citant Ruffier-Lanche 2004 : 9).

Pour d'autres raisons encore, pendant les années 1850, la communauté de Longefoy (ancienne commune fusionnée avec Aime en 1972) entreprit le creusement du canal de Longefoy (Combet et Bouchage 1998 : 8) « pour le desséchement des marais » situés à proximité du village. De façon explicite, on l'appelait également « le canal de desséchement » ou encore « l'acqueduc de l'assainissement » (ADS 5FS519). Il s'agissait là d'un canal spécifique, peut-être unique en Vanoise, conçu pour drainer un marécage situé à proximité du village, l'objectif étant ici d'éliminer les maladies associées aux eaux stagnantes. Ce « canal de Longefoy » conduisait cette eau drainée à travers le village, faisant de ce fait fonction d'égout, ceci pendant plusieurs décennies, avant de la rejeter plus bas sur la commune d'Aime, dans le Bief de Bovet, ce dernier rejoignant à son tour l'Isère. On peut ranger ce canal parmi les modifications « modernes » apportées aux systèmes hydrauliques traditionnels du massif. En effet, sa conception et sa construction ont été supervisées par les agents du royaume sarde.

Autres canaux de drainage, les rigoles ayant pour fonction de récupérer le surplus d'eau au bas des zones irriguées. On les appelle « des canaux de colature » dans un acte d'association syndicale libre des années 1860 à Bellentre (ADS 39SPC1 ; voir aussi « canal ou fossé d'écoulement » ou « airiel égouttier » dans le lexique en annexe). Il s'agissait principalement d'éviter que l'eau non absorbée déborde sur les chemins ou les parcelles situées en aval. En la restituant si possible au réseau d'arrosage, comme c'était le cas à Montrigon en 1902 pour un secteur irrigué par le canal de l'Arc (ADS S739) ou encore aux Chapelles en 1864 (ADS S745), ils servaient une double fonction. En 1812, à Séez, les arrosants devaient « pratiquer sur leurs prés le long du chemin, des rigoles ou airiels égouttiers pour que l'eau des arrosemens ne s'y repande plus » sur le chemin (ADS 187^{E}, dépôt 218). La même disposition est en vigueur à Sainte-Foy en 1907, où l'on fait référence à la maintenance des « fossés nécessaires pour égoutter les eaux qui ont servi à l'arrosage » (ADS 9O86).

Bien plus anciens que les canaux d'assainissement, les déchargeurs ou déversoirs, appelés « vannes de décharge », « déversoirs régulateurs », « canaux de rupture » ou encore « déversoirs de trop plein » dans les documents d'archives (voir le lexique en annexe), font partie intégrante des réseaux d'arrosage traditionnels. Il s'agissait de sections du réseau habituellement maintenues à sec que l'on ouvrait lors d'événements survenant de façon impromptue, afin de décharger rapidement l'eau d'un canal et éviter qu'elle ne provoque des dégâts dans les zones avoisinantes. En général, les déchargeurs situés immédiatement après les prises renvoyaient l'eau dans le torrent d'origine (figures 29 et 30 et 3 ci-dessus). Ceux qui se trouvaient placés plus loin sur le canal pouvaient dévier l'eau dans un autre cours d'eau, un autre canal ou un ravin. À Avrieux, le grand canal de Saint Benoît utilisait comme déchargeur le ravin des Côtes où coulait un petit torrent normalement tari en été. À Doucy, près de Moûtiers, une forêt figurait parmi les déversoirs du canal de la Biolène en 1863 et en 1866 (ADS 39SPC1 et ADS 7M211). Tous les canaux importants du massif semblent avoir été équipés de déchargeurs. Certains en comprenaient plusieurs, jusqu'à quatre voire plus, comme le canal des Veis-d'en-Haut et le canal de Vaugellaz, à Bourg-Saint-Maurice et aux Chapelles (Meilleur *et al.* 2012). Grâce à ces conduites, si une rupture du canal intervenait dans une zone d'arrosage éloignée de la prise (parfois de plusieurs kilomètres), on n'était pas obligé de monter jusqu'à celle-ci pour interrompre l'arrivée d'eau. C'était un atout considérable en cas d'urgence. Si le canal était particulièrement long et équipé de plusieurs déchargeurs, on utilisait habituellement celui situé immédiatement au-dessus de la rupture, évitant ainsi de perdre l'eau destinée aux zones arrosées situées en amont de la brèche. Une fois le problème réglé et le déchargeur fermé, le fonctionnement normal du canal était rétabli.

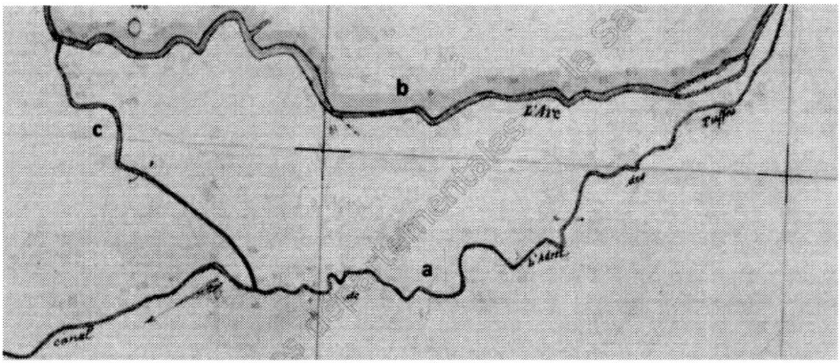

Figure 29. « Déchargeur » ou « déversoir » (**c**) du canal de l'Adret des Tuffes (**a**) renvoyant l'eau au ruisseau de l'Arc (**b**) (Hauteville-Gondon 1903). ADS PCF 3P 7350, A3.

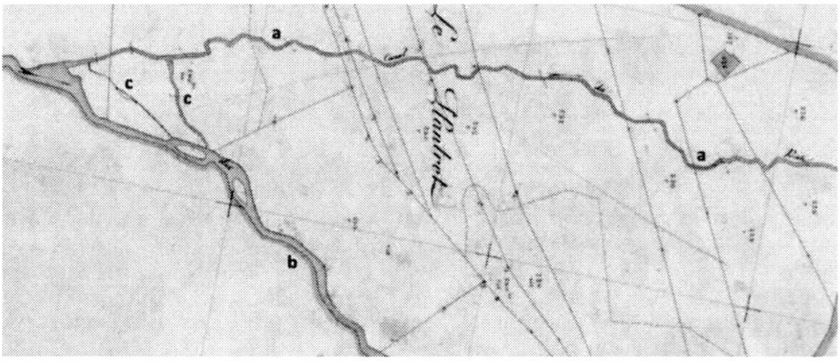

Figure 30. Deux « déchargeurs » (**c**) du canal du Praz (**a**) retournant l'eau au ruisseau des Verdons (**b**) (Saint-Bon 1911). ADS PCF 3P 7367, C6.

Les déchargeurs servaient aussi comme régulateurs ou soupapes pour les réseaux particulièrement longs et complexes. Si on estimait le débit anormalement haut sur un cours d'eau alimentant un ou plusieurs canaux, en période de fonte des neiges par exemple, ou si le niveau d'eau du canal montait subitement pendant un gros orage, on pouvait le réduire en ouvrant un ou plusieurs des déchargeurs en attendant que l'eau baisse.

Franchir les passages difficiles

Comme partout ailleurs dans des régions de montagne où l'on pratiquait l'irrigation, l'un des défis rencontrés lors de la construction des canaux était de maintenir le pendage désiré au passage de secteurs présentant des difficultés topographiques. À côté du creusement de canalisations à même la roche dont il a été question plus haut, d'autres techniques ont été mises au point pour franchir ces passages ou pour protéger les canaux des menaces causées par l'environnement physique.

Les techniques de franchissement les plus utilisées consistaient en la mise en place de conduites en bois et de murets de pierre. Elles permettaient de conduire l'eau à travers des affaissements de terrain, des ravins, des éboulis, de contourner ces mêmes obstacles, ou encore de faire franchir au canal d'autres cours d'eau croisant son passage. Quelques aqueducs en bois sont toujours en fonction à Aussois et à Bramans en haute-Maurienne (figures 31 et 32). Un autre, constitué de troncs d'arbres creusés à la main, a été récemment remis en état à Aime en Tarentaise, sur le Bief de Bovet (figure 33). Leur présence est régulièrement évoquée dans les documents ou chez les témoins interrogés, par exemple à propos du canal des Veis d'en Haut ou du canal de l'Arc à Montrigon. Selon un document de 1882, une section du canal des Chapelles sur la commune de Valezan était équipée d'un « aqueduc en bois, suspendu sur un ruisseau » (ADS S742). La même technique semble avoir été employée à Landry pour faire passer le bied Saint-Michel au-dessus du ruisseau du Charbonnet. À l'inverse, aux Chapelles et à Valezan, un aqueduc en dalles de pierre forçait le ruisseau de Combefort à passer au-dessus des canaux. Des tunnels voûtés en pierre étaient enfin aménagés pour faire passer l'eau des canaux sous les chemins ou les routes. Ainsi pour le canal des Villards-Breuil à Séez, en 1865, qui passait « sous la route du Petit St. Bernard » (ADS S749 ; figure 34).

Figure 31. Aqueduc en bois, canal de Prélatoute (Aussois 2012). Cliché BAM.

Figure 32. Aqueduc en bois, canal du Verney (Bramans 1980). Cliché BAM.

Figure 33. Aqueduc (rénové) en troncs d'arbre évidés, Bief de Bovet (Aime 2013). Cliché BAM.

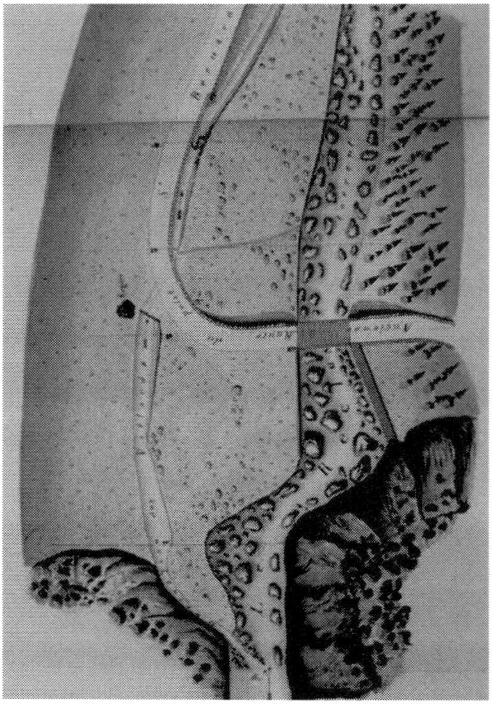

Figure 34. Canal des Villards-Breuil passant sous la route menant au col du Petit St. Bernard (Séez 1865). ADS S749. Cliché BAM.

Il arrivait aussi que, sur son chemin, le canal dût contourner un obstacle, tel un gros rocher, ou cheminer le long d'une falaise. Plus récemment, on suspendit alors des conduites en bois par des câbles métalliques fixés dans la roche, comme pour le canal des Balmes à Sollières-Sardières (figure 35). La même technique a dû être employée peut-être pour le spectaculaire aménagement de la paroi du Petit Chatelard à Aussois, à proximité de la Fournache, que l'on ne connaît plus que par une photographie de J. Pottier, prise en 1938 (Gardelle 1999 : 318 ; figure 36). Il est probable qu'anciennement ces aqueducs et d'autres encore aient été maintenus en place par des structures en bois, comme pour les bisses du Valais (figure 37). Des documents anciens notent en tout cas la présence de telles installations dans au moins une demi-douzaine d'autres communes du massif. À Termignon, un expert local nous a indiqué la présence dans les gorges du Doron de plusieurs canaux placés sur des murs de pierre, parfois hauts de plusieurs mètres, ceci afin de conserver le pendage désiré.

Figure 35. Câble métallique, fixé au rocher, destiné à supporter un aqueduc en bois, canal des Balmes; en bas, tronc d'arbre évidé (Sollières-Sardières 2012). Cliché JV.

Figure 36. Canalisation en bois traversant la face du Petit Châtelard (Aussois 1938). Cliché J. Pottier, collection Restauration des Terrains en Montagne (RTM).

Figure 37. Le bisse d'Ayent en Valais, Suisse (Collaborative Picture).

Il est probable que les premiers aqueducs suspendus aient été confectionnés avec des troncs d'arbre évidés (figures 38 et 39 et 33 ci-dessus). Ils furent progressivement remplacés par des conduites en bois scié :

trois planches clouées en forme de « u », retenues par des traverses. Pour des passages assez courts et peu élevés, il suffisait d'avoir recours à des conduites appelées « possans ». Ailleurs, on surélevait les conduites sur des tréteaux en bois (dits « canards ») placés sous les raccordements, ce qui permettait le réglage de la hauteur, comme à Hautecour en 1917-1918 (voir Meilleur 2008 p. 58, arrière plan) et à Bramans en 1980 (figure 32 ci-dessus) ou à Aussois encore aujourd'hui (figure 40). En 1925, l'aqueduc des canaux des Iles à Hauteville-Gondon était constitué d' « une canalisation en bois de mélèze de 25 mètres de long sur un mètre de large et 0,5 m de haut » qui partait des berges de l'Isère (ADS S914). Le canal de Prélatoute, toujours en eau aujourd'hui, situé sur les hauteurs d'Aussois, est nettement moins large mais possède encore une section d'aqueduc en bois d'environ 100 mètres de long (voir figure 31 ci-dessus). L'aqueduc du canal des Rossanches-Dessous aujourd'hui détruit, qui passait à proximité du village d'Aussois, était plus court (voir photo dans Couvert 2004 p. 81). Lorsque les passages difficiles s'avéraient particulièrement longs — plusieurs centaines de mètres — les sections de conduites pouvaient atteindre chacune 3 ou 4 mètres. Deux techniques étaient utilisées pour les raccorder, en fonction semble-t-il à la fois de la longueur du passage et du pendage désiré. La première consistait à emboîter la section amont sur environ 20 cm à l'intérieur de la section aval (voir figure 33 ci-dessus), tandis que la seconde revenait à placer tout simplement les conduites bout à bout, en colmatant la jointure avec de la terre glaise ou de la mousse (figures 31 et 32 ci-dessus).

Figure 38. « Canalisation rustique en troncs d'arbres évidés » (Bramans 1938).
Cliché R. Pottier, collection RTM.

Figure 39. Tronc d'arbre évidé ayant servi d'aqueduc pour l'irrigation (Bramans 2012). Cliché JV.

Figure 40. « Canards » soutenant le canal de Prélatoute, avec coins pour régler la hauteur (Aussois 2012). Cliché BAM.

En plusieurs endroits en Vanoise nous avons également rencontré des troncs d'arbre évidés posés directement sur le sol ou placés à l'intérieur d'une tranchée ; ainsi aux Chapelles en 1887 (ADS S742), récemment à Bramans et à Aussois encore de nos jours (figure 41). Cette technique prévalait dans des zones marécageuses ou dans des secteurs au sol instable. L'idée était que le canal puisse passer sans trop de fuites et sans accroître l'humidité des terrains alentour. Des bassins d'alpage approvisionnant aussi bien les hommes que le bétail étaient souvent aussi alimentés par des conduites en tronc d'arbre évidé (figures 42 et 43).

Figure 41. Tronc d'arbre évidé posé à même le sol, canal des Moulins (Aussois 2012). Cliché BAM.

Figure 42. Chenal en tronc d'arbre évidé alimentant un bassin en bois (près du Monal, Sainte-Foy 2012). Cliché BAM.

Figure 43. Chenal en petit tronc d'arbre évidé alimentant un bassin (Les Côtes, Peisey-Nancroix, 2015). Cliché A-MB.

Selon la particularité physique ou topographique de l'endroit où on installait l'aqueduc, en cas par exemple de danger d'avalanche ou d'éboulement en hiver, on prenait la précaution de l'enlever en automne pour le placer dans un lieu abrité. On recouvrait aussi certains aqueducs avant la mauvaise saison, avec des planches ou, comme pour le canal de Beaupré (figure 44) où le danger d'éboulement était permanent, avec des dalles de roche (ADS S741). Pour la confection des aqueducs, certains arrosants préféraient le mélèze ou le pin cembro, réputés imputrescibles, mais on trouvait aussi du « sapin », c'est-à-dire de l'épicéa, surtout pour les tréteaux ou « canards ».

Figure 44. Canal de Beaupré (sur le territoire de la commune de Séez, 2250m environ), vu des Veis Devant (Versoye, Bourg-Saint-Maurice 2012). Cliché BAM.

Interconnexions

Dans les documents anciens, plusieurs réseaux d'irrigation sont connectés avec des lacs, des réservoirs et des sources. Un texte de 1858 concernant Hauteville-Gondon, évoque une source et un réservoir situés « au lieu-dit ... l'Auge-Perret [et] d'où on retirait [de l'eau]... pour l'arrosement des prairies » (AC 3O14), et un projet de 1864 prévoyait « la construction d'un réservoir d'eau pour arrosager » autour du village de Bon-Conseil à Bellentre (ADS 39SPC1). Lors d'une visite sur le terrain dans le secteur de la Thuile à Bourg-Saint-Maurice, un expert local nous a signalé la présence d'une retenue de source, élargie aux dimensions d'un petit étang. À Hauteville-Gondon, le bassin du centre du village de La Chal se déversait dans un étang que l'on remplissait la nuit, l'eau ainsi accumulée servant pendant le jour à accroître le débit d'un canal d'arrosage. Rien n'en subsiste aujourd'hui. À Bramans, en haute-Maurienne, l'eau du canal de l'Étache (Meilleur *et al.* 2012) alimentait un petit réservoir servant d'abreuvoir pour les bêtes, puis s'en allait irriguer les parcelles en contrebas. Cette combinaison, probablement assez commune dans des zones d'alpage en Vanoise, rappelle les petits réservoirs datés de l'Âge du fer découverts à proximité du Col du Petit-Saint-Bernard (commune de Séez) par l'archéologue Pierre-Jérôme Rey (Rey 2011).

Les documents anciens évoquent plus souvent l'interconnexion entre les canaux et les cours d'eau naturels et sources dans le cadre de systèmes hydrographiques largement artificialisés. Ces vieilles mentions écrites sont confirmées par l'examen des plans accompagnant le Premier Cadastre Français (figures 45 et 46). Lorsque l'on tente d'obtenir une vision d'ensemble de ces réseaux, on ne peut qu'être saisi par la complexité et la sophistication de certains d'entre eux (voir « Connaissances du terrain ... », chapitre 13). Une fois lancées sur le sujet, certaines personnes âgées, expertes en matière d'irrigation traditionnelle, n'hésitent pas à faire de ces connexions un élément central du fonctionnement et du succès des systèmes de gestion de l'eau. Ces raccordements permettaient un contrôle plus fin, plus précis et plus flexible de la circulation de l'eau. En 1724 aux Chapelles, « une fontaine appelée Follieux... tombait dans le bied Chapelle » (ADS S745) et, dans la même commune en 1831, une partie du canal de Vaugellaz bénéficiait des « eaux de fontaines qui versent dans le ruisseau où on prend l'eau d'arrosement [et] on y réunit celles du canal de Lancevard » (ADS 5FS517). Un rôle de répartition des eaux d'arrosage du canal de l'Arc, sur les revers de Bourg-Saint-Maurice, précise en 1902 que l'échange ou la vente de l'eau est expressément prohibé et ce, malgré « le croisement fréquent des rigoles », facilitant ces mouvements (ADS S739). Le Premier Cadastre Français dressé pour Saint-Bon-Tarentaise en 1911, figure un ruisseau dit des Lavanches qui démarre de la rive droite du canal du Praz, révélant ainsi une connexion probablement déjà ancienne avec un cours d'eau peut-être autrefois naturel mais désormais intégré au réseau artificiel (ADS 3P7367).

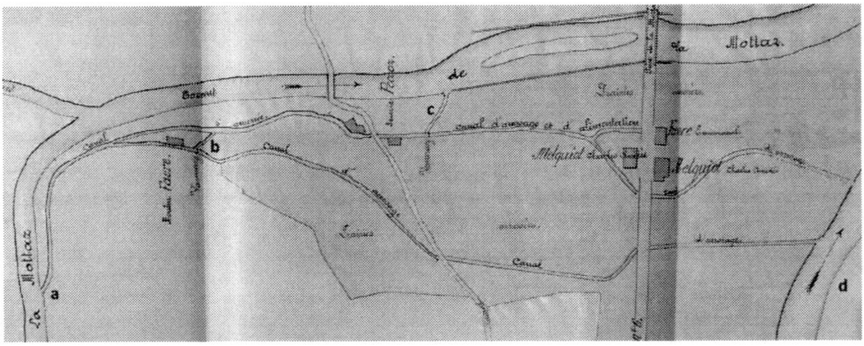

Figure 45. Interconnexions (**b** et **c**) entre deux bras du canal de la Scie (**a**), le torrent de la Mottaz et la-rivière Arc (**d**) (Bramans 1884). ADS 84S8. Cliché BAM.

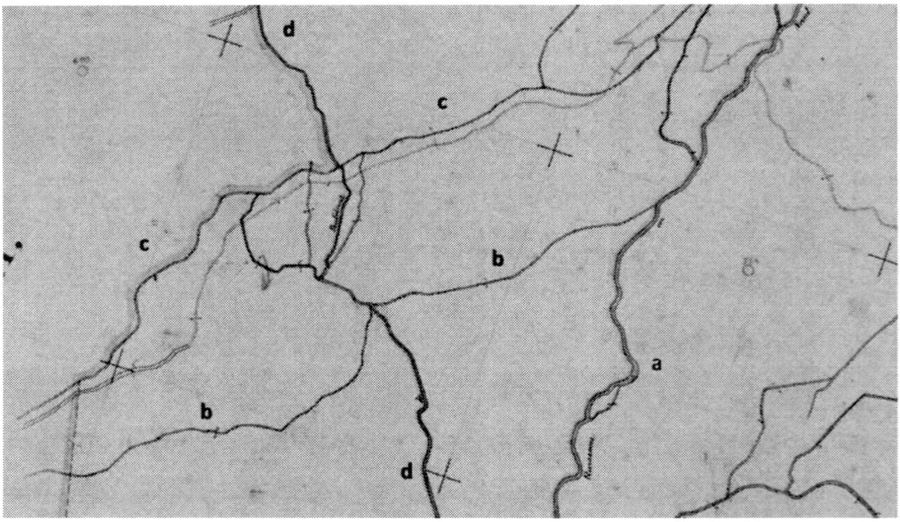

Figure 46. Interconnexions entre les canaux des Chavonnes (**c**) et des Fruitières (**b**) et le ruisseau de Putrétruit (**d**), le ruisseau ou nant de Glienne (**a**) et leurs tributaires (Montvalezan 1903). ADS PCF 3P 7356, A1.

De toute évidence, de nombreux torrents et/ou de ravins naturels ont fait l'objet, au cours des siècles, de telles stratégies d'intégration, devenant tantôt des sections de canaux à part entière, tantôt des déchargeurs. À Montrigon, le « canal » de la Ville, un segment du canal de l'Arc, nous a été décrit par l'un de nos correspondants locaux comme un ancien cours d'eau naturel aménagé par l'homme et incorporé dans le réseau d'irrigation du canal de l'Arc. En attendant une étude approfondie sur ce sujet, de nombreux autres exemples de ce type pourraient être cités, tels, toujours selon nos experts locaux, plusieurs sections du canal de la Scie, situé dans la commune mauriennaise de Saint-André.

Une dernière forme d'interconnexion consistait à étager deux ou plusieurs canaux sur un même versant. Nous avons vu que les superficies arrosées dans le massif de la Vanoise consistaient surtout en prés de fauche et en prairies. Au cours de discussions avec des experts locaux âgés, ceux-ci nous ont expliqué que les canaux parcourant un versant totalement ou partiellement arrosé suivaient en parallèle les courbes de niveau, plus ou moins perpendiculaire à la ligne la plus directe de la pente, mais séparés par des distances variables de quelques dizaines de mètres. Si le versant était vaste, la logique commandait d'y aménager plusieurs canaux sécondaires en les superposant en quelque sorte (figure 47). En haute-Maurienne, on appelait la zone arrosée entre deux de ces canaux étagés « bijeléra » à Aussois, « byala » à Bessans, « blèyra » à Termignon et « byalré » à Bramans. En Tarentaise, on désignait cette zone « eûlò » à Hauteville-Gondon, « arolò » à Bourg-Saint-Maurice, et « ayrolä » à Montvalezan. Elle était définie comme l'espace susceptible d'absorber toute l'eau déversée sur la parcelle ou la zone par le canal supérieur. En toute logique et de façon à optimiser à la fois l'arrosage et l'utilisation de l'eau, le canal inférieur devait être placé là où l'eau du canal du haut ne parvenait plus.

Figure 47. Trois (ou quatre ?) canaux secondaires et leur *bléjéré* ou zones arrosées (Termignon 2012). Cliché BAM.

Dégâts aux canaux, dégâts des canaux

Les canaux d'arrosage en Vanoise requéraient des réparations fréquentes (voir « Construire, entretenir, réparer », chapitre 5). La plupart du temps, il s'agissait de remédier à des dégradations relativement mineures : affaissements des abords creusés dans le sol, branches, feuilles, cailloux, ou autres débris obstruant des passages resserrés, ruptures ou infiltrations causant éventuellement des dégâts aux propriétés avoisinantes. Les corvées annuelles d'entretien suffisaient habituellement à y remédier. Cependant, d'autres problèmes plus sérieux pouvaient survenir, allant le cas échéant jusqu'à justifier l'abandon temporaire ou définitif d'un canal.

Dégâts naturels

La plupart des dommages avaient lieu l'hiver. Les sections de canaux en bois traversant des pentes exposées étaient régulièrement balayées par les avalanches ou les éboulements. Bien que les consortages ou communes aient pris parfois la précaution de couvrir ou de démonter les parties aériennes dans les zones à risque, les documents témoignent de la récurrence des destructions provoquées notamment par les mouvements de terrain et les éboulements. L'ingénieur des Eaux et Forêts Paul Mougin, l'un des fondateurs de l'hydrologie alpine, évoque par exemple « un canal rompu par des mouvements du sol » dans le secteur de Vulmix et la Thuile à Bourg-Saint-Maurice, vers 1630 (le canal de Vaugellaz ou bien le bied Mort ? ... Mougin 1914 : 721 ; Meilleur *et al.* 2012). Emprin évoque la destruction du « bied mort » ... par un éboulement vers 1638 (1925 : 12), peut-être le même canal ? Pareillement, le canal de Beaupré à Séez, maintenant dénommé aussi localement « canal du Pain Perdu », aurait été en partie détruit vers 1882 « par des éboulements » (ADS S741). Le « canal dit des Granges » a été anéanti en 1877 par le fameux éboulement du Bec Rouge à Sainte-Foy en haute-Tarentaise (ADS 9O86). Le canal de l'Arc à Montrigon a subi en 1877 « des avaries causées par les intempéries de la saison hivernale » (ADS S739). Enfin en 1951, les canaux des Veis à Bourg-Saint-Maurice ont été fortement endommagés par une avalanche (AC 3O16).

Les grosses pluies d'orage ou la fonte des neiges au printemps avaient pour effet de gonfler rapidement le débit des canaux, causant souvent des dégâts importants, tels que des ruptures sur les points les plus faibles, spécialement les virages. Bien que les canaux de décharge aient eu pour fonction de pallier ces avatars (voir « Canaux d'amenée, canaux de drainage et déchargeurs », ci-dessus), les dégâts survenaient parfois avant qu'on ait eu le temps de les ouvrir. Ce fut le cas à Séez en 1794, lorsque « les digues du canal des Villards furent rompues » par une crue (Freppaz 1963 : 145-6), comme à Versoye, sur Bourg-Saint-Maurice, en 1902 (ADS S738), et encore à Bramans en 1957 au hameau de Verney (AC SO3°). À Villaroger, en 1924, « les dégâts ... en apports de boue et de vase dans le village de Pré-Devant, ont été causés par un canal d'arrosage situé en amont du village ... qui a débordé le 28 avril dernier sous l'influence de la pluie torrentielle » (ADS 83S41).

Les prises subissaient peut-être encore plus régulièrement le poids des crues que les canaux eux-mêmes. Les prises-barrages placées dans l'Arc en haute-Maurienne étaient emportées avec une certaine régularité, comme le relate une série de documents de Sollières-Sardières des années 1880. L'un de ces barrages en particulier aurait même été « emporté à chaque crue »

(ADS 84S60). Même témoignage à Bramans en 1866 (ADS 51SPC4) et encore en 1882 (ADS 84S8). Les prises placées sur certains torrents affluents de l'Arc ou de l'Isère souffraient tout autant : à Bourg-Saint-Maurice en 1913, « les barrages établis [sur le ruisseau de l'Arbonne] ... pour amener l'eau dans les canaux d'irrigation [composés] de branches d'arbres placées en travers du torrent et maintenues par de grosses pièces ... sont fréquemment emportées ... » (AC 3O14). À La Côte-d'Aime en 1911, la prise sur l'Ormente pour le Bief de Pierrolaz, composée « de pièces de bois sans fixité et de pierre roulantes » est emportée à chaque crue (ADS 83S16).

Les virages constituaient, comme on l'a vu, les points faibles des canaux d'arrosage. Si les murs de soutènement en pierre sèche s'avéraient fragiles, c'était surtout le fond des canaux, qui, même empierré, subissait une forte pression à l'endroit des courbes qui provoquait des fissures et donc, des infiltrations. Faute d'une attention régulière, ces fissures s'aggravaient jusqu'au point de rupture. En conséquence, les règlements d'usage des canaux ou les actes de formation des associations syndicales au 19e ou au 20e siècle préconisaient une surveillance renforcée de ces points faibles, par exemple pour le canal de Vaugellaz à Bourg-Saint-Maurice en 1871 (ADS 83S10) ou le canal des Ouvertes à Macôt en 1933 (ADS 83S20). Ces points de faiblesse étaient généralement bien connus, tel le lieu-dit « le Passeur » sur le canal Neuf des Veis à Versoye (AC 3O16) ou le lieu-dit « aux Rochaix » aux Chapelles (ADS S743).

La sursaturation du sol constituait un problème réel à certains endroits et des stratégies de captage de l'eau en surplus ont été adoptées ici et là par les arrosants, non seulement à des fins de drainage, mais aussi pour l'irrigation des propriétés avoisinantes (voir « Canaux d'amenée, canaux de drainage ... », ci-dessus). Ainsi le même canal servait à améliorer la production en herbe tout en assainissant telle propriété ou zone et en arrosant telle autre. Mais ces sols imbibés d'eau étaient également les plus enclins aux glissements de terrain. En Vanoise le plus gros problème de ce type se rencontre dans la partie centrale de la commune de Sainte-Foy-Tarentaise, étudiée en détail, comme on l'a vu, par le rapport Coanus de 1995. En 1932-33, la pente toute entière glissa ainsi de 40 cm en six mois (Coanus 1995 : 69). Ce glissement de terrain quasi-continu avait déjà causé plusieurs gros éboulements parfois catastrophiques, notamment en 1877, 1882-1883 et 1924. Dès 1877, le service des Eaux et Forêts entreprit la correction du nant de Saint-Claude malgré l'opposition d'une partie des habitants. En 1903, trois kilomètres de drains ainsi qu'une digue furent creusés, ce qui permit de ralentir le phénomène (Jeudy 2006 : 90, 130, 215-216). On reprenait là les anciennes méthodes expérimentées par les populations : drainer l'eau en surplus pour l'emmener ailleurs. Pourtant, selon le service de Restauration des Terrains en Montagne, rattaché en 1882 aux Eaux et Forêts, le problème venait pour partie du déboisement des pentes supérieures et pour partie de l'existence des anciens canaux de drainage/irrigation, dont l'action aurait déstabilisé les sols. Il est vrai qu'à cette époque la gestion traditionnelle du milieu par les populations de montagne, qu'il s'agisse des forêts, des alpages ou des eaux, ne trouvait grâce ni aux yeux des administrateurs ni aux yeux des scientifiques. Elle aurait été à l'origine de la majeure partie des catastrophes liées à l'érosion ... un jugement largement remis en cause aujourd'hui.

Dégâts d'origine humaine

Il reste que nombre des dommages subis par les canaux étaient le fait, non de la nature mais des hommes. L'une des causes de ces actions malveillantes était la vieille animosité entre communautés qui se manifestait tout aussi bien à propos des bois et des alpages que de l'utilisation des eaux. Dans ce contexte, des canaux d'irrigation étaient parfois visés par des raids de sabotage menés le plus souvent de nuit. Les parties aériennes des canaux en bois, faciles à renverser, étaient plus particulièrement ciblées. Aux Chapelles en 1882, par exemple, « des habitants de [Valezan] vont, la nuit ... faire tomber ... fréquemment ... un acqueduc en bois du canal des Chapelles, interrompant ainsi l'irrigation et tarissant des sources » (ADS S742). D'autres tactiques consistaient à détruire les murs de soutènement ou à boucher les canaux avec des pierres ou d'autres débris. Ce fut le cas aux Allues en 1876, où un certain Micot obstruait le canal de Biollay, desservant Les Chavonnes dans la commune voisine de La Perrière, avec des ardoises prises dans une carrière située à proximité (AF FF). En 1894, aux Chapelles encore, la destruction d'un mur de soutènement, l'obstruction d'un canal par « de gros blocs de pierre » et la démolition des aqueducs « et d'autres ouvrages » étaient attribuées à un « demi-fou » de Valezan (ADS S743).

Il arrivait aussi que des communiers fâchés contre leurs élus locaux, pour des raisons personnelles ou en raison de leur politique de gestion des eaux, s'en prennent à des canaux d'irrigation pour exprimer leur mécontentement. La « transaction » des Chapelles de 1724 spécifie qu'une des raisons de la discussion était le « romprement et débordement des bieds [par] plusieurs particuliers malintentionnés de la dite parroisse » (ADS S745). À Doucy, en 1862, d'après le rapport de l'Ingénieur ordinaire, la détérioration du canal de la Biolène et les dégâts alors causés aux propriétés riveraines étaient le résultat de « divisions intestines » à l'intérieur de la commune (ADS 39SPC1). Une cause assez fréquente de dégâts provenait du comportement de personnes qui prenaient l'eau en dehors de leur tour d'arrosage et, soit par oubli, soit de volonté délibérée, ne refermaient pas les vannes ou les tournes comme le règlement le prévoyait. On rencontre cette situation à Séez en 1753 (ADS 187e dépôt 21) et en 1830 pour le canal de Berleret, un segment du canal de Séez (ADS 187e dépôt 218 ; Meilleur *et al.* 2012). Enfin, la mauvaise gestion des canaux pouvait, selon la rumeur publique, se trouver à l'origine de leur dégradation ou des dégâts causés aux propriétés limitrophes. Ce fut le cas à Montvalezan en 1854 où un groupe d'arrosants accusait la commune d'avoir mal géré « l'airel noua d'aval », avec pour conséquence l'obturation du canal par des rochers et débris divers, ce qui provoquait des débordements (AC II-Archives modernes).

Dégâts aux propriétés

Les dégâts causés aux canaux, tant par les événements naturels que par l'homme, se répercutaient immanquablement sur les propriétés riveraines, spécialement celles situées en aval du point d'avarie. Comme nous l'avons vu, des canaux de décharge étaient construits au moins en partie pour éviter les problèmes occasionnés par de grosses ruptures de canaux, encore fallait-il les ouvrir à temps. Mais d'autres dégâts moins spectaculaires, aux conséquences moins dramatiques, pouvaient nuire au bon fonctionnement des systèmes d'arrosage ainsi qu'à la productivité des parcelles dégradées : infiltrations chroniques ou fuites plus importantes, notamment en hiver, du fait de la formation de grosses plaques de glace. Lorsque les dégâts touchaient la propriété publique, les élus ou les agents communaux dressaient des procès-verbaux et lançaient des injonctions de réparation. C'est ce que fit le conseil municipal de Saint-Jean-de-Belleville, dans le canton de Moûtiers, lorsqu'en 1811 un chemin vicinal fut endommagé « par l'irrigation des prés situés dessus et dessous la partie du dit chemin » (ADS L2247). À Séez, en 1775, l'intendant de Tarentaise finit par ordonner la réparation du canal des Villards-Breuil qui « dégrade entièrement la route menant au Col du Petit Saint-Bernard » (ADS 187^E^ dépôt 21). En 1872, les eaux d'un canal tiré du torrent d'Ambin à Bramans s'infiltraient par « des conduites souterraines naturelles », causant des dégâts importants aux propriétés situées au-dessous du canal. Le problème prit des proportions telles qu'il finit par requérir l'intervention du préfet de Savoie (ADS 42SPC2). Douze ans plus tard, toujours à Bramans, les eaux d'un autre canal, branché sur le torrent de la Mottaz, « se déversaient en hiver sur les prairies pour y former des glaces en hiver », forçant le conseil municipal à fermer complètement les vannes du canal entre le 10 novembre et le 1e mai. Cette solution ayant pour conséquence de priver certains habitants de la commune d'eau potable en hiver, un second édit ordonna le curage complet du canal (ADS 84S8).

Canaux traditionnels et modernité ...

À partir de la deuxième moitié du XIXe siècle, l'industrialisation et le développement, nonobstant les améliorations qu'ils apportaient à la vie locale, furent à l'origine de nouvelles menaces sur les canaux et les propriétés qu'ils longeaient. Dès 1885, à Hautecour, près de Moûtiers, l'endommagement d'une prise d'eau fut causé par la construction d'un nouveau « chemin d'intérêt commun » (ADS 83S18). Vers 1914, plusieurs passages souterrains permettant à l'eau du canal de l'Arc à Montrigon de s'écouler sous la route entre Montrigon et Courbaton avaient été mal construits par l'armée avec, pour conséquence, des débordements portant préjudice aux propriétés privées. Le syndicat d'arrosage dut exiger du génie militaire qu'il refasse les buses défectueuses (ADS S739). À Modane en 1927, un entrepreneur qui usait du ruisseau de Claret pour transporter du sable pour ses projets de construction, provoquait de sérieux dépôts sur les propriétés arrosées en aval (ADS 84S20). Vingt ans plus tard, ce sont les dégâts causés aux infrastructures hydrauliques par la guerre et l'occupation, notamment par la dramatique retraite allemande de 1944-45 (Rickard 1993 : 376-381), qu'il fallut réparer. Le conseil municipal de Bramans accorda ainsi une concession de bois destinée à restaurer les parties aériennes du canal d'arrosage du Clot, « endommagées par faits de guerre » (AC SO3°). Vers le milieu du XXe siècle ce sont des travaux d'EDF qui provoquèrent régulièrement des réclamations de la part des arrosants. En 1959, les usagers du canal de l'Arc à Montrigon portaient plainte contre EDF. La construction d'une galerie de service pour l'usine de Malgovert située sur la commune de Séez avait entraîné le tarissement des sources de Courbaton (ADS S739). Des accusations semblables sont portées contre la grande entreprise publique à Bonneval-sur-Arc, également en 1959 (ADS 53SPC7), et à Bramans en 1964 (AC F8°4a). En général, EDF semble avoir répondu rapidement et convenablement à ces griefs et permis à l'irrigation à ciel ouvert de se perpétuer. Quelques années plus tard cependant, la déprise agricole s'accélérait, l'économie coutumière dépérissait tandis que l'activité touristique hivernale prenait son essor. Délaissés, la plupart des canaux d'irrigation du massif se dégradèrent rapidement, cette fois dans une relative indifférence.

Chapitre 4.
Le voyage de l'eau

En Vanoise, l'eau canalisée atteignait les zones arrosables situées en aval par la force de gravité, comme dans la plupart des systèmes traditionnels d'irrigation connus de par le monde. Au fil des générations, peut-être même depuis l'époque préhistorique (voir « La quête des origines … », chapitre 2), les concepteurs et utilisateurs de l'irrigation avaient fini par développer des réseaux de canaux parfois très denses mais d'une complexité variable selon les lieux. La plupart du temps, un réseau donné se déployait à partir d'un seul cours d'eau, ou bien reliait entre eux les différents torrents de l'ensemble d'un bassin versant, plus rarement du territoire entier d'une commune. Parfois, un réseau pouvait s'étendre sur deux, voire plusieurs communes.

La distribution de l'eau jusqu'aux propriétés elles-mêmes comportait au moins trois niveaux, que ce soit du point de vue physique ou du point de vue de la gestion humaine, avec une grande variabilité selon les secteurs du massif. Faute d'avoir pu personnellement suivre la totalité du processus de distribution de l'eau, du fait du démantèlement des réseaux depuis déjà plusieurs décennies, c'est en ayant recours aux documents archivistiques et aux descriptions de personnes âgées que nous pouvons en exposer les grandes lignes.

Les cours d'eau choisis pour alimenter des réseaux d'irrigation avaient le plus souvent un débit permanent. Pourtant, en haute-Maurienne, vallée plus sèche que la Tarentaise, certains torrents utilisés pour l'irrigation avaient tendance à tarir pendant les étés secs. Logiquement, on donnait la préférence aux cours d'eau les plus proches des zones à irriguer. Toutefois, si la qualité de l'eau était jugée mauvaise (voir « Connaissance de l'eau », chapitre 13), ou si la configuration topographique ne permettait pas la construction d'un canal, un torrent plus éloigné pouvait être sélectionné, quitte à aller chercher l'eau sur le territoire d'une commune voisine ou encore plus loin. En fait, un petit nombre de réseaux parmi les plus importants en Vanoise se déployait à partir d'une commune donnée, transitait par une ou deux autres pour s'en aller desservir les canaux d'une troisième ou quatrième commune situées encore au-delà. Ainsi le canal de Montfort, long d'environ six kilomètres, et appartenant aux habitants du village du même nom, dans la commune de Saint-Marcel (canton de Moûtiers), irriguait principalement les prés et jardins environnant ce village. Pourtant, sa prise d'eau se trouvait, selon toute probabilité, au moins en partie, sur la commune de Notre-Dame-du-Pré, ancienne communauté faisant partie du même mandement que Saint-Marcel en 1537 (Deschamps 2009). Il traversait ensuite les communes de Montagny et de Feissons-sur-Salins, dans le canton de Bozel, avant d'entrer sur le territoire de Saint-Marcel. Quant au canal des Chapelles, long de dix à douze kilomètres, il appartenait bien, comme son nom l'indique, à la commune des Chapelles mais prenait son eau au torrent de l'Ormente sur la commune de La Côte-d'Aime. Avant d'atteindre Les Chapelles, il transitait par deux communes (La Côte-d'Aime et Valezan) et alimentait une troisième (Bellentre), desservant leurs canaux par le biais d'une multitude d'embranchements.

La hiérarchie des canaux

Comme nous l'avons vu, l'eau était captée au niveau d'une « prise » aménagée sur un cours d'eau naturel, c'est-à-dire un torrent ou moins fréquemment, sur une source. Plus rares étaient les cas où un canal d'irrigation se branchait directement sur l'une des deux puissantes rivières occupant le fond des vallées principales, et dont la plupart des torrents étaient finalement affluents, à savoir l'Isère (Tarentaise) et l'Arc (Maurienne). On trouvait majoritairement cette situation dans le secteur de la haute-Maurienne, où le débit de l'Arc était moins abondant et moins instable que sur la partie de son cours plus en aval.

Dans le cas le plus courant, l'eau était captée à la prise par une dérivation creusée dans la berge ou par un aqueduc en bois. Elle était ensuite conduite vers un ou plusieurs canaux principaux. Le réseau principal chargé en eau alimentait un second niveau de distribution à l'endroit des divers embranchements d'où partaient des canaux secondaires dits « canaux coursiers » en Vanoise (voir le lexique en annexe). Ceux-ci se subdivisaient encore en rigoles, troisième niveau de distribution, irriguant directement les parcelles individuelles. Cependant, ce schéma simplifié du fonctionnement d'un réseau d'irrigation ne rend pas compte de la très grande variété des réalités locales. Par exemple, si un canal principal à débit substantiel était normalement partagé en plusieurs canaux secondaires, *a contrario*, un canal de faible débit ou de longueur réduite pouvait alimenter directement les rigoles d'arrosage. Il n'y avait alors que deux niveaux de distribution.

Là où un réseau se trouvait partagé entre plusieurs communautés (villages ou paroisses-communes), des accords avaient été mis en place au fil des ans afin de distribuer l'eau aux différents ayants droit (voir « Les canaux partagés », chapitre 10). Certains de ces accords remontant à des temps très éloignés concernent notamment des torrents marquant la limite entre deux anciennes paroisses. C'était le cas du torrent de Bonnenuit, entre Sollières-Sardières et Termignon, en haute Maurienne, au sujet duquel existait un accord écrit passé en 1402, répartissant l'eau entre les habitants des deux communautés. Selon cette entente, encore globalement respectée à l'époque contemporaine, chacune des deux communautés pouvait disposer alternativement de la totalité de l'eau du torrent pour alimenter ses canaux durant une semaine entière. Termignon devait avoir l'usage de la première semaine de la saison d'irrigation dont le lancement était fixé, en ce début du XVe siècle, au premier lundi d'avril (ADS, 3G Maurienne 67, pièce 3). D'autres accords existaient entre deux ou plusieurs communes partageant l'eau d'un seul réseau, ainsi pour le canal des Chapelles qui circulait entre La Côte-d'Aime, Valezan, Les Chapelles, Bourg-Saint-Maurice et Bellentre ou encore pour le canal de l'Arc, partagé entre le quartier de Montrigon et le quartier du Tiers dans l'ancienne paroisse-commune d'Hauteville-Gondon (actuellement réunie à Bourg-Saint-Maurice). Au milieu du XVIe siècle, le « ban » ou règlement de police agraire de la paroisse d'Hauteville évoque ce canal commun entre Hauteville et Montrigon, ainsi que la transaction ancienne garantie par les syndics des deux communautés. Elle accordait les deux tiers des eaux du canal à Montrigon et le tiers à Hauteville (AC Hauteville-Gondon, DD17). Certains accords avaient aussi été passés non entre paroisses-communes, mais entre deux ou plusieurs consortages d'arrosants d'une même commune (voir « Les consortages », chapitre 8), chacun gérant un canal ou une section de canal puisant son eau dans un même cours d'eau, par exemple, pour le canal de l'Arbonne sur Bourg-Saint-Maurice , le canal de l'Église sur Hauteville-Gondon et les canaux de Séez et des Villards-Breuil sur Séez. Ces dispositions étaient parfois nées du règlement d'anciens conflits pour l'eau. Ainsi l'accord conclu en 1402 entre les consorts du village de Vulmix et celui formé par les nobles de Bourg-Saint-Maurice mettait fin provisoirement à un litige opposant les deux collectivités à propos de la dérivation de l'eau de l'Arbonne (AC Bourg-Saint-Maurice, document aimablement communiqué par l'archiviste). De fait, le non-respect ou les ambiguïtés du contenu de ces accords conduisaient souvent à la renaissance périodique de ces conflits.

Si sa prise d'eau se trouvait loin des zones à arroser et/ou si son débit était suffisamment important, le canal principal une fois mis en eau pouvait courir sur une longue distance avant que son eau ne soit partagée une première fois entre deux ou plusieurs canaux secondaires. À Séez, en 1803, on semblait appeler ces canaux principaux d'une longueur particulière des « airiels de grande course » (ADS DD187, dépôt 218). Dans quelques réseaux importants, où le canal principal, voire les canaux secondaires étaient alimentés en cours de route par des sources, des ruissellements et/ou par des connexions avec d'autres canaux, on pouvait rencontrer des canaux secondaires partagés en canaux tertiaires d'une longueur et d'un débit parfois importants. Il semblerait que ce type de ramification complexe ait caractérisé le canal de l'Arc à Montrigon, le canal des Chapelles, ou encore plusieurs canaux situés sur le territoire de Montvalezan (Meilleur *et al.*

2012). Par contre, si le réseau était relativement mineur, court, ou de débit moindre, on pouvait, comme on l'a vu, verser directement l'eau du canal principal dans les rigoles d'arrosage (Meilleur *et al.* 2012).

La distribution secondaire

Dans le cas de réseaux complexes et ramifiés, on distribuait l'eau des canaux principaux aux canaux secondaires selon deux modalités. Selon la première, l'eau était partagée entre plusieurs canaux secondaires, soit en alternance (lorsqu'il y avait deux canaux secondaires), soit suivant un système de rotation (lorsqu'il y en avait davantage). En pratique, ce type de distribution se faisait en barrant le canal au moyen d'une écluse, d'une vanne réglable, d'une « tourne » en ardoise ou pierre, ou encore d'une tourne métallique (voir figures 11-15 ci-dessus). Il nécessitait dans tous les cas une intervention humaine. Dans le second cas, le partage de l'eau se faisait au moyen d'une installation fixe permettant de diviser l'eau en permanence et selon les quantités fixées par les accords entre les propriétaires desservis par les canaux secondaires. Ici une intervention humaine n'était pas normalement requise. Cette deuxième stratégie se retrouvait par exemple sur le canal de l'Arc où la distribution de l'eau (2/3 pour Montrigon à Bourg-Saint-Maurice, 1/3 pour Hauteville-Gondon) se faisait probablement au moyen d'un dispositif fixe en pierre à trois trous de même diamètre, deux trous délivrant l'eau au canal se dirigeant vers Montrigon et le troisième alimentant le canal se dirigeant vers Hauteville-Gondon (voir figure 8 ci-dessus). En d'autres lieux, on avait recours à un système sans doute plus récent, on employait des écluses plus pérennes en bois de mélèze, en métal, en pierre taillée ou en mortier. Cette dernière solution fut notamment adoptée pour le partage de l'eau du ruisseau de la Tour entre Villette et Tessens en 1864, revue à la suite d'une dispute entre consortages (ADS 39SPC1 ; voir aussi « la pierre de partage » à Saint-André dans Meilleur *et al.* 2012 et la figure 9 ci-dessus). Par ailleurs, dans la situation où le canal principal envoyait l'eau directement aux parcelles irrigables, l'eau était successivement envoyée dans chaque rigole en ôtant le dispositif de fermeture de celle-ci : une pierre ou une plaque spéciale (voir « tourne » ou « farouir » …, chapitre 3 ; voir le lexique en annexe), ou même une motte de terre.

Si l'état présent de nos connaissances sur le terrain et la dégradation de la plupart des canaux subsistants ne nous permettent pas d'avoir une vision claire de la complexité de tous les réseaux, il est évident que si certains cours d'eau étaient assez puissants pour alimenter en même temps plusieurs canaux principaux, d'autres ne pouvaient le faire qu'en alternance. Dans le premier cas, l'abondance de l'eau ne semble pas avoir nécessité la rédaction de règlements de partage, ainsi pour les trois gros canaux principaux qui tiraient leur eau du torrent de l'Ormente sur La Côte-d'Aime. Dans le cas où le débit du torrent n'était pas assez élevé, des accords entre utilisateurs des différents canaux étaient plus fréquemment mis en place, tel celui déjà évoqué entre les habitants de Termignon qui prennaient l'eau pendant une semaine et ceux de Sollières-Sardières qui la prennaient la semaine suivante à propos du torrent de Bonnenuit. Le partage des eaux du ruisseau de Saint Pantaléon entre les villages de Gondon et d'autres villages d'Hauteville-Gondon en 1692 est un autre exemple de ce type d'accord (AF LC-S).

La fin du voyage

Une fois acheminée jusqu'aux zones d'arrosage, l'eau était ensuite distribuée entre les parcelles irrigables au moyen des rigoles. Une zone recevant l'eau d'une même prise coïncidait généralement avec ce que l'on appelait localement un « mas ». En Tarentaise et en Maurienne (ainsi que dans le haut-Dauphiné ... Sclafert 1926 : 75-79), le mas était une aire géographique d'étendue limitée, dont le nom dérive du terme médiéval « manse ». Doté d'une identité historique et culturelle forte, le mas correspondait tantôt au territoire d'un hameau, tantôt à un simple quartier de culture ou de pâture. Au XVe siècle, en Maurienne comme dans le Briançonnais, les personnages désignés par les consortages pour surveiller la distribution de l'eau étaient d'ailleurs appelés les « mansiers » (masserios). Chaque mas regroupait un nombre variable de parcelles privées, relevant de propriétaires différents. Bien évidemment, celles susceptibles d'être irriguées, se trouvaient être majoritairement des prés.

Ici encore, les modalités du partage final de l'eau étaient de deux types, sans doute également conditionnées par le débit du canal secondaire. Dans le premier type, décrit dans plusieurs documents de l'époque contemporaine, la répartition de l'eau d'arrosage ordonnée par la communauté s'effectuait par « sections », « quartiers », « secteurs » ou « districts », ou enfin par mas. Les modalités de la distribution terminale de l'eau entre les parcelles privées à partir des rigoles n'étaient pas envisagées dans les documents anciens. Nous en avons conclu qu'une fois délivrée au mas, l'eau était ensuite distribuée en fonction d'accords, probablement oraux, internes aux consortages constitués par les propriétaires du mas, accords qui ne concernaient pas la communauté supérieure. Pour la fin du Moyen Âge, les comptes de châtellenie de Maurienne nous montrent que, dans une certaine mesure, l'irrigation (mais aussi la gestion de certaines montagnes) se faisait effectivement dans le cadre des mas. Ainsi en 1430, dix-sept hommes de la paroisse de Termignon, tous consorts du mas Varnier, déclarent devoir payer au duc de Savoie six sous forts par an pour l'usage de certaines eaux destinées à arroser leurs prés (ADS SA 16084). Ils effectuaient ensuite le partage entre eux, sans en référer à quiconque.

Si un canal secondaire (ou parfois un canal principal) desservait plusieurs mas, ce qui fut fréquemment le cas, et si son débit ne suffisait pas pour les irriguer tous à la fois, l'eau était distribuée de façon séquentielle, selon les modalités négociées et arrêtées par les consorts des mas. Cela semble avoir déjà été le cas à Montvalezan au XIVe siècle, si l'on en croit un acte de1374 (voir « Les premiers rôles de partage ... », chapitre 7) : chaque jour l'eau arrose un quartier ou mas différent où elle est dite « commune entre les consorts ». Chacun d'entre eux dispose alors d'un tour d'arrosage en fonction de l'heure canoniale : « aube, tierce, none et complie ». Si le débit d'un cours d'eau était assez important, les mas intéressés pouvaient être arrosés tous à la fois, suivant le nombre de parts détenues par les propriétaires, mais cette disposition pouvait être revue en cas de diminution du débit. Tel semble avoir été le cas pour les quatre canaux tirés du ruisseau de l'Arbonne à Bourg-Saint-Maurice en 1894 (ADS AC 3O12).

À l'intérieur d'un mas, l'eau était distribuée aux parcelles en vertu des accords passés entre les consorts, accords oraux d'abord ou écrits plus récemment. Ceux-ci supposaient un minimum d'équité, puisqu'il semble bien que la durée du tour d'arrosage ait été un peu partout liée à la superficie de pré possédée dans la zone à irriguer. Ainsi pour Termignon, un acte de 1492 montre que l'eau du canal du quartier du Mont est partagée entre neuf consorts. La distribution se fait selon un tour de deux semaines (dimanche exclu), suivant les heures et en fonction du nombre de parts (*pars*) détenues par chacun des individus ou groupes familiaux concernés (ADS, AC Termignon, E-sup. DD48, pièce f). De même à Séez, en 1766, on répartissait l'eau dans un mas donné « sur le pied suivant le plus ou le moins de contenance de terrein » (ADS DD187E, dépôt 218, copie 1855 ; voir « Le XVIIIe siècle ... », chapitre 7).

Les documents des XIXe et XXe siècles spécifiaient la répartition de l'eau entre particuliers de façon beaucoup plus précise mais selon les mêmes principes (voir « XIXe et début du XXe ... », chapitre 7). Dans la plupart des cas, il semble que l'arrosage des parcelles se soit fait du haut vers le bas, c'est-à-dire dans l'ordre du positionnement des parcelles par rapport à l'écoulement de l'eau dans le canal. Chaque parcelle était desservie par une rigole aboutissant en son sommet ou plus rarement, en son cœur. Ceci était le cas à Séez en 1864 (ADS S749). Par contre, à Valezan en 1639, on distribuait l'eau « aux fonds ... en montant », c'est-à-dire de bas en haut (ADS DD50). À l'intérieur de la parcelle, l'eau rayonnait de droite et de gauche par des rigoles de taille inférieure contrôlées par de petits barrages, tournes métalliques, abéòlètes, ardoises ou planches étroites.

La saison des canaux

La question de l'ouverture et de la fermeture saisonnière de l'eau dans les canaux d'irrigation n'est pas aussi simple à traiter qu'on aurait pu le penser *a priori* (voir p. ex. Onde 1940 : 481). Typiquement, une personne âgée ayant irrigué dans sa jeunesse vous explique qu'on mettait un canal ou un réseau de canaux « en eau » au printemps et qu'il était mis à sec à l'automne. Il s'agissait, dit-elle, d'éviter les dégâts potentiels plus fréquents en hiver alors même que la question de l'arrosage ne se posait plus, la végétation étant dans sa période de dormance. Si d'une façon générale, ces propos correspondent à la réalité, les données tirées des anciens documents d'archives révèlent des situations plus variées et plus complexes, à la fois quant aux procédures et quant au calendrier de mise en eau. Ainsi non seulement existait un peu partout une certaine flexibilité dans la fixation des dates de mise en eau, mais certaines communes se distinguaient par plusieurs dates d'ouverture des canaux, en fonction de leur position, de la provenance des eaux qui les alimentaient, etc. En outre, il arrivait que certains canaux restent en eau tout l'hiver avec, il est vrai, un débit réduit.

Mise en eau

Bien qu'il soit difficile de généraliser, même pour une seule commune, du fait de l'existence des secteurs de fauche soumis à des conditions d'altitude, d'exposition et de disponibilité d'eau courante variables, le schéma le plus simple voulait que le système soit mis en eau au printemps et fermé à l'automne et ce, à des dates préétablies et plus ou moins immuables, un peu comme pour l'emmontagnée des bêtes. Par exemple, à Bramans, un texte de 1884 rappelle que les canaux alimentés par le torrent de la Mottaz doivent être ouverts le premier mai et fermés le 10 novembre (ADS 84S8). À Bozel, en 1886, on mettait en eau les canaux du ruisseau du Bonrieux le premier juin et ce, jusqu'au premier septembre (ADS 51SPC4).

Dans la plupart des autres cas identifiés, la commune ou le consortage fixait une date ferme valable pour l'ouverture de l'eau pour une période de plusieurs années, alors que la date de fermeture restait flexible. L'idée était que les arrosants puissent bénéficier de l'eau aussi loin dans l'automne que le temps le permettait. Des données recueillies, tant auprès des témoins que dans les documents d'archives, confirment cette dissymétrie. On la retrouve explicitée pour les canaux de la Thuile, au-dessus de Bourg-Saint-Maurice, dans des textes de 1806, 1859 et 1893 (AF SA ; ADS 83S10), mais aussi pour les canaux du ruisseau de Saint-Pantaléon à Hauteville-Gondon en 1837 (AC 3O12), et encore pour les canaux de l'Arbonne, toujours à Bourg-Saint-Maurice, en 1894 et 1910 (AC 3O12, 3O13).

La date la plus fréquente de mise en eau était le premier lundi du mois d'avril, avec quelques variantes. Ainsi, le partage des eaux du ruisseau de Bonnenuit entre Termignon et Sollières-Sardières commençait tous les ans le premier avril, et ceci depuis le début du XVe siècle (ADS, G-Maurienne 167, pièce 3, 1402), jusqu'au milieu du XXe siècle (ADS 39SPC1). À Hauteville-Gondon, en revanche, d'après un texte de 1862, on mettait l'eau dans certains canaux du ruisseau de l'Église « le vendredi et samedi de la première semaine du mois d'avril » (AC 3O12). Ailleurs dans le massif, les dispositions adoptées pour la mise en eau sont parfois plus difficiles à discerner, même après consultation des documents anciens. Aux Chapelles, par exemple, le règlement de 1724, repris en 1860, parle d'une utilisation d'eau conforme au rôle de partage en usage. Or celui-ci, pour un mas spécifié, faisait commencer l'arrosage à la première heure du dimanche précédant immédiatement le 10 mai pour le fermer le 24 juin ! En fait, cette étroite période d'arrosage, délimitée de toute évidence à un seul secteur de la commune, faisait suite à une première période d'arrosage qui commençait à la date de la mise en eau, non spécifiée par le rôle ou le règlement, mais nécessairement antérieure au 10 mai. À ce moment, l'eau déjà disponible en provenance des sources (les prises des cours d'eau n'étant pas encore ouvertes), et sans doute abondante en ce début de fonte des neiges, « reste libre » à l'usage (ADS S745). Pour les autres secteurs arrosés de la commune, l'irrigation durait jusqu'à l'automne. On observait la même complexité à Montrigon, du moins si l'on en croit des textes de 1896 et 1902 (ADS S739).

À travers ces exemples, on constate qu'une première irrigation commençait généralement entre le début de la fonte des neiges et le temps de la première coupe du foin. On utilisait d'abord l'eau des sources puis celles des cours d'eau permanents. Il semble que dans les communes pratiquant un arrosage printanier précoce, mais ceci pouvait être une stratégie généralisée, les particuliers suspendaient l'irrigation pendant la première fauchaison, puis la rétablissaient une fois la récolte terminée afin de favoriser la poussée de l'herbe en vue d'une deuxième coupe. Durant l'interruption, l'eau pouvait être employée à d'autres usages. C'était le cas à Hauteville-Gondon où, d'après un texte de 1866, on employait l'eau du canal de l'Auget pour « l'arrosage des montagnes » pendant 17 jours entre le 16 juin et le 2 juillet (ADS 9O81). Cette période correspondait probablement au temps nécessaire pour finir la première fauchaison dans la zone inférieure arrosée par le même canal.

En haute-Maurienne, l'ouverture générale de la saison d'arrosage semble avoir été plus tardive qu'en Tarentaise. Du fait d'une altitude moyenne plus élevée, l'herbe poussait et mûrissait plus tardivement, et la fenaison était repoussée d'autant. Certes, dans les communes de Sollières-Sardières et de Termignon, l'irrigation dans des zones les plus basses débutait, selon des témoins, au début du mois d'avril, soit au même moment qu'en Tarentaise (Meilleur 1985 : 37). À Bessans cependant, une des communes les plus élevées du massif, l'irrigation des parcelles même les plus basses ne commençait pas avant le premier mai (Tracq 2000 : 203, citant Goldstern 1987). Dans d'autres communes mauriennaises, où l'on arrosait surtout les prés entourant les montagnettes ou les prairies d'altitude, par endroits, la date pouvait être encore plus tardive. À Aussois, d'après certains témoins, l'irrigation débutait selon l'altitude entre le 1er et le 15 mai tandis qu'à

Bramans, nous avons vu qu'elle débutait le premier mai. Du reste, à Termignon, on entamait également l'arrosage de la zone des montagnettes début mai.

Irrigation et regain

Même dans les communes les plus hautes, on arrivait parfois à faire deux coupes. Dans ce cas, la première ne bénéficiait souvent que de la fonte des neiges, la seconde seule profitant de l'irrigation. À Bonneval-sur-Arc, au moins dans la période récente, on n'irriguait pas les zones inférieures, même après la première coupe. On irriguait par contre les prairies d'altitude à partir du 15-20 juin afin de les préparer pour la fenaison. À Termignon, au cours de la période moderne, on arrosait à la mi-juin le secteur d'Entre-Deux-Eaux, perché à 2100 mètres d'altitude, à la fois pour accélérer la fonte des neiges et favoriser une poussée précoce de l'herbe.

Dans beaucoup de communes de Maurienne comme de Tarentaise, on arrosait montagnettes et alpages une fois la fenaison terminée afin de les « fumer » ou les « noyer » (nayé, nèyé ou laké en dialecte ..., voir le lexique en annexe), c'est-à-dire, de les amender avec le fumier récupéré dans les étables ou entreposé à l'extérieur avant l'hiver. À propos des montagnettes de Chatalamia à Villarodin-Bourget, jusqu'au milieu du XXe siècle au moins, certaines familles mettaient l'eau une première fois avant la fenaison pour augmenter la production du foin, puis une seconde fois après cette coupe afin de préparer les prés pour la démontagnée des animaux descendant des alpages à l'entrée de l'automne. Ici ou là, comme aux Chapelles en 1864 et la Thuile (Bourg-Saint-Maurice) plus récemment, on fumait légèrement les prés et pâturages autour des montagnettes au printemps, en général au mois de mai (ADS S742 ; AF SA). À partir de l'enclenchement de la déprise agricole, à la fin du XIXe et au début du XXe siècle, une partie des consortages ou des communes pratiquant l'irrigation commença à réduire la période d'arrosage. En Tarentaise à partir des décennies 1950-1960, on ouvrait le canal de l'Arc à Montrigon le premier mai et non plus en avril. Même chose dès 1944 à la Thuile (Bourg-Saint-Maurice), où l'on commençait la saison des arrosages le deuxième lundi du mois de mai (AF SA).

Morte saison

Partout dans le massif, si l'on en croit les témoignages, l'usage était d'interrompre l'irrigation en hiver. À Bozel, on vidait les canaux en septembre et à Versoye (Bourg-Saint-Maurice), la dernière semaine du mois d'octobre. Selon des témoins, on faisait de même à Villarodin-Bourget et à Sollières-Sardières en haute-Maurienne. Les canaux de Bramans étaient fermés un peu plus tard, en novembre. En 1884, toutefois, la fermeture ordonnée par le conseil municipal de Bramans pour deux canaux tirés du torrent de la Mottaz était contestée par les habitants des maisons situées en aval de la zone arrosée par le canal. Ceux-ci prétendaient avoir le droit d'utiliser l'eau de ces canaux en hiver pour obtenir de l'eau potable et pour combattre les incendies. Un curage du canal, effectué par ces mêmes riverains, semble bien avoir abouti à sa réouverture pour la saison d'hiver (ADS 84S8). Des cas semblables sont documentés à Séez, pour le canal de Séez en 1864 (ADS S749) et pour le canal des Villards-Breuil en 1920 (ADS S740). Seuls les canaux secondaires (« èryè kòrché » … airiels coursiers, voir le lexique en annexe) étaient mis à sec … et ceux-ci « sans exceptions ». Les canaux principaux restaient eux ouverts à débit réduit. Par contre, à Hauteville-Gondon en 1563, ce sont « les heyriels cordiers (coursiers) par lesquels l'on conduit l'eau l'hiver » qui restent eux aussi en eau (AC HH12, transcrit par FM).

Certaines communes ou quartiers laissaient donc un ou plusieurs canaux ouverts à débit réduit afin de fournir de l'eau potable aux habitants des villages dépourvus de sources. Cette eau servait aussi à combattre les incendies et, par endroits, à faire tourner des moulins. Le canal de Beaupré sur Séez conservait en hiver un débit réduit pour fournir l'eau potable aux villages du Mont, le Villaret et Cottier. Selon des témoins, c'était également le cas pour les canaux Nuaz de Montvalezan. À Hauteville-Gondon, on explique en 1866 que « primitivement le village de la Grange ne possédait point de fontaines [donc] il prenait l'eau au canal de l'Auget dont il restait chargé … pendant toute l'année » (ADS 9O81). Le canal des Chapelles et certains de ses segments secondaires, situés le long du Versant du Soleil en moyenne-Tarentaise, étaient eux aussi chargés à débit réduit en hiver, là encore pour fournir de l'eau potable aux villages mal pourvus ou privés de sources à proximité.

Ajoutons qu'il était aussi courant de fermer complètement les canaux pour permettre des curages ou des réparations, notamment en cas de rupture, tout comme on pouvait temporairement couper ou réduire le débit en prévision de gros orages (voir « Les dégâts aux canaux … », ci-dessous).

Les cycles d'arrosage

Nous allons voir qu'en Vanoise la répartition de l'eau obéissait aux principes généraux que l'on trouve dans les autres régions d'irrigation. Elle variait néanmoins dans le détail, suivant les communes et les consortages. Les rôles de répartition, surtout ceux du 19e siècle, comportaient ordinairement les noms des arrosants, l'énumération de leurs parcelles irrigables avec numéros cadastraux, superficies et emplacements, ainsi que les jours, heures et durées où l'eau était accordée à chaque propriété (voir chapitre 7). En général, le tour d'arrosage correspondait à un cycle de 15 jours, depuis le lundi jusqu'au deuxième lundi suivant. Le cycle se répétait ainsi depuis le printemps (avril ou mai) et l'ouverture des canaux, jusqu'à l'automne.

Deux semaines pour arroser tous les prés du consortage, c'est ce que nous dit le plus ancien rôle de répartition dont nous disposons, un contrat notarié du 2 juillet 1492 passé entre les neuf consorts du canal du Mont, à Termignon :

> « Le premier lundi et le mardi jusque deux heures avant none et toute la nuit suivant l'ira à Pierre Flandin et les siens. Le mercredi et la nuit suivante, elle sera à Claude Clar et les siens. Le jeudi et la nuit suivante, l'eau sera à Michel Pernier. Le vendredi et la nuit suivante, l'eau sera à Jean Mathieu et les siens. Le samedi et la nuit suivant, l'eau sera à Michel Richard et les siens. Le second lundi, la nuit suivante et le mardi jusque trois heures avant none, l'eau sera à Jean Richard et les siens. Depuis ce moment jusqu'au mercredi ainsi que la nuit suivante, elle sera à Jean et Louis de Rosa. Le deuxième jeudi et la nuit suivant, l'eau sera à Jean Femel dit l'Anglais. Le vendredi et le samedi, l'eau sera à Jean Vial. »

Et ensuite, poursuit le texte, « l'eau est réservée suivant les jours et heures désignés plus haut, » ce qui signifie bien évidemment qu'au bout de quinze jours, un nouveau cycle recommence (ADS AC Termignon DD 48, pièce e).

Il existe à vrai dire un rôle encore plus ancien (1374), mais plus bref, qui concerne « l'airiel nouveau de Plambois » dans la paroisse de Montvalezan. Il ne nous est hélas connu que par une version française tout à fait contemporaine et sans référence (Gaide-Chevronnay 1931 : 146-150 ; voir « Les premiers rôles de partage ... », chapitre 7). Tel quel, ce document établit lui aussi un cycle d'arrosage de deux semaines, allant du lundi au deuxième samedi suivant. De son côté, dans son article fondateur de 1985, Marius Hudry (1985 : 118) cite un albergement daté de 1492, par lequel la communauté de Valezan (« Montvalezan-sur-Bellentre »), accorde à un de ses membres le droit de prendre le quart de l'eau du canal (*in alveo de Montevallesani*), tous les vendredis de chaque quinzaine (*die veneris de quindecima in quindecima*). En 1533, la même communauté baille pour trois ans l'eau du canal Bovet (*Bieto Boveti*) pour la moitié d'un jour tous les deux lundis. En 1564, enfin, les syndics de Valezan acensent une pièce de terre ainsi que l'eau de la moitié de « l'hériel Bovet ... depuis le premier lundi de mars et de quinze jours en quinze jours. » En 1692 à Hauteville-Gondon, les ayants droit de l'eau du Nant de Saint Pantaléon établissent eux aussi un « Roolle ... pour les arrosements des prés ... pendant deux semaines de suitte ... à commencer le dernier lundy du mois d'avril » (AF LC-S). De tels cycles de 15 jours existaient également à Séez en 1766 pour le canal des Villards-Breuil, ainsi que pour le canal de Séez en 1864 (AF J-LP ; ADS S749) où « personne puisse arroser deux fois le même pré dans ce laps de temps, » les deux canaux tirant de l'eau du ruisseau du Reclus (ADS 187e dépôt 218). On connaît aussi un cycle de deux semaines à la Thuile, au-dessus de Bourg-Saint-Maurice, d'après des documents de 1806 et de 1859

(AF SA). Enfin à Sollières-Sardières, en haute-Maurienne, d'après un expert local âgé qui avait encore pratiqué l'irrigation dans les années 1930-1940, on suivait pour les prés des envers un cycle de deux semaines commençant début avril. Étaler le tour d'arrosage sur deux semaines semble donc avoir été la norme en Maurienne et en Tarentaise.

Toutefois, il est bien connu que toute règle a ses exceptions. En vertu de quoi certains consortages d'arrosants ou certaines communes ont, pour des raisons variables, choisi de ne pas adopter ce roulement par quinzaine. Ainsi, aux Chapelles, d'après un rôle de 1884, on suivait un cycle d'une semaine seulement (ADS S742). En haute-Maurienne, d'après Henri Onde (1940 : 485), Avrieux pratiquait un « tour d'arrosage [qui] revient tous les 20 jours, » alors que le roulement à Bramans revenait « tous les mois. » D'après Couvert (2003 : 15), à Aussois, « le tour de rôle pouvait revenir seulement vingt-cinq à trente jours après. »

En général, on n'arrosait pas le dimanche, jour du Seigneur, mais, là encore, cette contrainte n'était pas unanimement respectée, même aux époques anciennes. Elle l'est manifestement à Termignon à la fin du XVe siècle, mais pas à Montvalezan, un siècle plus tôt puisque, nous dit le document de 1374 … « auront et tiendront ladite eau à l'aube, Humbert Ballis et Antoine Pascalis. » À Montrigon (Bourg-Saint-Maurice), un rôle applicable uniquement le dimanche avait été mis en place en 1883 pour le canal de l'Arc (ADS S739).

Enfin, comme nous le verrons, certains groupes d'arrosants ont fait le choix d'adopter des rôles de répartition différents pour le printemps et pour l'été. Par exemple, deux « arrosements … un premier [au printemps] et second … pour les regains, » étaient pratiqués aux Chapelles en 1863, sans que la périodicité du cycle soit exposée (ADS S745), alors qu'à Montrigon (Bourg-Saint-Maurice) en 1896 et encore en 1902 le consortage suivait un cycle de printemps de deux semaines et un cycle d'été d'une semaine. Ces deux cycles semblaient s'associer, comme aux Chapelles, à une distinction faite entre un temps initial d'arrosage, pratiqué dès que les premières eaux étaient disponibles, l'eau étant fournie aux canaux par « les fontaines », c'est-à-dire les sources, de moindre débit, et un arrosage plus conséquent pratiqué une fois mis en eau le canal principal de l'Arc, beaucoup plus abondant (ADS S739). À Séez en 1864, une première période d'arrosage pour le canal de Séez durait depuis l'ouverture du canal jusqu'au mois d'août, alors qu'une deuxième période d'arrosage s'étendait depuis début août jusqu'à la fermeture du canal. Chacun des deux cycles durait deux semaines mais la durée des heures d'arrosage passait de seize heures par jour au printemps jusqu'en juillet, à seulement 14 heures pour la période suivante (AF J-LP).

L'irrigation de nuit

En règle générale, siècle après siècle, les arrosants de la Vanoise ont irrigué de jour comme de nuit, une pratique commune à la plupart des régions d'irrigation traditionnelle du monde (Chambers 1986). Dans la majorité des cas les pratiques d'arrosage de nuit étaient semblables à celles du jour où l'eau était distribuée aux parcelles par heures et par durées selon les roulements et les rôles en vigueur. En 1502, le « ratement » ou rôle de partage de l'eau du canal du Mont à Termignon attribuait en moyenne un jour et la nuit suivante (*die jovis noctem sequentem*) d'arrosage à chaque consort (ADS, AC Termignon, E-Sup., DD48, pièce e). Comme le rappellent des textes de 1692, 1837 et 1866, on arrosait également jour et nuit avec les canaux tirés du Nant de Saint-Pantaléon à Hauteville-Gondon (AF LC-S ; AC 3O12 ; ADS 51SPC4). Même chose à Sainte-Foy en 1736, où « l'arrosage se continue jour et nuit à raison d'une heure par quartanée » (Emprin 1933 : 57). De même à Séez, en 1741, l'airiel Dailleu, « suivant l'ancienne coutume pourra couler jour et nuit » (ADS 187e, dépôt 21). En 1894, à Bourg-Saint-Maurice, le canal de l'Épine commençait la saison d'arrosage à 21h précises, le premier lundi d'avril. On irriguait ensuite 24 heures sur 24, dimanches exceptés, jusqu'à la fin de la saison. À Bramans, où un système d'aspersion a été installé dans les années 1980, l'arrosage se fait toujours à tour de rôle, de jour comme de nuit.

Cette règle de l'arrosage continu souffrait néanmoins de multiples variantes et exceptions. Certains consortages ou communes avaient pu établir des règles particulières pour l'arrosage de nuit, voire l'interdire. Ainsi, suivant une pratique adoptée par plusieurs groupes d'arrosants, les propriétaires qui perdaient leur tour d'eau pendant la journée pour des raisons indépendantes de leur volonté pouvaient obtenir en contrepartie des heures d'arrosage compensatoires durant la nuit, pendant des heures non-attribuées par le rôle en vigueur. À Hauteville-Gondon, en 1929, on réservait quatre heures d'arrosage de nuit à ceux qui avaient perdu leur « droit à l'eau pendant ces heures, et pour un temps double de celui qui lui est attribué » (AF A-MB). On ne rencontrait toutefois pas ce type de compensation partout. Aux Chapelles en 1864, ceux qui avaient manqué leur tour durant la journée devaient tout simplement attendre leur période d'arrosage suivante deux semaines plus tard (ADS S745).

Il n'était pas rare d'arrêter l'irrigation plusieurs heures par jour, 8 heures, soit un tiers de la journée, dans la commune mauriennaise de Villarodin-Bourget en 1853 (AC 3O2). À la Thuile, au-dessus de Bourg-Saint-Maurice, d'après des documents de 1806, 1855, 1859 et 1893, on arrosait 20 heures par jour (ADS 83S10 ; AF SA). Même usage aux Chapelles en 1863 et 1884 (ADS S742 ; S745) ou à Hauteville-Gondon pour une partie du canal de l'Arc en 1929 (AF A-MB). Dans cette dernière commune les canaux qui tiraient de l'eau du ruisseau de l'Église, dans les années 1840, ne fonctionnaient pas tous sur les mêmes horaires. Le canal du Mont distribuait l'eau jour et nuit et ce « depuis l'ancienne mémoire », alors que cinq petits canaux situés en aval du même ruisseau n'arrosaient que la nuit, depuis 18h jusqu'à 6h du matin, là aussi « selon un partage très ancien » (AF LC-S).

Sur plusieurs réseaux de canaux il était de coutume de partager l'eau entre les arrosants qui la détenaient le jour, et les usiniers, propriétaires de moulins, qui en disposaient durant la nuit. À Séez, en 1802 (ADS 187^{E} dépôt 218), les usiniers avaient droit à l'eau « après le coucher ... et avant le lever du soleil. » Le géographe Henri Onde en concluait que « dans les temps plus anciens les propriétaires d'artifices [avaient] le droit à l'eau ... entre le coucher et le lever du soleil » (1940 : 487+). En réalité les choses paraissent avoir été plus complexes. À Séez encore, en 1864, les usiniers prenaient l'eau depuis 20 h jusqu'à 4 h du matin, entre le moment de l'ouverture du canal au printemps et le premier août. À partir de cette date, l'arrosage de l'herbe devenant moins exigeant, la place allouée aux usiniers s'étendait de 19 h à 5 h du matin. Ce type de partage n'allait bien évidement pas sans heurts. En 1866, à Bozel, un conflit éclata entre les arrosants des prés-vergers et les usiniers pour l'eau du ruisseau de Bonrieux (ADS 51SPC4). Bien qu'un arrêté du maire promulgué en 1865 spécifiât que les arrosants devaient posséder l'eau depuis 6 h du matin jusqu'à 18 h et les usiniers depuis 18 h jusqu'à 6 h, ces derniers avaient si fortement contesté ce partage que le conseil municipal avait battu en retraite et décidé de modifier le partage : les arrosants auraient l'eau de midi à minuit et les usiniers de minuit à midi.

Ailleurs encore, le partage de l'eau pendant la nuit obéissait à d'autres règles, pas toujours explicites. À La Thuile (Bourg-Saint-Maurice), d'après un document de 1859, on arrose 20 heures par jour, soit de 2 h du matin à 22 h, « les quatre heures qui restent de la nuit étant incomptables et appartiennent à ceux qui se trouvent être le matin et le soir. » Formulation peu claire, on en conviendra. Le règlement des Chapelles de 1884 (ADS S742) permet d'apporter quelque précision. Comme à La Thuile, l'eau du canal des Chapelles n'était là aussi utilisée en principe que 20 heures par jour. Dans la pratique, ceux qui arrosaient suivant les consignes du rôle jusqu'à 22 h conservaient le droit à l'eau jusqu'à minuit tandis que ceux qui commençaient à 2 h le détenaient en réalité depuis minuit. De toute évidence, ces heures accordées en dehors des heures validées par le rôle constituaient des compensations à l'inconvénient d'avoir son tour d'arrosage placé au milieu de la nuit. On a retrouvé cette pratique dans plusieurs autres communes de Tarentaise, notamment pour le canal de Vaugellaz à la Thuile en 1859 (ADS 83S10), pour le canal de l'Épine de l'Arbonne en 1860, tous deux à Bourg-Saint-Maurice (AC 3O12), pour le canal de Beaupré à Séez en 1869 (ADS 187^{E}, dépôt 21), ou encore pour une portion du canal de l'Arc, à Hauteville-Gondon, en 1929 (AF A-MB).

On pratiquait également l'arrosage de nuit de façon plus ou moins clandestine ou, tout au moins, peu orthodoxe. Dans une requête adressée en 1863 au sous-préfet de Moûtiers, les arrosants du quartier de Longefoy à Séez demandaient le droit de tirer ouvertement une part de l'eau de « l'airiel nouaz », venant de Montvalezan et traversant ce secteur de Séez, depuis le samedi soir jusqu'au lundi matin … comme ils l'avaient fait plus ou moins discrètement pendant un certain temps ! Par malheur pour eux, non seulement leur demande ne fut pas agréée mais il semble qu'ils durent également cesser leurs pratiques clandestines (ADS 39SPC1). Lors du grand conflit des Chapelles opposant les puissants aux humbles sur la question de l'irrigation, le conseil, argumentant en faveur des seconds devant l'intendant de Tarentaise, signalait en 1844 que « les faibles de la commune » qui avaient été dépossédés de leurs droits d'eau, étaient « souvent obligés d' … arroser que pendant la nuit » (ADS 5FS517).

Même si Chambers (1986) conclut qu'un arrosage de nuit pouvait être plus avantageux dans certaines situations, principalement à cause d'une évaporation moindre, les anciens de la Vanoise n'étaient apparemment pas toujours du même avis. À Modane, en 1566, l'irrigation de nuit était interdite à cause de la difficulté perçue pour identifier et contrôler des dégâts éventuels (voir « Les premiers rôles de partage … », chapitre 7). À Hauteville-Gondon, au début du XXe siècle, la valeur d'une heure d'arrosage perdue pendant la journée équivalait à deux heures pendant la nuit. Dans le quartier des Échines-Le Châtelard, à Bourg-Saint-Maurice, l'arrosage de nuit était interdit en 1951 (ADS S785).

Le calcul délicat des tours d'arrosage

Au Moyen Âge et au début de l'époque moderne, les tours d'arrosage étaient établis soit en fonction du mouvement du soleil à travers l'espace géographique du territoire communautaire, soit en fonction des heures dites canoniales ou liturgiques sonnées par la cloche de l'église paroissiale. Dans le premier cas, tel ou tel « mas » ou tel propriétaire avait droit à l'eau depuis l'instant où le soleil apparaissait en un point précis (la pointe du clocher de l'église, le sommet d'une montagne ou d'un arbre remarquable) ou le moment où il arrivait à un autre repère fixe. Les références au lever et au coucher du soleil étaient également utilisées (voir Hauteville-Gondon 1692, AF LC-S ; Séez 4 mai 1741, ADS 187^{E} dépôt 21). Dans ce cas, comme l'a fait remarquer l'historien valaisan Pierre Dubuis, « le paysage est utilisé comme un vaste cadran solaire » (1995b : 286). Dans le deuxième cas, la référence principale venait des heures canoniales qui divisaient la journée (et seulement la journée) en sept périodes : matines ou prime, tierce, sexte, none, vêpres, complies … dont la durée variait suivant la période de l'année (plus longues en été, plus courtes en hiver ; voir Montvalezan 1374, Gaide-

Chevronnay 1931 : 146-151). Il est probable que l'arrosage selon le mouvement du soleil ait été plus ancien que l'utilisation des heures canoniales, l'usage de celles-ci ne s'étant répandu, en dehors des monastères, qu'après le XIe siècle. Leur définition même se basait également sur la progression du soleil et de l'ombre, le bedeau n'ayant guère d'autre instrument de référence pour évaluer le moment d'empoigner sa corde et faire sonner les cloches. Selon Henry (1920 : 15), qui évoque la Combe de Valpelline en Vallée d'Aoste, les heures liturgiques étaient, vers 1500, marquées par le son de cloches mais aussi par la course du soleil dans la montagne. L'un et l'autre système de mesure du temps n'en faisaient donc qu'un, ce qui explique qu'on les voit utilisés conjointement dans les plus anciens rôles de répartition. Le partage de l'eau de Montvalezan en 1374, le plus vieux que nous ayons, se base sur l'aube du jour, l'aurore, la durée du jour et le milieu de la nuit (mesurée d'après la position des étoiles par rapport à la Polaire ?), mais aussi sur les heures de tierce, none et complie (Gaide-Chevronnay 1931). À Termignon, le rôle de 1502 prend comme bornes « deux heures avant none, … trois heures avant none, … deux heures après none, » mais aussi « deux heures avant la nuit (*duas horas ante noctem*) » (AC Termignon, DD48e).

Ces stratégies de mesure du temps peuvent être jugées peu précises, comparées aux performances des horloges modernes qui se répandent dans les campagnes au XVIIIe et surtout au XIXe siècle. Cela explique sans doute en partie le fait que les rôles de répartition les plus anciens indiquent des durées d'arrosage plus longues que celles indiquées à partir du XVIIIe siècle : plusieurs heures s'étendant, comme à Montvalezan en 1374 et à Termignon en 1502, jusqu'à des journées entières et englobant la nuit suivante. À Montvalezan, les héritiers de Peronette Cohendoz et de Jean Bertet tiennent l'eau depuis mardi complies jusqu'à l'aurore du mercredi. À Termignon, Claude Cars et ses consorts ont l'eau tout le mercredi et la nuit suivante, le tour passant ensuite à Michel Pernier qui peut arroser tout le jeudi et la nuit suivante. Il est probable néanmoins que lorsque l'eau était donnée pour des journées entières à un mas ou à un consortage ou bien encore à un groupe d'héritiers, elle était partagée plus finement ensuite entre les propriétaires des parcelles. Comme nous ne disposons d'aucun document écrit décrivant ces partages 'secondaires' pour ces périodes anciennes, ceux-ci ayant dû se faire de façon purement orale, nous n'avons aucun moyen de connaître les stratégies de mesure du temps qui étaient employées.

Au XIXe siècle, surtout après l'annexion de la Savoie par la France et l'implication rapide des fonctionnaires de l'état dans les affaires hydrauliques des vallées, les règlements des réseaux d'arrosage et les rôles de répartition de l'eau découpent le temps en tranches de plus en plus fines, faisant désormais référence au système moderne de mesure du temps en vingt-quatre heures de soixante minutes. Les tours d'arrosage sont alors mesurés en heures et en minutes. En 1895, un rôle de Sollières-Sardières découpe les périodes si précisément que bon nombre de parcelles possèdent bien moins d'une heure d'eau ; une certaine Chérie Mestrallet, pour une de ses propriétés, n'a droit qu'à cinq minutes d'eau (entre 13h05 et 13h10) pour une parcelle irriguée par le « canal prise de Champabert », tiré du ruisseau de Villeneuve (AC Sollières-Sardières ; figure 48). On peut également penser que l'usage de plus en plus répandu de la montre à gousset, tout au moins chez les notables, a joué aussi un rôle dans ces transformations.

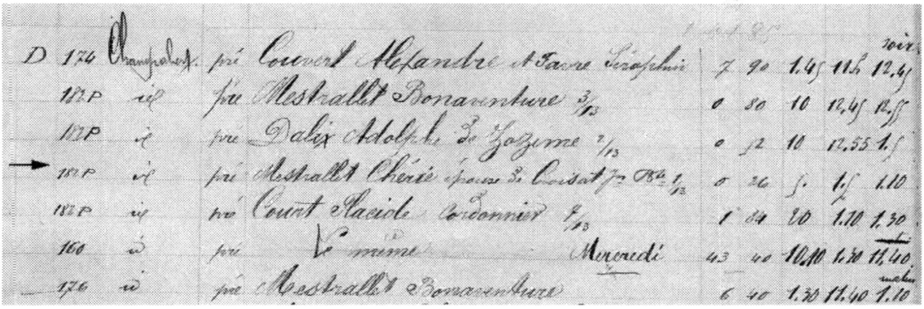

Figure 48. Chérie Mestrallet et ses 5 minutes d'arrosage pour l'une de ses parcelles (Sollières-Sardières 1895). AC Sollières-Sardières. Cliché BAM.

Chapitre 5.
Construire, entretenir, réparer

Faute de données directes, il faut supposer que les premiers canaux du massif, sans doute relativement rudimentaires, furent construits par les habitants de la Vanoise, peut-être dès la fin de l'Âge du bronze ou à l'Âge du fer (voir « La quête des origines », chapitre 2). La période antique et la fin du haut Moyen Âge (1000 apr. J.-C. environ) sont tout aussi obscures pour nous, du fait de l'absence de textes et du manque de données archéologiques spécifiques. Pourtant, à partir du XIIIe siècle, les premiers documents écrits nous révèlent la présence de canaux d'irrigation dans une partie des Alpes du Nord, depuis le Valais et la Vallée d'Aoste jusqu'en Vanoise. Quelle que soit l'ancienneté des premiers réseaux, il apparaît que bon nombre de canaux ont été construits en Vanoise pendant la seconde partie du Moyen Âge, en probable corrélation avec le développement de l'élevage bovin (Dubuis 1995a ; Mouthon 2010 : 142-147). À la question de savoir qui a fourni le savoir-faire et la main-d'œuvre nécessaire, le bon sens conduit bien évidemment à désigner les habitants eux-mêmes. Il faut cependant noter que les plus anciens textes évoquant concrètement et directement la construction d'un canal d'arrosage en Vanoise par des villageois ne datent que du XVe siècle et qu'ils ne sont guère bavards sur ce sujet, comme le montrent les exemples ci-dessous.

Édifier

La plus ancienne mention concernant la construction de nouveaux canaux date de 1441 à Macôt où, d'après Pérouse (1911 : 64, citant DD15), « une cinquième reconnaissance … est passée par quelques-uns qui tiennent en albergement, depuis peu, quatre canaux faits et quatre à faire sur le nant de Sangot, pour arroser leurs terres. » Le premier mai 1486, le notaire Vincent Franquin, le riche éleveur Antoine Flandin ainsi que plusieurs autres de la paroisse de Termignon, en haute-Maurienne, proposent de faire construire un canal partant du torrent de la Challenche ou de Rimmard, jusqu'aux prés des Fontaniles dans le but d'irriguer les dits prés. Ils font proclamer, dans l'église de Termignon, que ceux qui voudraient faire partie du nouveau consortage se signalent et prêtent serment de participer à la construction du canal (ADS, AC Termignon, E-sup. DD48, pièce g). Quelques années plus tard, en 1494, un autre projet de construction de canal voit le jour, toujours dans le même secteur des Fonds de Termignon. Le contrat notarié qui le détaille précise que le travail devra être effectué par les consorts eux-mêmes, c'est-à-dire par les propriétaires des prés traversés par le futur canal et ce, au prorata de la superficie qu'ils possèdent (*et scienda cumquid consortes proisuerunt acere construere et edificare dictum bialerium quilibet ipsorum ratam pro rata secundum quantiotatem prati per ipsum*) (ADS, AC Termignon, E-sup. DD48, pièce d). Il semble donc bien qu'il s'agisse ici de construire et non de faire construire un canal.

Au contraire, dans les quelques textes du même type dont on dispose pour l'époque moderne, il est question d'entrepreneurs à qui on confie tout ou partie des travaux. Emprin (1933 : 57) rapporte ainsi sans donner de références, un contrat de 1686 par lequel les consorts de cinq villages de Sainte-Foy, en haute-Tarentaise, « s'étant mutuellement advisés de mettre sur pied et faire de nouveau venir l'eau du nant descendant de Serru, la source duquel se prend au lieu appelé en Barme croche, pour l'arrousement de leurs prés et possessions. » Ici, les consorts font affaire avec trois entrepreneurs pour le prix fait de 240 florins. Ces derniers ont trois ans pour effectuer le travail. La construction d'un nouveau canal est également envisagée dans un texte de 1767, touchant cette fois Landry en moyenne-Tarentaise. On y adopte la même approche que précédemment, à savoir l'engagement de deux ou plusieurs entrepreneurs pour faire ce canal, cinq années étant estimées nécessaires pour mener le projet à bonne fin :

> « Joseph-Marie Touchet, et Claude _______ de Bellentre auroient pris à prix fait du conseil de ladite année 1767 de faire et construire un canal, soit biez acqueduc vulgairement dit, capable pour la conduitte de l'eau depuis le lac … au-dessus de la montagne de l'Arc appartenant à la communauté d'Hauteville, jusque à la montagne dit en Lachal appartenant à la communauté de Landry. [La réception] d'ouvrage sera en 1772 et pour le prix et somme de 80 livres de Savoye » (ADS DD40, 1771).

L'extension du réseau des canaux se poursuit en Vanoise jusque dans la deuxième moitié du XIXe siècle. Les archives recèlent ainsi plusieurs projets de création de nouveaux canaux ou de rénovation d'anciens canaux destinés à arroser des propriétés. L'un des canaux des Veis, probablement le canal d'en Haut ou le canal du Milieu, peut-être les deux, tiré du Versoyen sur Bourg-Saint-Maurice, a été construit en 1829 « au moyen de journées de prestation effectuées par les propriétaires intéressés » (ADS S738), probablement pour remplacer un ancien canal partant encore plus haut sur le Versoyen, tandis que « le [canal] neuf », daté de 1859, « a été construit entièrement aux frais des propriétaires » (1937, AC 3O16). En 1864, « les pétitionnaires [de trois villages de Landry] … sont disposés à rétablir à leurs frais [un] ancien canal d'arrosage » (ADS 83S19). C'est un cas similaire à Séez en 1842 où un certain Jean Antoine Gonthier demande l'autorisation de l'intendant de Tarentaise de creuser un canal d'une source jusqu'à ses propriétés afin de les irriguer (ADS 5FS569). Une nouvelle demande, en

1878, encore à Séez, est faite par un certain Maurice Pivot mais cette fois à la commune et au consortage utilisant l'eau du ruisseau des Ecudays, « de dévier les eaux du ruisseau pour les conduire sur sa propriété, en construisant un canal sur les terrains communaux » (ADS 51SPC10). Néanmoins ces trois derniers documents ne précisent pas qui construirait ou rénoverait les canaux en question. Par contre, en 1952, un projet d'irrigation du chef-lieu de Bozel pour « dériver partiellement les eaux du … Bonrieu », et impliquant l'ingénieur-adjoint des Travaux Publics dans la confection des plans et budgets et pour une demande d'une forte subvention de l'État, semble avoir reposé entièrement sur l'utilisation d'entrepreneurs-spécialistes (ADS S785). Mais, pas plus que le projet de Pivot à Séez, celui-ci ne semble d'ailleurs avoir été retenu.

Une question difficile à trancher touchant l'histoire des réseaux d'irrigation en Vanoise concerne donc les rôles respectifs joués par les artisans spécialisés (rémunérés ou non) et par les arrosants eux-mêmes. L'examen des données les plus récentes portant sur l'entretien et la réparation des canaux semble indiquer que ce type d'interventions était essentiellement exécuté par les arrosants eux-mêmes, par la voie des corvées, et ceci jusqu'à nos jours. Ce n'est que dans le cas de dégâts exceptionnels, ou lors de rénovations importantes, qu'il était systématiquement fait appel aux spécialistes.

Maintenir

On ne doit pas s'étonner que les canaux d'arrosage de Vanoise aient nécessité un entretien constant et des réparations fréquentes. Il faut considérer leur mode de construction relativement élémentaire, leur insertion dans un milieu capricieux de haute-montagne générateur de dégâts répétés, sans parler des dommages dûs à la malveillance (voir « Dégâts aux canaux », chapitre 3). Habituellement donc, des activités d'entretien et de réparation s'effectuaient par des corvées assurées par les « consorts » ou « pariers » (voir « Les corvées », ci-dessous), seuls les travaux dépassant la disponibilité et la compétence des corvéables étant réalisés par des artisans spécialisés. C'est ce qui ressort d'un document de 1508 concernant la paroisse de Valezan publié il y a un peu plus d'un siècle par Gabriel Pérouse, qui notait déjà cette distinction (Pérouse 1911 : 79). Toutefois, le recours aux spécialistes tend à devenir plus fréquent à partir du XIXe siècle, avec l'accroissement du travail manuel payé et l'abandon progressif des corvées liées aux activités agro-pastorales déclinantes.

Le curage des canaux principaux et secondaires représentait une activité annuelle ou bisannuelle pour la plupart des consortages-syndicats ou des communes de Vanoise concernées par l'arrosage. Aux Chapelles en 1887, on spécifiait par exemple que « le cinquième de ces journées [corvéables était] réservé, comme par le passé, à la réparation des canaux secondaires » (ADS S742). En ce qui concerne les canaux principaux, relevant des consortages, des communes ou parfois de deux ou plusieurs communes (voir « Contôle partagé … », chapitre 10), les corvées étaient assurées par la totalité des arrosants ayants droit. Pour les canaux d'irrigation desservant de plus des artifices ainsi que des chalets d'alpage et des montagnettes, les propriétaires de ces installations contribuaient également aux travaux. Toujours aux Chapelles, en 1864, les participants à la corvée devaient avoir au moins 18 ans tandis que les femmes n'étaient pas admises (ADS S745). En réalité, la question de l'âge minimum des participants et du rôle des femmes a reçu des réponses différentes d'une commune à l'autre du massif et sans doute également d'une époque à l'autre. Quant à l'entretien des canaux tertiaires ou des rigoles terminales, il était à la charge des propriétaires des prés riverains de ceux-ci. Dans le cas de propriétés communales données en location, cas assez rare au demeurant, l'entretien des canaux qui les arrosaient relevait du bailleur, comme cela apparaît clairement dans plusieurs actes de la période 1870-1930 concernant la commune de Bramans en haute-Maurienne (AC F8°4a).

Les corvées

Sauf pour des dégâts exceptionnels, les réparations et l'entretien des canaux d'irrigation se faisaient traditionnellement au moyen de corvées (voir aussi Pérouse 1911 : 79). À Villarodin-Bourget, en Maurienne, dans les années 1940, on se rassemblait encore pour la corvée dite « de l'eau » au son de la cloche. La corvée désigne le travail de maintenance obligatoire des membres d'un groupe d'exploitants appelés « pariers » ou « consorts », « sociétaires » ou « associés » dans les documents anciens. C'est par ce moyen que les consortages d'arrosants ou les communes faisaient entretenir et réparer les canaux d'arrosage, l'argent étant réservé à la rémunération de spécialistes. En 1492, lorsqu'un groupe de consorts de Termignon entreprend de creuser un nouveau canal, pour arroser les prés du Villard, l'acte notarié précise que chacun donnera des journées de travail pour la construction et pour l'entretien à proportion de la quantité de pré qu'il possède : *et facere in eodem bialerio quilibet isorum ratam pro rate secundum quantitatem prati et deinde manutenere dictum bialerium* (ADS, AC Termignon, E-Sup DD48, pièce e). De fait, dans un réseau donné, les menus travaux sur les canaux principaux ainsi que les travaux conséquents sur les canaux secondaires relevaient des corvées, tandis que les travaux courants sur ces derniers et surtout sur les rigoles traversant les propriétés individuelles étaient idéalement à la charge des riverains immédiats. Le temps de travail dévolu à chacun était calculé selon des règles variables suivant le lieu et l'époque, mais obéissait toujours à un objectif d'équité : la superficie irriguée par individu comme à Termignon, la quantité d'eau utilisée, le temps d'arrosage, la dimension du trou par lequel l'eau s'écoulait dans chaque rigole, ou encore la quote-part d'impôt foncier payée par chaque consort. En 1794, à Séez, il est dit à propos de la réparation d'une digue rompue sur le canal du Villard, que « chacun des trois villages intéressés fournira deux hommes chaque jour pendant dix jours. » Rien n'est précisé cependant sur la façon dont les villages désigneront leurs corvéables. À Termignon, à la fin du Moyen Âge, cette tâche incombait aux responsables des canaux appelés mansiers (*masserios*), qui fixaient également le nombre total de jours de corvée à partager entre les consorts.

En général, comme nous l'avons vu, seuls les hommes adultes étaient réquisitionnés pour les corvées. Cependant, à partir de la fin du XIXe et le début du XXe siècle, alors que les bras commençaient à manquer, il a fallu ici ou là accepter le travail des femmes et des jeunes. Mais surtout, à partir de cette époque, les réparations furent de plus en plus confiées à des spécialistes. Aux Chapelles en 1860, il fallait avoir 20 ans pour se joindre à la corvée (ADS S745), alors qu'à Versoye, en 1919, il suffisait d'avoir 16 ans (AF PG). Aux Chapelles en 1864, l'âge accepté était de 18 ans avec la précision que « les femmes ne sont pas admises » (ADS S745). À Séez durant l'été 1914, « la femme ne sera admise en corvée que dans les ménages où il n'y a pas d'homme » (ADS S740). En 1920, dans la même commune, diminuée par la guerre, les femmes ne sont admises sur le canal des Villards-Breuil que pour les familles « où il y n'a pas d'hommes valides » (ADS S740).

Le terme même de corvée apparaît tardivement dans les documents. On a vu qu'à Termignon, en 1492, il est seulement question de « journées » (*jornalia*), sous-entendu de travail, et non pas de *corvata*. Il est également question de « journées » à Modane en 1566 : « tous consorts des bialliages… seront tenus contribuer à la reparation d'iceux bialliages … faire leur journée. Le jour qui sera assigné par déclaration publique … [Vous pouvez]… envoyer … un ouvrier … pour faire la journée … [à la place d'un consort défaillant qui paiera alors] le gros de Savoye » (AC DD1). Aux Chapelles en 1724, les corvées sont minutieusement décrites mais toujours pas nommées en tant que telles :

> « Les dits communiers … ont trouvé un expédient facile, en se soumettant les uns et les autres d'aller travailler au dit bied Chappelle et autres sans répugnance, toutes les fois que sera le besoin et nécessaire, un jour pour chaque livre de taille, sans contredit ny conteste, chaque famille [étant] obligé d'aller travailler de jour au dit bied. Les sindicqs, conseillers et gardes de chacun quartier tiendront un registre et [les familles] enverront des personnes les plus capables » (ADS S745).

Il faut attendre 1776 pour voir le terme corvée apparaître en bonne et due forme dans un texte français concernant les canaux de Séez (ADS 187^E^ dépôt 21).

L'organisation des corvées

Certains consortages ou communes organisaient leurs corvées d'entretien au printemps juste après la fonte des neiges et avant l'ouverture de l'eau, d'autres à l'automne lors des basses eaux, d'autres encore pendant ces deux périodes, selon les besoins. Ce travail collectif commençait par l'inspection des réseaux. Puis, venait le nettoyage des canaux ainsi que l'exécution des petites réparations. Il était normal que les bords des canaux s'affaissent par endroits, que des branches d'arbres, des pierres, du sable, etc. s'accumulent pendant l'hiver. Une prise, une écluse, une vanne, une courbe empierrée, un mur de soutènement pouvaient aussi être endommagés pendant la mauvaise saison et la corvée devait également y remédier. Le temps requis de chaque participant sur un réseau donné était déterminé par la superficie des parcelles qu'il arrosait ou la quantité d'eau qu'il utilisait dans ce réseau. Ainsi à Sollières-Sardières en 1895, on ordonnait que des « canaux coursiers » tirés des ruisseaux de Villeneuve et de Bonnenuit soient entretenus « par prestations volontaires proportionnellement à la quantité d'eau attribuée à chacun » (ADS 39SPC1). Ceux qui ne venaient pas aux corvées étaient mis à l'amende ou pire, suivant des pratiques remontant au moins à la fin du Moyen Âge (voir « Sanctionner ... », ci-dessous).

Les arrosants possédant des compétences particulières en maçonnerie ou en menuiserie étaient sollicités selon leur spécialité. Par exemple, à Séez en 1794, lors d'une réparation envisagée au canal des Villards-Breuil : « chacun des trois villages intéressés fournira deux hommes chaque jour pendant dix jours ... les meuniers seront chargés de la charpente, de la maçonnerie et de la confection ... du canal monté et supporté par les chevalets » (Freppaz 1963 : 145-46). Dans le cas somme toute fréquent des réseaux ou canaux relevant de deux ou plusieurs communes, comme c'était le cas pour le canal des Chapelles entre Les Chapelles et Valezan, ou pour le canal du Biollay entre Les Allues et la Perrière (AF FF), on répartissait l'entretien et les réparations entre tous les ayants droit selon d'anciens accords passés entre les communes ou les quartiers. Par exemple, à Valezan en 1654 : « un arrangement a eu lieu entre les habitants de La Côte-d'Aime et ceux de Montvalezan [aujourd'hui Valezan] et Plan de Bellentre. Tous répareront et maintiendront à commun frais un canal soit biez appelé biez Richet tombant au canal appelé biez Nuaz » (Hudry 1985 : 119).

Les corvées d'entretien et de réparations mineures des canaux principaux — « propriétés » des consortages (syndicats) ou des communes — étaient coordonnées par les responsables des réseaux. Pour ce qui est des consortages, ils étaient dirigés par une commission élue par les arrosants. En ce qui concerne les communes, c'était tout simplement le rôle des conseils municipaux. Ces responsables organisaient puis supervisaient l'action des corvéables en respectant les anciens accords en vigueur, souvent par l'intermédiaire d'un agent spécialement nommé, qui pouvait être le garde canal (que l'on appelait par endroits, à la fin du Moyen âge, le mansier), un membre du consortage ou bien encore un conseiller municipal. Une fois passé le temps des corvées, les petits travaux ponctuels étaient assurés par les gardes (voir « Les fonctions du garde », chapitre 8). Si une réparation plus importante, telle une rupture du canal, nécessitait une main-d'œuvre supplémentaire, le garde lui-même, ou le président du consortage, ou bien encore le conseiller municipal délégué devait mettre sur pied une corvée exceptionnelle. Par exemple, à Sainte-Foy en 1907 le syndicat du torrent de Saint Claude lançait « les convocations extraordinaires … collectivement à son de cloche » afin de rétablir le canal des Granges (Meilleur *et al.* 2012) interrompu depuis 1876 par l'éboulement du Bec Rouge (ADS 9O86).

Depuis une époque indéterminée, les participants aux corvées avaient le droit de se faire remplacer moyennant la fourniture d'un remplaçant ou le paiement d'une somme en espèces. À Termignon, le jour de la constitution du consortage du canal du Villard, en mai 1492, ses membres avaient désigné deux des leurs comme mansiers avec, entre autres missions, celle d'attribuer les jours de corvée. Il était cependant précisé que si l'un des consorts ne pouvait pas travailler en personne, il devrait remettre aux mansiers trois gros tournois destinés à payer un remplaçant (ADS, AC Termignon, E-sup., DD48, pièce c).

À partir du milieu du XIXe siècle, de par l'accroissement simultané de la déprise agricole et la disponibilité du travail manuel payé, de plus en plus d'arrosants préférèrent s'acquitter des sommes déterminées par les commissions syndicales ou les communes afin d'échapper au travail communautaire. En 1889, le consortage de Versoye, dans la commune de Bourg-Saint-Maurice, fixa le prix de la journée manquée à 2 francs 50 (ADS S738). En 1894, le tarif de remplacement pour le canal de l'Arbonne, toujours à Bourg-Saint-Maurice, était de 3 francs (ADS S737). À Saint-Marcel, en 1923, une journée d'homme valait 12 francs alors qu'une journée de mulet en valait 15 (ADS S914). Tous les syndicats d'arrosage et toutes les communes concernées, au moins en Tarentaise, ont fixé leur propre tarif, le coût de la journée manquée grimpant progressivement jusqu'à l'abandon plus ou moins définitif de l'arrosage par gravité, dans les années 1960 et 1970.

De leur côté, les propriétaires riverains assuraient l'entretien des canaux tertiaires et des rigoles de distribution ainsi que, par endroits, de certains canaux secondaires (coursiers). Pour les canaux du secteur des Échines-Le Châtelard à Bourg-Saint-Maurice en 1885, « l'entretien et le curage » des canaux principaux se faisait par tous les intéressés en communauté, alors que les canaux de subdivisions … « sont entretenus par les propriétaires » (ADS 7M211). À Séez en 1933, la corvée de l'association syndicale du canal des Villards-Breuil était tenue d'entretenir le canal principal ainsi que les canaux secondaires jusqu'à une distance maximum de deux mètres à partir du canal principal, le reste étant à la charge des riverains. Pour une rigole située en limite de parcelles relevant de propriétaires différents, ces derniers se partageaient le travail par moitié, comme c'était déjà le cas à Séez en 1875 pour « les petits canaux soit rigoles … de troisième classe » (ADS S740).

Idéalement, le travail individuel devait se faire le plus promptement possible pour ne pas gêner la bonne distribution d'eau aux autres arrosants. Confrontés à un blocage ou un dégât non rectifié sur le passage de la rigole chez un particulier, les élus-responsables du réseau attiraient immédiatement l'attention du propriétaire délinquant. En principe cette admonestation suffisait, mais il fallait parfois menacer le riverain d'une amende pour le forcer à effectuer le travail (voir « Sanctionner … », ci-dessous) ; ainsi à Hauteville-Gondon en 1563 où les propriétaires s'étaient vus donner trois jours pour retirer des roches ou débris tombant dans leurs rigoles, sous peine d'être mis à l'amende (AC HH12). Le cas échéant, les responsables pouvaient décider de faire exécuter le travail par quelqu'un d'autre quitte à envoyer la facture au coupable. C'est ce que prévoyait explicitement la commission syndicale du canal de l'Arc à Montrigon en 1893 (ADS S739). Vers la fin du XIXe et le début du XXe siècle, alors que les syndicats et les communes rencontraient de plus en plus de difficultés pour obtenir des riverains qu'ils assurent l'entretien de leurs rigoles, certaines de ces institutions en vinrent à assumer elles-mêmes cette responsabilité. Ce fut notamment le cas pour le canal des Chapelles en 1885 (ADS S742), ainsi que pour le canal de l'Arc à Montrigon, dans la commune de Bourg-Saint-Maurice en 1902 et en 1904 (ADS S739).

Le curage et les travaux de réparation courants des canaux n'exigeaient guère d'outillage spécialisé. À Séez en 1803, les utilisateurs de l'eau ont été convoqués à une corvée sur le « canal de Colleur … à six heures du matin, munis d'outils propres à la réparation de ce canal. » La même année, une corvée assemblée pour le canal des Villards et du Breuil précise de quels outils il est question : « palfers, haches, scies, pelles et pioches et civières à pierre et à terre » (ADS 187^E^ dépôt 218). Pour le curage des canaux, on employait la « sape » (une sorte de pioche à deux lames orientées à 180° l'une par rapport à l'autre … figure 49). Elle est toujours utilisée, aussi bien pour trancher les bords des canaux que pour en nettoyer le fond. On fabriquait la sape avec de l'acier forgé épais et un manche en bois solide, de préférence en noyer ou en frêne. Elle était normalement maniée à deux mains. Lors de nos enquêtes de terrain menées en haute-Maurienne, nous avons pu voir un outil appelé « l'issoun » à Bramans, utilisé lui aussi pour nettoyer des canaux, sorte d'herminette à fer courbé utilisée pour vider les troncs d'arbre afin de confectionner des chenaux d'aqueducs (1986 exposition « Bramans irrigation et arrosage »).

Dans les derniers temps, il était courant qu'un groupe d'arrosants propose d'effectuer une corvée pour la réparation d'un canal à condition que la commune fournisse le matériel, voire les machines dans le cas de gros travaux. Ainsi pour le réseau d'arrosage de Chatellon à Bourg-Saint-Maurice en 1953 (AC 3O19b).

Figure 49. Sape à côté du canal de la Vigne (Hauteville-Gondon 2012).
Cliché BAM.

Comme pour le reste, les documents du XIXe siècle apportent des précisions qui sont absentes des textes plus anciens. En 1882 au quartier de Versoye, à Bourg-Saint-Maurice, on calcule le temps requis pour la corvée d'entretien des canaux d'alpage de deux façons différentes. En 1882, la base du calcul est la dimension du trou dans la pierre servant à répartir l'eau dans les rigoles alimentant des propriétés privées, soit une journée pour un trou de 28 mm « annuellement et proportionnellement », c'est-à-dire une journée et demie pour un trou de 42 mm et deux journées pour un trou de 56 mm. Par contraste, en 1885, on demande une journée de travail pour quatre heures d'arrosage effectif des prairies puis en 1889, les besoins en eau semblant augmenter, une journée pour trois heures d'arrosage (ADS S738) et une journée pour deux heures d'arrosage en 1902 (ADS S738). Aux Chapelles, on calcule la corvée sur la base de la surface arrosée, soit « 55 ares pour une journée de travail en 1888 » (ADS S742), et une journée pour « 80 ares de terrain arrosable » en 1890 (ADS S743). Pour les canaux tirés du ruisseau de l'Arbonne à Bourg-Saint-Maurice en 1894, la corvée est déterminée « à proportion de surfaces engagées » (ADS S737). Comme au Moyen Âge, ce sont les responsables des canaux, soit les conseillers municipaux, soit les membres de la commission syndicale et leurs syndics qui déterminent et surveillent le travail. Parfois les géomètres chargés de dresser les rôles ou les entrepreneurs responsables des réparations de canaux sont invités à superviser ou à vérifier le déroulement du travail (voir Séez 1776, ADS 187^{E} dépôt 21).

Sanctionner les tire-au-flanc

Comme nous l'avons vu, manquer une corvée vous exposait à être mis à l'amende ou même pire. À Termignon, en 1492, les mansiers du canal du Villard peuvent imposer trois gros d'argent de Savoie bon poids, par jour de travail manqué (ADS, AC Termignon, E-supp. DD 48, pièce c). À Modane, en 1566, on a vu qu'un contrevenant doit payer un gros de Savoie, somme qui doit expressément servir à payer le travail d'un ouvrier de remplacement (AC DD1). Aux Chapelles en 1724 et en 1860 on paie une livre pour la première absence et deux livres pour la deuxième (ADS S745). En 1803, à Séez, des récalcitrants sans doute récidivistes étaient même menacés de perdre leurs droits d'arrosage (ADS 187^{E} dépôt 218). D'une façon générale, au moins à partir de l'époque moderne, il était admis de se faire remplacer par une personne compétente. Ce système s'imposa avec le temps, avec la diffusion du travail salarié et la moindre disponibilité des arrosants pour les corvées. À Versoye, en 1885, comme nous l'avons vu, la somme était fixée à 2 francs 50 pour chaque journée manquée (ADS S738). Inflation d'après-guerre oblige, en 1920, elle était passée à 5 francs par jour puis à 16 francs 80 en 1929 (AF PG). Aux Échines-Le Châtelard, en amont de Bourg-Saint-Maurice, elle atteignait 60 francs (anciens) de l'heure en 1951 (ADS S785). Ces amendes ou paiements avaient d'abord représenté une forme de coercition destinée à forcer les récalcitrants à venir travailler. Avec le temps, ils servirent surtout à abonder la trésorerie des commissions syndicales et à financer le recours à une main-d'œuvre salariée de plus en plus spécialisée. La difficulté croissante rencontrée par les commissions pour maintenir ces corvées explique tout autant l'augmentation constante des sommes compensatoires demandées au cours du XXe siècle. Aux Chapelles en 1932, de façon éloquente, « les dites journées sont fixées à un taux sensiblement égal à celui d'une journée de main-d'œuvre dans la région » (ADS S745).

À notre connaissance, les dernières corvées importantes en Vanoise ont été effectuées dans les années 1960 sur la partie haute du canal de l'Arc, sur le Bief de Bovet à Aime, sur le canal de Saint-Michel à Landry et sur le canal des Veis d'en Haut à Bourg-Saint-Maurice. De nos jours, des corvées sont parfois encore décrétées mais de façon assez rare et, surtout, elles ne rassemblent qu'un nombre réduit de corvéables. Il est à noter qu'elles perdurent chaque premier mai, pour la partie basse du canal de l'Arc à Montrigon.

L'amateur et le spécialiste

Les réparations relativement mineures, c'est-à-dire celles susceptibles d'être faites par corvées, souvent composées de non-spécialistes, s'effectuaient donc sans appel aux professionnels. Les consortages et les communes préféraient de loin cette solution qui ne coûtait rien hormis des matériaux locaux : bois, pierres et chaux tirés des propriétés communales. Dans le cas de dommages majeurs ou d'une rénovation importante, il fallait cependant se résoudre à faire appel à des spécialistes. Par endroits, l'évaluation de la situation était d'abord confiée à un arpenteur puis à un géomètre tandis que la réparation était réalisée ou supervisée par un maçon ou un charpentier. En 1776, à Séez, on sollicitait ainsi un « Intrepreneur » pour réaliser une grosse réparation du canal des Villards-Breuil (appelé « Nans du Villard »). Quatre ans plus tard, le travail n'ayant probablement pas encore été effectué, l'intendance de Tarentaise ordonnait la réparation du même canal qui avait dégradé « la grande route tendante au (col du Petit) Saint-Bernard ». Le travail de réparation fut alors confié à la direction du maitre maçon Jean-Pierre Labarde (ADS 187^{E} dépôt 21). On choisissait en général un artisan local, mais pas toujours. En 1736, par exemple, les villages de Replat et Champet à Sainte-Foy firent venir pour réparer l'airel de Pratachon deux maçons d'Issime en Val d'Aoste, vallée voisine, qui appartenait comme la Savoie au royaume sarde (Emprin 1933 : 57).

Avec l'intervention croissante des états, sarde d'abord, puis français, dans la gestion des eaux et forêts, les ingénieurs, les géomètres et autres fonctionnaires se retrouvèrent de plus en plus impliqués dans l'évaluation et la réparation des dégâts occasionnés aux canaux (voir « L'irrigation et les autorités supérieures », chapitre 9). Les procédures devenaient parallèlement de plus en plus lourdes. Sous le premier Empire, un processus de réparation engageait déjà plusieurs professionnels et supposait une supervision accrue de la part des autorités locales. En 1802, par exemple, dans la commune de Séez, la démarche à suivre pour la réparation du canal de Séez passait d'abord par l'établissement d'un « plan et d'un devis dressés par l'arpenteur », servant de base à l'établissement d'un prix-fait. Une fois l'entrepreneur choisi, le travail était surveillé par « un conducteur », syndic spécialement nommé par « l'assemblée sociale », c'est-à-dire le syndicat des arrosants ayants droit, sous la présidence du maire de la commune (ADS 187^{E} dépôt 218).

Dans la mesure du possible cependant, on préférait conserver des procédures plus simples et plus rapides. En 1844 à Bramans, par exemple, suite à l'exposé du président du syndicat d'arrosage, le conseil municipal décidait d'ouvrir une adjudication pour les réparations de « la biallière dite du Verney » (AC SD 1e 2). En 1849, aux Chapelles, les responsables communaux organisaient directement une adjudication pour trouver un entrepreneur susceptible de réparer les dégâts causés aux canaux par des « abus ». Cinq ans plus tard, le syndic de la même commune exposait à la commission syndicale la nécessité d'engager dans l'urgence un maçon pour restaurer plusieurs murs du canal des Chapelles passant par la commune de Valezan. Il précisait néanmoins que d'autres petites réparations pourraient s'effectuer par corvées (ADS 5FS517). Dans le secteur des Échines-Le Châtelard, à Bourg-Saint-Maurice, en 1885, un acte de l'association syndicale d'arrosage confirmait que « l'entretien et le curage des canaux principaux devaient être faits par corvée alors que les travaux d'art seuls devaient être mis en adjudication » (ADS 7M211). Il faut remarquer qu'au XIXe siècle, les autorités locales n'attendaient pas toujours que des dégâts importants aient été occasionnés aux canaux pour intervenir, mais préféraient parfois prendre les devants, suite à des déficiences signalées par tel ou tel ayant droit. C'est le cas aux Chapelles en 1854 où une réparation a été engagée sur le canal des Chapelles au lieu-dit « Bompas » avant qu'une rupture ne se produise et qu'une brèche ne s'ouvre (ADS 5FS517).

Après l'annexion de la Savoie par la France, les ingénieurs de l'État s'impliquèrent de plus en plus dans la préparation des plans, l'élaboration des budgets, la fixation des cahiers des charges, voire le financement des grosses réparations de l'infrastructure hydraulique en Vanoise. Ils impulsèrent une évolution rapide vers l'emploi de technologies et de matériaux plus modernes. En 1874 déjà, à Bramans, l'État finançait la réparation par « MM. les Ingénieurs des Ponts et Chaussées de l'aqueduc [aménagé] dans la digue et servant de passage aux eaux d'irrigation d'un grand nombre de propriétaires » (AC O3°1a). De même en 1907, le projet de restauration du canal des Chapelles aux lieux dits Les Rochet et Le Brochet, impliquait un ingénieur d'État, un architecte et un entrepreneur. Il ne comprenait pas moins de 11 pages, six chapitres et 27 articles et prévoyait l'emploi de métaux renforcés et de béton armé (ADS S743).

Chapitre 6.
Des canaux pour d'autres usages

Comme nous l'avons vu, l'irrigation des prés et prairies d'altitude constituait traditionnellement la finalité prédominante de l'eau canalisée en Vanoise. Cependant, l'eau ainsi transportée et les canaux avaient d'autres usages. Ils allaient de l'irrigation de parcelles non-fauchées à la lutte contre les incendies en passant par l'alimentation des moulins, l'approvisionnement des différentes habitations (maison, montagnette, chalet d'alpage) ou bâtiments, l'abreuvement du bétail, le drainage des terres marécageuses ; les enfants eux, faisaient de ces canaux de merveilleux lieux de jeux. Certaines de ces utilisations ont déjà été signalées par le géographe Henri Onde qui écrit au moment où les usages traditionnels de l'eau sont menacés par la déprise agricole amorcée à la fin du XIXe siècle (Onde 1940 : 481). À cette époque, certains canaux du massif avaient déjà été mis aussi au service des infrastructures modernes, alimentant par exemple les premières turbines électriques ou approvisionnant en eau potable les gares du chemin de fer. Par ailleurs, et depuis très longtemps sans doute, comme nous l'évoquerons ci-dessous, d'autre types de propriétés que les prés ont bénéficié de l'arrosage grâce aux canaux : des alpages, des jardins, des vergers, des chènevières, des « triffouillières » après l'introduction de la pomme de terre, ainsi que, au XXe siècle surtout, des « prairies artificielles », c'est-à-dire des terres labourées nouvellement consacrées aux plantes légumineuses fourragères.

On n'irrigue pas seulement les prés de fauche

De nombreuses communes du massif arrosaient leurs pâturages d'altitude en automne, une fois les bovins redescendus dans la vallée. Nous avons généralement désigné les canalisations associées à cette activité comme « canaux d'alpage ». L'objectif était d'amender ces propriétés en nettoyant les étables et les parcs à bestiaux qui leur étaient associés. En faisant transporter le fumier par l'eau canalisée, et en arrosant les parcelles après épandage des bouses, on « nèyait » (noyait) ou « laquait » les pâturages et/ou les prairies fauchées avec cette eau chargée d'amendements. Cette pratique est déjà attestée à la fin du Moyen Âge sous le nom de « lavage du fumier » (*lavare fimum*), notamment dans la vallée de Chamonix en Haute-Savoie (Carrier 2001 : 338-339). En haute-Maurienne surtout, où dominait le système de « petite montagne » et où de nombreuses familles passaient donc une bonne partie de la belle saison dans les alpages, on arrosait également de petits jardins de montagne plantés majoritairement de raves et autres menus légumes ou salades (Meilleur 1985 : 44-45). Néanmoins, en Maurienne comme en Tarentaise, la plus grande superficie des jardins se trouvait dans les étages inférieurs, notamment à proximité des villages. Là aussi l'eau était nécessaire. C'est également dans cette zone habitée, un peu à l'écart des maisons et des jardins, que l'on rencontrait ordinairement les vergers, les prés-vergers (prés plantés d'arbres fruitiers … voir « Quelles propriétés irriguées ? », chapitre 3), les chènevières et, par endroits, les triffouillières. Comme les jardins, ces propriétés bénéficiaient couramment de l'irrigation, de même, probablement, que le modeste vignoble de Bellentre, le seul, dans l'état actuel des recherches, à avoir bénéficié d'un arrosage, au moins durant les étés particulièrement secs (mais voir le vignoble de Macôt, figure 50, traversé par une longue rigole partant du ruisseau de Bonnegarde).

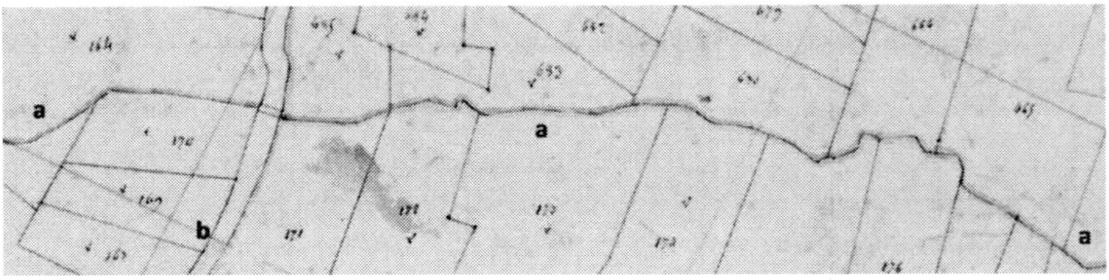

Figure 50. Rigole sans nom (**a**), issue du ruisseau de Bonnegarde, traversant le vignoble (parcelles marquées « v ») et le chemin d'Aime à Macôt (**b**) (Macôt 1870). ADS PCF 3P 7353, A1.

En haute-Maurienne comme en haute-Tarentaise, les « vergers » proprement dits n'existaient guère, en raison de l'altitude. Quelques pruniers surtout s'invitaient en bordure des jardins de villages et profitaient des arrosages accordés à ces derniers. En moyenne-Tarentaise, en revanche, de véritables vergers et surtout des « prés-vergers » de grande étendue prospéraient où l'on récoltait des fruits, spécialement des pommes et des poires, et où l'on fauchait l'herbe au pied des arbres. Par endroits, ces parcelles de culture intensive étaient irriguées avec la même fréquence que les véritables prés de fauche. Pour les chènevières, si la plupart étaient localisées sur des sites humides ou marécageux, certaines d'entre elles pouvaient être alimentées par l'eau des canaux, soit lors d'étés secs, soit à proximité de villages mal pourvus en sources. La pomme de terre, introduite en Savoie dans le courant du XVIIIe siècle (Meilleur 2004 : 88+), avait elle aussi un besoin important d'eau en Vanoise. Comme la culture du tubercule s'était surtout imposée sur des parcelles précédemment vouées aux céréales et, à ce titre, rarement situées à proximité immédiate des cours d'eau, il est probable que beaucoup de ces nouvelles « triffouillières » aient été, comme à Termignon, placées volontairement à proximité des canaux d'irrigation préexistants (Meilleur 1985 : 40). Quant aux prairies artificielles, semées en sainfoin, trèfle ou luzerne à partir du milieu du XIXe siècle (Meilleur 2008 : 96-97), leur arrosage est attesté dans plusieurs documents d'archives, notamment aux Chapelles en 1885 (ADS S742), ainsi qu'à Sollières-Sardières en 1895 (AC non-classé).

L'eau des canaux et les moulins

Deux documents permettent d'illustrer l'importance et la diversité de ce que l'on nommait communément des « artifices » ou des « usines » dans des documents anciens, c'est-à-dire, des moulins à eau. Le premier est tiré des archives départementales de la Savoie (ADS 5FS844), plus précisément de la série « Intendance de Tarentaise, chapitre des « eaux et dérivations d'eau irrégulières », pour les années 1837-1846. Il s'agit d'un inventaire « des artifices divers mis en mouvement par les fleuves, rivières, torrents et cours d'eau, etc. considérés comme propriétés domaniales, » d'une quinzaine de communautés tarines. Or, le foisonnement d'installations de toutes sortes implantées sur les cours d'eau du massif — rivières, torrents, ruisseaux ou canaux — ne laisse pas d'impressionner : moulins à blé, bien sûr, mais aussi « piloirs » de pommes et de noix, pressoirs à huile et à cidre, martinets (forges hydrauliques), scieries, clouteries, moulins à gypse (pour la fabrication du plâtre), moulins à tan, battoirs à drap (moulins à foulon), battoirs à chanvre. La seule commune de Bourg-Saint-Maurice totalisait à elle seule 24 artifices, sans compter les 13 situés sur ce qui était à l'époque la commune d'Hauteville-Gondon, maintenant fusionnée avec elle. La commune de Bozel, de taille beaucoup plus modeste ne recensait pas moins de 22 moulins. Il s'agit là d'une tradition ancienne puisque les sources médiévales, notamment les comptes de châtellenie, donnent déjà à voir de nombreux moulins installés près des cours d'eau du massif.

Le deuxième document utilisé dans le cadre de notre enquête est lui aussi consultable aux archives départementales de la Savoie. Il se présente comme un « inventaire des moulins de Savoie », rédigé par Gotteland et Crabières (s.d. … ADS J1706). Il complète heureusement le document précédent en ce qu'il donne beaucoup plus de détails sur l'emplacement des artifices et leur fonctionnement. Il en ressort que beaucoup parmi les moulins cités en 1846 tiraient leur eau d'un canal d'irrigation, généralement par le biais d'un petit canal d'amenée branché sur lui. À noter que les artifices qui utilisaient directement l'eau des cours d'eau naturels — ruisseaux, torrents, rivières — étaient eux aussi desservis par des canaux d'amenée de longueur variable.

En 1929 encore, une requête pour « la mise en jeu » d'une scierie hydraulique sur le « bief de Pierrolaz » était déposée puis acceptée à La Côte-d'Aime, tandis qu'une seconde demande en vue des mêmes fins fut refusée en 1950, à cause alors d'une concurrence avec EDF (ADS 83S16). Selon des témoins âgés habitant Bourg-Saint-Maurice et Villaroger, on a continué en Tarentaise d'utiliser l'eau des canaux pour mouvoir certains artifices, surtout des scieries, jusqu'aux années 1950-1960. L'importance du réseau des canaux d'irrigation a donc constitué un atout important pour le développement pré-industriel du massif de la Vanoise. Néanmoins, comme nous l'avons vu, le partage de cette eau entre les « arrosants » et les « usiniers » n'allait pas sans engendrer des incidents et des désaccords (voir « L'irrigation … source des conflits », chapitre 12).

Par rapport aux cours d'eau qui leur fournissaient l'énergie, les moulins traditionnels de la Vanoise n'étaient pas tous implantés de façon identifique. Certains chevauchaient des ruisseaux naturels ou des canaux d'arrosage alors que d'autres, installés à proximité de leurs sources, étaient desservis par des canaux d'amenée de longueur variable. Qu'ils soient alimentés par des canaux ou des cours d'eau naturels, nous avons tenté de les totaliser approximativement dans le Tableau 1 chapitre 1. Certaines concentrations de canaux d'amenée et de moulins sont extrêmement complexes (figure 51).

Figure 51. Complexité du canal des Moulins, canal d'amenée desservant plusieurs moulins entre le ruisseau de Lenta (**b**) et la rivière Arc (**a**) (lieu-dit Les Moulins, Bonneval-sur-Arc 1895). ADS PCF 3P 7404, E1.

Combattre les incendies

Plusieurs documents anciens font référence à l'usage de l'eau des canaux pour combattre les incendies. En 1652, un document expose déjà le rôle important du « bied nuaz » à La Côte-d'Aime dans la lutte contre « des incendies et autres accidentz » (ADS DD36). Parce que l'eau des canaux d'irrigation et d'amenée coulait la plupart du temps à proximité des zones habitées (villages, montagnettes, chalets d'alpage), et qu'elle alimentait souvent des bassins, certains quartiers ou communes considéraient qu'elle devait être disponible tout au long de l'année et non pas seulement durant la saison d'irrigation. Le risque d'incendie était d'ailleurs particulièrement élevé en hiver. Après le rattachement de la Savoie à la France en 1860, les communes et les consortages ont couramment utilisé cet argument pour promouvoir la création des syndicats d'arrosage et pour appuyer des demandes de subvention pour l'entretien des canaux. En haute-Maurienne, ce fut le cas à Bramans en 1884 (ADS 84S8), à Bessans en 1885 (ADS 84S7) et largement ailleurs en Vanoise à la fin du XIXe siècle. Un projet de réparation du canal des Ouvertes dont l'eau était destinée au moins en partie à combattre les incendies, s'est encore concrétisé à Macôt en 1933, la commune recevant même une subvention en ce sens (ADS 83S20).

Les usages domestiques de l'eau

Bien évidemment, une partie de l'eau des canaux en Vanoise était également utilisée pour satisfaire les besoins domestiques : étanchement de la soif des humains et du bétail, toilette, cuisine, vaisselle, lessive, abattage et/ou lavage des animaux domestiques ou du gibier, nettoyage des maisons. La disponibilité de l'eau à proximité immédiate des habitations était également requise pour tout travail de construction ou pour la fabrication du cidre et de l'eau de vie. Alors qu'une majorité de villages, de montagnettes et de chalets d'alpage possédaient des bassins alimentés probablement par des tuyaux en bois enterrés (les bourneaux … voir le lexique en annexe), tirant l'eau des sources proches, au point que l'on peut supposer, sans trop de risque de se tromper, que le facteur de proximité de l'eau avait été pris en compte lors de leur fondation, d'autres ne se trouvaient pas dans ce cas. Les canaux d'arrosage, les canaux ou rigoles d'alpage ou parfois les rigoles indépendantes, ces dernières tirées des cours d'eau naturels, suppléaient alors à l'absence des sources. En 1870, le village du Villard de Sangot à Macôt était alimenté en eau potable par une rigole à ciel ouvert de plusieurs centaines de mètres, tirée du ruisseau de Sangot (figure 52). En contraste, c'était un véritable canal situé à Landry à propos duquel, en 1650-51, les communiers s'opposèrent au propriétaire d'une tannerie (« un addouboz »), accusé de polluer l'eau et de la rendre non-consommable (ADS DD39). À Montméry (La Côte-d'Aime), l'année suivante, on signalait dans une plainte que l'eau du « bied nuaz [servait] pour le service et allement … de tous les hommes et communautés de Montvallesan (Valezan) et Plan de

Bellentre… » (ADS DD 36). En 1811, à Saint-Jean-de-Belleville (canton de Moûtiers), l'eau d'un canal était employée à la fois pour l'irrigation, pour faire mouvoir des artifices et pour alimenter des fontaines (ADS L2247). Dans le même canton en 1862, à Doucy, l'eau potable arrivait au « hameau principal de la commune » par le biais du canal dit de la Biolène (ADS 39SPC1), tandis qu'à Bramans en haute-Maurienne en 1884, l'eau d'un béal qui irriguait dix-sept hectares de prés servait aussi « pour l'alimentation d'un groupe de maisons situées sur la route nationale » (ADS 84S8). Un document de 1866, à Hauteville-Gondon, précise que le canal d'arrosage de l'Auget fournit de l'eau pour « l'abreuvage des villages du Rembert, La Chenal, et les Airels, » et que « Le village de la Grange ne possédant point de fontaines, il prenait [également] l'eau au canal de l'Auget » (ADS 9O81). Il aurait été facile de citer ici de nombreux autres exemples. Dans le cas de montagnettes ou de chalets d'alpage dépourvus de sources, on allait généralement chercher l'eau du canal d'arrosage ou du cours d'eau le plus proche par le biais de rigoles individuelles (figure 53, Val-d'Isère 1906, ADS PCF B5).

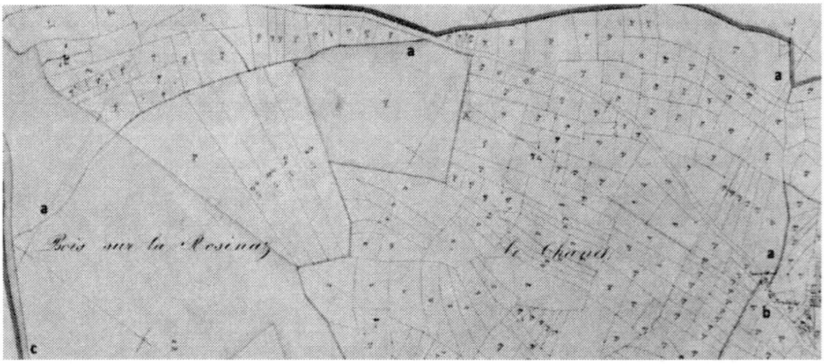

Figure 52. « Fontaine » (**b**) alimentée par une longue rigole (**a**) tirée du ruisseau du Sangot (**c**) (Macôt 1870). ADS PCF 3P 7353, F1.

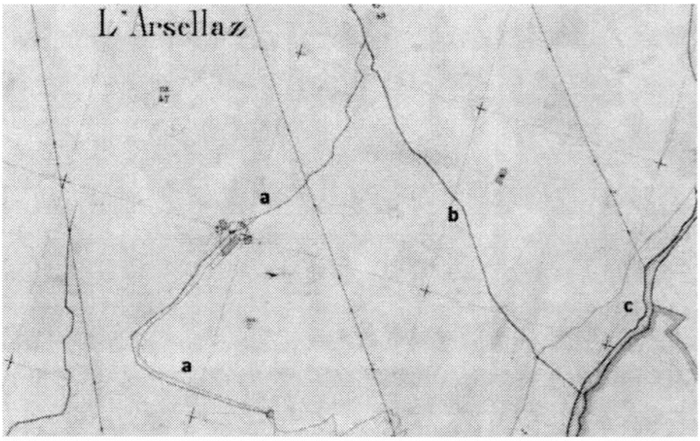

Figure 53. Rigole (**a**) tirée d'un cours d'eau de haute montagne (**b**) se dirigeant vers le ruisseau du Calabordan (**c**), alimentant des chalets d'alpage et un abreuvoir (lieu-dit L'Arsellaz, Val-d'Isère 1906). ADS PCF 3P 7378, B5.

Les usages domestiques de l'eau ne s'arrêtant pas à la fin de la belle saison, il fallait pouvoir disposer du précieux liquide même au cœur de l'hiver. Ainsi, alors que la plupart des canaux principaux étaient fermés, certains autres coulaient à débit réduit pour les besoins des hommes et du bétail durant la saison des neiges. C'était le cas du canal de Séez qui alimentait le chef-lieu communal même pendant la mauvaise saison (ADS DD187E, dépôt 218, 1802).

En plusieurs endroits, des deux côtés du massif, on reconnaissait l'existence d'un lien indirect entre sources et canaux d'arrosage (voir « L'Ethnoécologie ... », chapitre 13). L'eau du canal s'infiltrait dans la terre et rejoignait une source proche de son cours. Celle-ci pouvait ensuite alimenter un bassin. À La Côte-d'Aime en moyenne-Tarentaise, en 1652, on se plaignait que la mise hors service d'un canal par des malfaiteurs « avait fait tarir diverses sources » (ADS DD 36). Une telle liaison a été encore notée par un expert local suite à l'abandon des canaux d'arrosage de Versoye (Bourg-Saint-Maurice) pendant la première moitié du 20e siècle et avant la construction des systèmes modernes d'adduction d'eau. On l'a encore remarqué beaucoup plus récemment à Aime où le Bief de Bovet pourvoyait plusieurs sources (Combet et Bouchage 1998 : 8).

Situés principalement autour des montagnettes et des chalets d'alpage des deux côtés du massif, plusieurs types de petit bâtiment (« le frègué », « le salèye », « la bouida », etc. ..., voir le lexique en annexe) ont été construits en pierre sèche pour stocker le lait après la traite ainsi que les fromages et autres produits laitiers. On les faisait traverser souvent par de petites rigoles d'eau froide afin de les garder frais. On en rencontre au Monal à Sainte-Foy-Tarentaise (Morel 2005 : 114 ; voir figure 27 ci-dessus), à La Côte-d'Aime, à Hauteville-Gondon, à Bessans et Bonneval-sur-Arc (communications personnelles d'Annie Chazal et de Raoul Balmot). Au village du Laisonnay d'en Bas, à Champagny, une petite pièce assignée à cet usage était incorporée à la maison, l'eau tirée d'un canal proche coulant ainsi sous une partie de l'habitation (figure 54).

Figure 54. Eau s'engageant sous une petite pièce d'une maison pour garder au frais les produits laitiers (Laisonnay-d'en-Bas, Champagny 2012). Cliché BAM.

Pour en finir avec les usages domestiques de l'eau canalisée, nous voudrions évoquer l'utilisation des canaux comme lieu de jeux par les enfants. Lors de nos déplacements en Vanoise nous avons régulièrement rencontré des personnes âgées qui parlaient avec nostalgie des canaux d'arrosage de leur enfance, même si elles soulignaient en même temps la dangerosité de ceux-ci pour les enfants (voir « La dangerosité des canaux », ci-dessous). Comme partout où se pratique l'irrigation traditionnelle, la construction de petits moulins à pales ainsi que le flottage de bateaux confectionnés de feuilles, de brindilles de bois ou d'écorces de mélèze constituaient des activités unanimement appréciées par la jeunesse des villages. Nous-même avons pu rencontrer des enfants d'aujourd'hui jouant dans le bied Mort sur la commune de Valezan.

La Vanoise en transition : les nouveaux usages de l'eau

Dès le XVIIIe siècle voire avant, le massif a connu l'implantation d'activités que l'on peut qualifier de proto-industrielles qui, à un degré ou à un autre, utilisaient l'eau, que ce soit pour la fourniture d'énergie ou pour le lavage de la laine ou du minerai (voir surtout Hudry 1982). On peut citer ici les mines de plomb argentifère de Macôt et Peisey, les salines de Moûtiers et de l'Arbonne à Bourg-Saint-Maurice, la fabrique de drap de Séez, cette dernière précédée par une « petite dragerie et teinturerie » (Freppaz 1963 : 115). Or il semble bien que toutes ces installations aient d'emblée été dotées de leurs propres infrastructures hydrauliques. Vers la fin du XIXe siècle, les vallées de la Maurienne et de la Tarentaise virent la mise en place de projets industriels plus ambitieux, dont certains, tels les sites électrochimiques de Maurienne, utilisaient l'eau de façon massive. Pendant trois ou quatre décennies, certaines de ces activités nouvelles ont pu prendre l'eau des canaux traditionnels avant de se doter de leurs propres installations. Cette situation engendra nombre de conflits d'usage.

Les premiers gros projets d'infrastructure débutèrent pendant les années 1860-1880 en haute-Maurienne avec la construction des forts de défense du Sapey et du Replaton à Modane (ADS 51SPC7), puis avec le percement du tunnel ferroviaire du Fréjus (ADS 42SPC7). L'eau de plusieurs torrents qui alimentaient traditionnellement canaux d'irrigation et biefs de moulins fut en partie détournée soit pour le transport et le lavage du sable servant à la construction, soit pour faire mouvoir des machines, soit encore, une fois les bâtiments achevés, pour fournir de l'eau aux forts ainsi qu'aux gares du chemin de fer (l'eau potable mais aussi l'eau pour les chaudières des locomotives, etc. ... ADS 51SPC10). Ainsi en 1892, l'eau du ruisseau de la Closettaz à Saint-Bon était détournée pour alimenter la toute nouvelle gare de Moûtiers, malgré l'opposition des populations locales (ADS 51SPC9). De même le ruisseau du Versoyen fournissait de l'eau à la gare de Bourg-Saint-

Maurice (inaugurée en 1913), provoquant là aussi des querelles entre la municipalité et des arrosants (ADS 51SPC4).

Quelques temps auparavant, en 1885, la municipalité de Modane avait conclu un contrat avec un entrepreneur local pour la mise en place d'un éclairage électrique en ville. L'eau censée actionner la turbine devait provenir du canal de l'usine Bernard Joseph sur le torrent du Rieu-Roux. L'installation devait comprendre six lampes extérieures pour l'éclairage public et une septième pour la salle de réunion du conseil municipal (ADS 42SPC7). À Bourg-Saint-Maurice, presque dix ans plus tard, en 1894, l'eau du ruisseau du Charbonnet était allouée par la commune à « l'usine génératrice hydro-électrique … à proximité de Bourg-Saint-Maurice » (ADS 83S10). La mise en place de ces petites usines hydro-électriques qui précédèrent les grands barrages se poursuivit des deux côtés du massif avec, par exemple, en haute-Maurienne, « la Société Hydro-Électrique de la Maurienne » à Bramans en 1918 (AC SO3e) et, en haute-Tarentaise, « la Société des Forces Motrices de la Haute-Isère » à Sainte-Foy en 1913 (ADS 83S34).

Dans les mêmes années, des projets pour l'adduction d'eau potable virent le jour, souvent sous la forme juridique désormais bien établie des associations syndicales (voir « Les associations syndicales », chapitre 8). On les retrouve à Bourg-Saint-Maurice pendant les années 1890 (ADS 83S10), ainsi qu'à Séez en 1882, 1890 et 1904 (ADS S750) puis à Bellentre entre 1905 et 1910 (ADS 53SPC7). Ces projets s'accélérèrent dans les premières décennies du XXe siècle, certains donnant lieu à la mise en place de nouveaux systèmes hydrauliques, d'autres se greffant, jusqu'au milieu du siècle, sur les réseaux d'anciens canaux d'arrosage. Aux Échines-Le Châtelard, au-dessus de l'agglomération de Bourg-Saint-Maurice, on projetait encore en 1950 d'adapter l'ancien système d'arrosage aux nouveaux besoins en eau potable (ADS S785).

La dernière forme d'utilisation en date des canaux d'irrigation a consisté à transformer certains d'entre eux en réseaux d'arrosage par aspersion ou en sentiers de randonnée pédestre, mais on en trouve peu d'exemples dans le massif. Un premier projet d'installation d'un système d'aspersion (indépendant des canaux d'arrosage) a vu le jour à Séez entre 1968 et 1972 (Caille *et al.* s.d.). Des délibérations du conseil municipal de Bramans en 1958 et en 1959, envisageant un but identique (AC SO 3°), semblent avoir finalement abouti entre 1980 et 1985, mais nous ignorons s'il existait des rapports entre le réseau ancien et le nouveau système. Parmi les sentiers pédestres, le premier dont nous ayons retrouvé mention en Vanoise fut « l'airiel du Pain Perdu » à Montvalezan, dès l'entre-deux-guerres. Il s'agissait de transformer ce canal tributaire du torrent de la Marquise en « un chemin pour aller au [col du] Petit-Saint-Bernard » (Gaide-Chevronnay 1931 : 145). À Longefoy (aujourd'hui fusionnée avec la commune d'Aime), le Bief de Bovet en partie rénové est devenu depuis les années 1990 un lieu de promenade axé au moins pour une portion, sur le canal d'arrosage (Combet et Bouchage 1998). En outre, un petit sentier doté de panneaux d'information se trouve installé également aujourd'hui sur le bied de St-Michel à Landry. Mais en définitive peu de canaux dans le massif de la Vanoise ont été réhabilités ou convertis en sentiers de randonnée spécifiquement dédiés au tourisme d'été, à l'image de ce qui existe depuis un certain temps dans le Valais (Reynard 2005) et dans quelques secteurs des Alpes françaises du Sud, comme le Valgaudemar (www.ecrins-parcnational.fr/actualité/le-maintien-des-canaux...), le Briançonnais (Rousselot-Pailley 2007) ou le Queyras (Lasserre 2008) où des projets sont envisagés voire déjà réalisés. Notons tout de même que la partie récente du canal de l'Arc établie par l'EDF jusqu'à la station actuelle d'Arc 1600 a été aménagée en piste de ski de fond ou de randonnée.

Des canaux dangereux ?

En discutant avec des personnes âgées ayant irrigué en Vanoise pendant leur jeunesse, nous avons été sensibilisé à la dangerosité inhérente aux canaux d'irrigation et d'amenée. Elles nous ont parlé non seulement des péripéties survenant parfois lors des travaux d'entretien de certains canaux situés dans des zones abruptes ou d'accès difficile, mais aussi des risques encourus par les jeunes enfants jouant ou passant à côté des canaux. Au regard des dangers auxquels étaient exposés les ouvriers construisant ou entretenant certains « bisses » en Valais, suspendus au-dessus du vide, sur des parois verticales, ces dires nous ont paru quelque peu exagérés à première vue. Mais notre avis a changé dès lors que nous sommes tombés, presque par hasard, sur le « Fonds des administrations civiles et judiciaires de la restauration sarde » aux Archives Départementales de la Savoie. Sur une période de seulement six ans, nous avons recensé pas moins de cinq noyades dans le massif liées aux canaux d'arrosage ou d'amenée.

Dans quatre des instances retrouvées, on note la mort d'un enfant en bas âge. Par exemple, à Bozel en 1840, un document parle de la « levée du cadavre de Jean Nicolas … âgé de 5 ans, mort noyé dans le canal du Moulin … au hameau des Moulins » (ADS 7FS8 634). Quatre ans plus tard c'est « Andréanne … qui s'est noyée dans un canal d'irrigation » à Landry (ADS 7FS8 639), alors qu'à peu près à la même époque, « Anne … âgée de 4 ans, [est] tombée accidentellement dans le canal du Moulin du Chef-lieu » (ADS 7FS8 505). En 1846, à Bourg-Saint-Maurice, nous apprenons la « noyade accidentelle de Maurice … âgé de 2 ans, dont le corps est retrouvé dans le canal d'un moulin au hameau de l'Îsle » (ADS 7FS8 500).

Les canaux représentaient aussi des menaces pour les adultes, en particulier pour les personnes sous l'emprise de l'alcool. En 1844 à Aime, on a noté la

« levée du cadavre de David … Roset … retrouvé noyé dans le canal bordant la grande route, mort accidentelle imputable à son ivresse » (ADS 7FS8 603).

Au vu du nombre de noyades dans des canaux en Vanoise, sur une période aussi brève, il nous semble raisonnable de conclure que ceux-ci constituaient un réel péril pour une frange de la population plus fragile. En raison du voisinage omniprésent des canaux, soit d'irrigation, soit d'amenée, dans les zones habitées, ce sont surtout les jeunes enfants, incapables de sortir seuls de l'eau, qui ont payé le prix de cette proximité.

Chapitre 7.
Les usagers et la répartition de l'eau

Dans un article important à propos d'un système traditionnel d'irrigation suisse, l'ethnologue américain Robert McC. Netting développe l'exemple de la commune de Törbel dans le Haut-Valais (1974). Le partage de l'eau de deux canaux existants n'y est gouverné par aucune autorité centrale (communale ou autre) et, à l'époque de l'enquête au début des années 1970, aucune personne ni aucun groupe, fut-il impliqué dans l'irrigation, ne semble avoir une compréhension globale du fonctionnement de ce réseau. Netting appelle d'ailleurs celui-ci « le système que personne ne connaît » (*The System Nobody Knows*). Complexe dans son ensemble, le partage de l'eau à Törbel fonctionne au quotidien selon des procédures précises selon lesquelles chaque arrosant connaît parfaitement ses jours, ses heures et ses durées d'arrosage, mais ignore le plus souvent ceux de ses voisins. Les accords écrits n'existent pas pour codifier ce partage qui ne semble pas non plus s'être systématiquement référé à d'anciens accords oraux de portée générale. Selon Netting (p. 73), le système est pourtant stable, gérant des droits à l'eau transmissibles d'une génération à l'autre et se développant de siècle en siècle avec une complexité croissante. Les fraudes telles que les vols d'eau existent mais demeurent relativement marginales et se trouvent presque toujours corrigées par la pression sociale intra-communale. Cependant, toujours d'après l'analyse de Netting, les quantités d'eau allouées aux arrosants s'avèrent parfois et de façon surprenante inégales, même pour des surfaces équivalentes. D'après lui, certains propriétaires et leur famille étaient parvenus, en pratiquant de petites manipulations du système renouvelées au fil des générations, à se tailler la part du lion dans la distribution de l'eau, bien que, ni eux, ni ceux qui semblaient avoir été lésés ne reconnaissent explicitement ces différences. C'est en ayant à l'esprit « ce système que personne ne connaît » et en nous interrogeant sur son éventuelle singularité au sein de l'espace alpin que nous avons voulu explorer les façons dont l'eau était répartie dans les canaux de la Vanoise, une région alpine proche du Valais et partageant avec lui des éléments communs d'histoire et de biogéographie.

Semblablement, peut-être, aux dires de Netting, l'Abbé Marius Hudry, pionnier des recherches sur l'irrigation en Tarentaise, déclarait (1985 : 118) ne pas avoir trouvé dans les deux cantons d'Aime et de Bourg-Saint-Maurice, « de textes de règlementation générale de la circulation … dans les canaux, de leur entretien et de la distribution de l'eau. » Il en concluait qu'en Vanoise, l'organisation de l'arrosage constituait « un coutumier transmis oralement. » Comme nous l'allons voir ci-dessous, nos propres recherches archivistiques nous portent au contraire à affirmer qu'une forte proportion des consortages-syndicats ou de communes-paroisses organisaient la distribution des eaux pour l'arrosage sur la base de règlements écrits adoptés et modifiés en interne et ce, depuis la fin du Moyen Âge. Ces documents sont particulièrement nombreux en haute et moyenne-Tarentaise, la haute-Maurienne ayant quant à elle subi des pertes substantielles d'archives anciennes notamment durant la seconde guerre mondiale.

Questions de vocabulaire

Du point de vue du vocabulaire, il faut signaler que les plus anciens documents que nous avons consultés n'emploient pas le terme « rôle » pour désigner le calendrier de distribution de l'eau. Le règlement de 1374 pour Montvalezan, que nous examinerons en détail ci-dessous, est introduit par une simple périphrase (dont nous n'avons pas la version latine originale) : il est question de quatre hommes du lieu « élus pour diviser et égaliser les eaux de la paroisse. » À Termignon, en 1502, il est question de la *divisio aque bialagii consortum dou Mont*, c'est-à-dire du partage des eaux du canal des Monts (AC Termignon, E-sup., DD48 e). Enfin plusieurs textes des XVe et XVIe siècles concernant Valezan, utilisent les termes de « pérégation [péréquation] et répartement ». Ce n'est qu'à la fin du XVIIe siècle, par exemple à Hauteville-Gondon, que nous rencontrons le terme rôle (« roolle ») pour la première fois en Vanoise. Aux Chapelles on appelle le calendrier de l'eau, « répartition » en 1724, « partage » en 1844, « état » en 1848 (ADS 5FS517). Ailleurs en Vanoise, surtout en Tarentaise, le terme de « rôle » semble s'imposer définitivement à la fin du XVIIIe siècle. *Grosso modo*, les rôles de répartition de l'eau, appelés aussi « rôles d'arrosage » ou « rôles d'arrosement », peuvent prendre deux formes, sans que le vocabulaire permette de les distinguer : ceux attribuant de l'eau aux ayants droit en les identifiant spécifiquement par leurs noms et en énumérant les parcelles arrosables dont ils sont propriétaires, et ceux distribuant l'eau par « mas » ou lieux-dits. Dans ce cas, le partage de l'eau entre les parcelles arrosables du mas relève de toute évidence d'accords oraux qui n'ont laissé aucune trace.

Un autre type de documents appelés « rôle » ne doit pas être confondu avec les calendriers pour la répartition de l'eau aux particuliers ou aux mas. Il s'agit des états précisant les heures de corvée imposées à chacun ainsi que les sommes réclamées aux arrosants ou autres ayants droit (les usiniers, les utilisateurs de l'eau dans les chalets d'alpage) pour l'entretien et la réparation des canaux. Ces rôles-là sont généralement associés aux budgets de fonctionnement que l'on rencontre régulièrement sous l'administration française après 1860, comme celui tenu par l'association syndicale de l'Arbonne à Bourg-Saint-Maurice en 1863 (figure 55), mais on en connaît déjà pour le XVIIe siècle, par exemple, à Sainte-Foy en 1660 (Emprin 1933 : 56). Parfois on trouve le rôle de répartition de l'eau et celui des corvées combinés dans un même document, ainsi pour Versoye, à Bourg-Saint-Maurice en 1884 (ADS S738) ou à Villarodin-Bourget en 1921 (AC 3O2). Pour autant, lorsqu'il sera question dans la suite de ce travail de « rôle » sans plus de précision, c'est bien de rôles de répartition de l'eau qu'il s'agira.

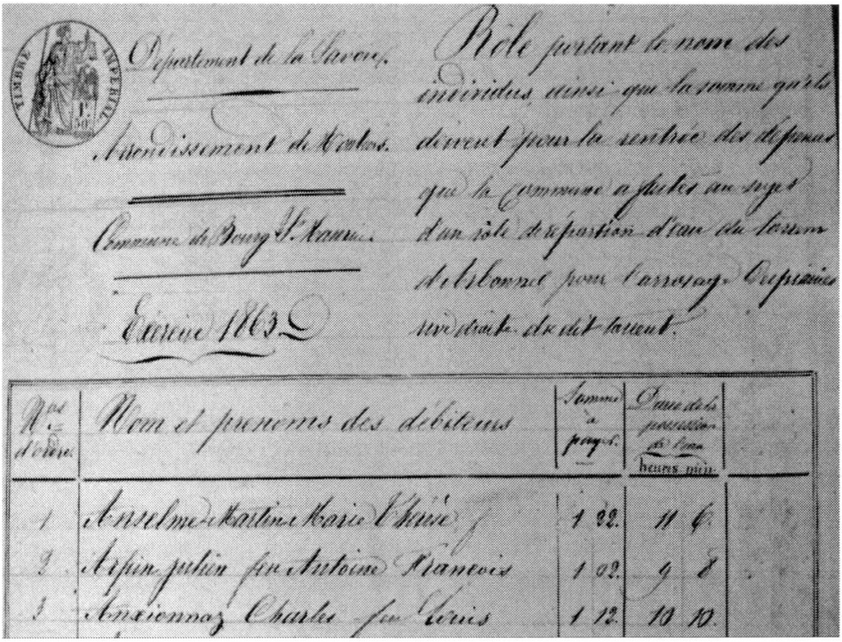

Figure 55. « Rôle » résumant les sommes à payer par les membres du syndicat d'arrosage de l'Arbonne (Bourg-Saint-Maurice 1863). ADS 83S10. Cliché BAM.

Les premiers rôles de partage en Vanoise

Les documents touchant à la répartition de l'eau entre les ayants droit d'un canal sont encore rares dans le massif pour le Moyen Âge et l'époque moderne. Il faut rappeler que ce qui va suivre repose avant tout sur les sources concernant la Tarentaise. Nous n'avons en effet découvert en Maurienne qu'un seul rôle de répartition de l'eau antérieur au milieu du XIXe siècle, celui de Termignon, daté de 1502, dont il sera question plus bas. Un autre document concernant Termignon plus ancien de quatre ans, se contente d'évoquer la simple répartition de l'eau. Cet acte de constitution de consortage du futur canal de Rimmard, prévoit que le partage de l'eau se fera *pro rate seu secundum partita quantitatem prati sue*. Pour se faire, il est prévu que les consorts procéderont ultérieurement à une division de l'eau (*et inde divisione facere*) selon la quantité de prés qu'ils possèdent (*secundum quantitatem prati sui*) (AC Termignon, E-sup., DD48 g). Il existait donc bien des rôles de répartition de l'eau en Maurienne au Moyen Âge, ce qui pose évidemment le problème de leur absence des archives pour la période courant du XVIe au XIXe siècle. Après 1502, il faut en effet attendre 1853 pour retrouver un rôle mauriennais de partage de l'eau, dans les archives communales de Villarodin-Bourget (AC 3O2).

Que ce soit en Maurienne ou en Tarentaise, peu de rôles ou règlements ont été retrouvés pour la période médiévale qui nous a livré des albergements de cours d'eau, des reconnaissances en faveur des seigneurs et des procès entre communautés touchant aux usages de l'eau. Tout ce qui concernait le fonctionnement des consortages relevait en effet de contrats privés passés devant notaires. Or, pour notre région, la totalité des registres de notaires ruraux antérieurs au milieu du XVIe siècle a été perdue. Quant aux expéditions (les originaux) de ces mêmes actes, elles devaient être confiées aux dirigeants des consortages, comme c'était encore le cas à la fin du XIXe et au début du XXe siècle (cas de l'association syndicale de la Thuile à Bourg-Saint-Maurice, AF SA, 1893 ; ou encore aux Chapelles … ADS S744, 1904). Elles ont, de ce fait, fait l'objet d'une conservation plus qu'aléatoire. Dans ce contexte, la survie dans les archives communales de Termignon d'une demi-douzaine d'actes notariés concernant l'irrigation, dont un authentique rôle de répartition, constitue une heureuse surprise. C'est également le cas de la transmission presque miraculeuse d'un autre acte notarié, le règlement pour l'irrigation de 1374, pour Montvalezan, en Tarentaise, arrivé jusqu'à nous par le biais d'une copie moderne, puis d'une traduction contemporaine en français dans l'ouvrage d'un érudit local. À quoi servaient donc ces textes dans une société rurale où les personnes capables de les lire formaient probablement, dans le meilleur des cas, une minorité ? Sans nul doute, avant tout, de preuve juridique et de référence en cas de litige. En dehors de ces cas, pas si rares sans doute, chacun devait avoir parfaitement mémorisé les termes de son propre tour d'arrosage.

Ainsi, les rôles qui existent montrent qu'en Maurienne et Tarentaise, comme dans presque toutes les sociétés paysannes qui pratiquent l'irrigation, le partage repose sur la notion de tour d'arrosage. Celui-ci donne en Vanoise à chaque membre du groupe d'arrosants la possibilité, à un moment donné et pour un certain laps de temps, de détourner l'eau du canal vers ses propres possessions.

Le plus ancien témoignage exposant la distribution de l'eau d'arrosage en Vanoise est un document de 1374. Il s'agit de la version écrite d'un accord ayant pour objectif de « diviser et égaliser les eaux de la paroisse de Montvallezan-sur-Sés » (aujourd'hui Montvalezan). Bien que nous n'ayons pas pu retrouver l'original, son contenu a été au moins partiellement publié en 1931 (pp. 146-151) dans une monographie intitulée *Histoire de Montvalezan-sur-Séez (Savoie)* par l'Abbé J.-D. Gaide-Chevronnay. Il commence en disant :

« que les dits hommes esleux [élus] ce jourd'huy en présence de moi notaire et témoins sous-signés ont dit et ordonné pour cause de division que l'eau venant par cours ou airiel nouveau de Plambois … ne demeurera plus oultre le Chantes de Brenge, mais viendra et tombera tous les jours en deca vers les villes et prés de la Combas, d'Hauteville, Laix et Solliet » (p. 146).

Comme pour les rôles plus récents, il spécifie les jours, les heures et les durées de l'arrosage, les personnes ayant le droit à l'eau pendant ces périodes, et les endroits où l'eau était dirigée puis distribuée. L'acte précise que la répartition adoptée a été proposée par quatre hommes appelés les « ordinateurs » : Étienne, fils de feu Jacquemet Possoz, du Châtelard, Jean, fils de feu Perronet Lombard, des Moulins, Michel, fils de feu Vuillerme Vellus, des Laix, qui porte le surnom guerrier de « Maitre de combat », et Antoine, fils de feu Gonthier Pascal, dit Gaidoz, lui aussi des Laix. On note que ces hommes relèvent des deux principaux seigneurs de Montvalezan, à savoir le seigneur de Chevron et celui de la Val d'Isère, et qu'ils représentent trois villages de la même paroisse. Ils sont également dits « élus », c'est-à-dire sans doute désignés par l'assemblée des consorts (p. 146 ; voir « Les consortages », chapitre 8). Il est probable que le projet élaboré par ces quatre hommes ait été ratifié par l'ensemble des consorts, comme c'était l'usage par exemple pour les règlements touchant les alpages et les bois, avant que d'être rédigé par le notaire.

Le préambule est suivi d'un rôle courant sur deux semaines de treize jours ouvrables. L'eau est répartie, suivant les jours et les nuits, entre des individus, de petits groupes de parents, ainsi qu'entre les habitants des hameaux ou les consortages de quartiers de cultures (mas). En témoigne l'extrait donné ci-dessous qui présente deux jours du cycle d'arrosage :

« Le Lundy [de la première semaine] … les héritiers de Gonthier Martinis (Martigny) de la Cretaz, Villerme Possoz des Planets, hérittiers d'Antoine et de Michel de Jean de la Creytas et Michel de feu Perret fils naturel de Rousset de damoiseau et Antoine Pascallis ayent et prenent la ditte eau pour arousser leurs prés chaque leundy à l'obe du jour et la tienne jusqu'au mardy à l'obe du jour et dès l'hors la prendra Antoine Pascallis le dit jour à l'aurore et le pourra retenir jusqu'à l'heure de Tierce. Item à l'heure de Tierce la prendront les hérittiers d'Antoine et de Michel de Christtas et Michel de feu Perret noble et la tiendront jusqu'à l'heure de None et à l'heure de None, la prendront Estienne Pascalis, Perronnet Pondruelis et les enfants de Perronnet Martinis et la tiendront jusqu'à l'heure de Complie. Depuis l'heure de Complie, elle sera commune entre les consorts. Et à l'heure de None la prendront Jean de Christas et Villerme Possos des Planets et les hérittiers de Gonthier Martinis de la Cretaz qui la tiendront jusqu'à mardy à l'obe. »

« Mardy [de la deuxième semaine] … A l'obe la prendront Pierre Merlos et autres du Solliet qui ont des prés aux Charmettes, que la présente eau, en ont sousvoyé [mélangé] avec l'eau des fontanils. Mardy à l'obe la prendront ceux qui ont des prés en de Crestet de Grantebus, en bas, avec l'eau des Fontanils, exceptés ceux qui ont des prés de Noble Rousset Antoine et exceptés autres leurs consorts et la tiendront jusqu'à mercredy à l'obe. »

On remarque que le texte laisse dans l'ombre un certain nombre de précisions. Il s'agit de celles qui, à Törbel, sont transmises exclusivement par voie orale d'individu à individu et qui, en Vanoise, seront le plus souvent explicitement données par les rôles du XIXe siècle. Ainsi les noms de tous les arrosants ne sont-ils pas énoncés. Par exemple, pour le premier lundi, qui sont précisément « les héritiers de Gonthier Martinis (Martigny) de la Cretaz » ou « les enfants de Perronnet Martinis » ou bien encore, pour le mardi, les « *autres* du Solliet qui ont des prés aux Charmettes, » « *ceux* qui ont des prés en de Crestet de Grantebus » ou encore « *ceux* qui ont des prés de Noble Rousset Antoine ? » Le même texte ne précise pas non plus comment l'eau devait être répartie à l'aube du lundi entre « les héritiers de Gonthier Martinis (Martigny) de la Cretaz, Villerme Possoz des Planets, hérittiers d'Antoine et de Michel de Jean de la Creytas et Michel de feu Perret fils naturel de Rousset de damoiseau et Antoine Pascallis, » ou bien le soir du même jour entre les consorts à partir de l'heure de complie. Le document ne mentionne pas lequel parmi ces individus reçoit de l'eau le premier ni dans quel ordre elle est partagée ensuite, ni dans quelles quantités, ni pendant combien de temps.

Bien évidemment, on ne peut avoir le moindre doute quant au fait que ces informations étaient connues des ayants droit, sinon le système n'aurait pas pu fonctionner. Ce premier « rôle » comprend donc d'importants aspects « sous-entendus » par ses utilisateurs. Par exemple, le partage et les durées de l'eau pour chaque parcelle étaient-ils explicités préalablement par des accords écrits (mais non conservés) ou étaient-ils plus vraisemblablement oraux ? De même, ces modalités étaient-elles renégociées, toujours de façon orale, à chaque saison d'arrosage ? Les bénéficiaires recevaient-ils l'eau en même temps ou bien dans un ordre précis par roulement, en fonction de la disposition des parcelles ou bien de tout autre critère, par exemple leur superficie ? Chaque arrosant connaissait-il uniquement ses propres modalités d'arrosage, comme en Valais, ce qui paraît difficile à envisager s'il y avait négociation collective, ou était-il au courant aussi des détails des autres comme cela semble plus logique ?

Bien que différant des rôles plus modernes en omettant de citer les noms de tous les arrosants, signalant simplement certains d'entre eux comme « les hérittiers » d'x ou « les enfants d'y », une pratique du reste commune en Vanoise jusqu'au XIXe siècle, on est bien en présence d'un véritable calendrier de répartition de l'eau, tout à fait semblable à ceux rencontrés dans le massif cinq cents ans plus tard. Pour chaque propriétaire ou groupe de propriétaires arrosant, le texte précise les jours, heures et durées du tour d'arrosage en prenant pour référence les heures canoniales : l'aube (c'est-à-dire prime), la première heure du jour, tierce, la troisième heure, none, la neuvième, et complies, la dernière. Malgré l'imprécision relative du document au regard de rôles plus récents, on ne peut douter qu'il permit à ses usagers de résoudre la plupart des interrogations ou des litiges causés par la distribution de l'eau.

Comme pour la plupart des rôles plus tardifs, notamment ceux des XVIIIe et XIXe siècles, le tour d'arrosage complet durait deux semaines, du lundi au lundi pendant toute la saison d'arrosage. Ce cycle de deux semaines environ, se retrouve ailleurs en Vanoise mais également dans plusieurs bisses du Valais, par exemple le bisse de la Rioutaz à Lens en 1457 ou l'un des bisses de Savièse en 1447 (Reynard 2002 : 206-211). L'originalité de Montvalezan réside dans le fait que la distribution d'eau englobe aussi le dimanche, en principe jour non travaillé dans la société chrétienne ancienne.

Le rôle de Montvalezan se décompose plus ou moins en deux parties. La première est une répartition majoritairement nominative qui donne les noms des individus ou groupes d'ayants droit ainsi que le jour et l'heure de leur tour d'arrosage. La seconde, qui commence le lundi de la deuxième semaine, est une répartition principalement par village ou par mas. Chaque lieu-dit cité se voit affecté un tour d'arrosage particulier. Ainsi, « chaque samedy, prendront l'eau du nant supérieur à l'orrore ceux des Laix [un village de Montvalezan] et leurs consorts pour arrouser leurs prés et la tiendront tout le jour et ceux d'Hauteville [un autre village] et leurs consorts ... prendront l'eau du nant de moitié chaque samedi à l'obe et la tiendront tout le jour. » Ou encore, « ceux qui ont des prés en Corny prendront l'eau du nant et du nant de Plombois chaque lundy pour arrouser les dits prés et la tiendront jusqu'à l'obe du mardy. »

On remarque que le partage de l'eau entre les habitants du village ou entre les propriétaires d'un lieu-dit concerné n'est pas évoqué par le rôle. Cela reste une affaire interne aux consortages particuliers que constituent les villages et les mas qui, de toute évidence se réglait oralement. Ces derniers sont en quelque-sorte partie-prenante, au même titre que les individus ou les groupes familiaux de la première partie, du consortage d'irrigation global formé par les ayants droit des canaux de la paroisse de Montvalezan.

Le texte de Montvalezan se conclut en évoquant brièvement plusieurs règles dont le non-respect entraînait le paiement d'amendes. Celles-ci visent principalement à prévenir à la fois les dégâts occasionnés au système et les conflits d'usage entre les membres du consortage. Ainsi, ceux qui « tiendront ... l'eau amauderont (adouciront : faire le nécessaire pour réduire) le dommage que fera l'eau si le dit nant estant rompu ; » « aucun ne troublera de prendre l'eau [en dehors des] dits ordinations ; » ou encore « personne ne présumera de prendre l'eau ... sinon à l'heure ordonné » contre « cinq sols forts d'amende » (voir « L'irrigation ... sources des conflits », chapitre 12). Ces règles se retrouvent avec à la fois plus de clarté et de précision dans les règlements des périodes plus récentes.

La seconde répartition de l'eau en Vanoise par ordre d'ancienneté est celle de Termignon, datée du 2 juillet 1492. Ce jour-là, les neuf consorts du canal du Mont, à Termignon, procèdent devant le notaire Dominique Sestier au partage de l'eau. Pour ce canal, la totalité d'un tour d'arrosage se déroule sur deux semaines :

« Le premier lundi et le mardi jusque deux heures avant none et toute la nuit suivant l'ira à Pierre Flandin et les siens. Le mercredi et la nuit suivante, elle sera à Claude Clar et les siens. Le jeudi et la nuit suivante, l'eau sera à Michel Pernier. Le vendredi et la nuit suivante, l'eau sera à Jean Mathieu et les siens. Le samedi et la nuit suivant, l'eau sera à Michel Richard et les siens. Le second lundi, la nuit suivante et le mardi jusque trois heures avant none, l'eau sera à Jean Richard et les siens. Depuis ce moment jusqu'au mercredi ainsi que la nuit suivante, elle sera à Jean et Louis de Rosa. Le deuxième jeudi et la nuit suivante, l'eau sera à Jean Femel dit l'Anglais. Le vendredi et le samedi, l'eau sera à Jean Vial. »

Ensuite, poursuit le texte, traduit ici du latin, « l'eau est réservée suivant les jours et heures désignés plus haut, » ce qui signifie bien évidemment qu'au bout de quinze jours, un nouveau cycle recommence. On remarque également que, contrairement à ce qui se passe un peu plus d'un siècle plus tôt à Montvalezan, et pour des motifs bien évidemment religieux, l'on n'irrigue pas le dimanche.

En théorie, chaque consort détient donc une part (*pars*) du tour d'arrosage et donc de l'eau du canal qui semble proportionnelle à la superficie des prés qu'il possède dans la zone irriguée. En réalité, cette part semble être dans certains cas assignée à une personne nommément citée (« Michel Pernier ») et dans d'autres, comme c'était le cas à Montvalezan, à un groupe familial élargi (« Pierre Flandin et les siens ») comptant peut-être deux ou plusieurs propriétaires de prés. Par ailleurs, deux actes de constitution de consortage passés à Termignon quelques années auparavant, précisent qu'un consort ou l'un de ses héritiers ne peut vendre, donner ni en aucune manière aliéner ses droits d'arrosage si ce n'est à un autre consort (en 1486 : *nullos ipsorum nec eorum heredes possit quo nisi modo dare, vendere aut aliis quomodoilibet alienare partem sua dicte aque nisi consortibus dicti bialagii*). Cela suggère que les droits d'arrosage sont transmissibles aux héritiers, mais qu'ils sont également aliénables quoiqu'uniquement à l'intérieur du seul consortage.

Dans l'ensemble, en considérant l'exemple de Termignon, les principes appliqués au partage ne sont guère différents de ceux observés à Montvalezan, mais la précision est plus grande quant à l'identité des arrosants, peut-être parce que le canal et donc le consortage est plus récent et que les consorts sont en nombre limité. Malgré cela, la clé de répartition de l'eau n'est pas précisée, même si l'on suppute qu'il s'agit, comme c'était le cas à l'époque contemporaine, de la superficie de pré possédée par chaque consort. Un passage d'un troisième acte notarié, passé également à Termignon en mai 1486, confirme cette hypothèse. Envisageant la construction d'un nouveau canal destiné à arroser les prés du quartier des Fontaniles, les nouveaux consorts prévoient de se partager l'eau « selon la quantité de pré possédée par chacun » (*et inde divisione facere et dicta aqua secundum prati sui*) (ADS, AC Termignon, E-Sup., DD48 pièce g).

À côté des règlements concernant spécifiquement l'irrigation, d'autres textes réglementaires, qui concernent plus largement la gestion des communs et des ressources naturelles, consacrent plusieurs articles à l'usage de l'eau. À Modane en 1514 « Un acte de reconnaissance féodale » spécifie que l'on doit tenir couverte une partie de la « biallerie », prescription apparaissant déjà dans un texte notarié de 1372 cité dans ce même document (ADS C1823). Toujours à Modane, un texte de 1566 (AC DD1) énumérait plusieurs règles touchant à la gestion de l'eau. Il est ainsi défendu de « mener l'eau par les chemins » ou bien d'arroser la nuit « pour obvier à ce que les dittes eaux ne facent domage. » Chacun est tenu à « reparer yceux canaux coursiers » sinon être contraint de les « elargir et coupper les possessions par lesquelles [ils] passent. » De même, chaque « consort » est tenu à « contribuer à la réparation d'iceux bialliages » ou de payer « six gros de Savoye. » Il est précisé que l'on ne peut « ôter l'eau l'un à l'autre » et « qu'après avoir arrosé sa possession, on doit céder l'eau au suivant, » « que l'on « ne doive point départir les biallères en deux, » etc. Pour l'essentiel, ces ordonnances et d'autres sont encore en vigueur au moment de l'abandon des canaux d'irrigation en haute-Maurienne vers la fin du XIXe et la première moitié du XXe siècle.

À Valezan en moyenne-Tarentaise, on publie en 1492 puis en 1508, des règlements qui désignent « un monitoire », exposent « les contreventions », menacent « d'excommunication contre le déchargeur de certain bief. » On évoque encore un vote sur une « pérégation et répartement des eaux, tels que chacun puisse arroser son pré aux heures déterminées, » ainsi que la nomination de gardes (Pérouse 1911 : 79). En 1566, toujours en Tarentaise, un accord passé entre Montrigon à Bourg-Saint-Maurice et le quartier du Tiers à Hauteville-Gondon a pour objectif de partager les eaux du canal de l'Arc. Il spécifie que les gens de Montrigon ont droit aux deux tiers du débit du canal contre un tiers pour le quartier du Tiers. Les mêmes règles de répartition s'appliquent aux contributions à fournir pour l'entretien et la réparation du canal. Bien que ce dernier passe sur le territoire de Villaroger, le même texte nous explique que les habitants de cette paroisse ne possèdent aucun droit d'usage sur les eaux qu'il transporte (AF HB). Des conversations avec des témoins et experts locaux nous ont confirmé que ces règles d'usage ont perduré jusqu'au milieu du XXe siècle.

Le XVIIe siècle : le changement dans la continuité

Pour le XVIIe siècle, d'autres documents évoquent l'existence de rôles ou de règlements d'irrigation mais sans fournir plus de détails. On ne dispose en particulier pour cette époque que d'un règlement complet. Ainsi à Valezan, un texte de 1639 relate que « les communiers du quartier de Montvallesan et Plan de Bellentre » ont fait rédiger « une transaction … pour la manutention des heyriels, afin que chacun puisse arroser ses prés aux heures qui seront déterminées par les gardes » (ADS DD 50). Le rôle lui-même n'est cependant pas détaillé. Cette même transaction rapporte tout de même plusieurs règles d'usage de l'eau en vigueur à Montvalezan (-sur-Bellentre). L'une d'elle précise que les propriétaires irrigants sont tenus de « commencer à arroser et ayguer les dits prés aux fonds … en continuant de gué en gué, en montant … et ce, sus peynes contre … ceux qui selèveront l'eau l'un ou l'autre … de cinquante sols forts. » Une autre spécifie « qu'il ne sera permis à aulcun d'iceulx de lascer accumuler et asjouter ladicte eau la nuyct ni le jour des festes et autlres, affin de ne causer aulcunes ruines et desgatz à personne … et ce, à double peyne et de tous despens, dommages et interests. »

Parmi les historiens qui nous rapportent le contenu de documents introuvables ou perdus, Gabriel Pérouse (1911 : 74) parle pour Tessens d'un « ban général » de 1612 comprenant des règles d'usage de l'eau qui précisent notamment « qu'il est interdit … aux non-communiers d'y prendre de l'eau, comme de s'en servir des canaux d'irrigation. » La totalité du règlement n'est toutefois pas reproduit. De même, Emprin (1933 : 56) raconte qu'en 1660, on confectionnait à Sainte-Foy un « roolle des consorts et communiers de la montagne de Nantcruet qui veulent se servir de leyriel du Barg et des sommes et parties que chacun promet de contribuer pour la facture d'iceluy. » Toutefois, il ne reproduit pas le document en entier pas plus qu'il ne donne de référence. Le même auteur évoque pour 1686, l'existence d'un autre rôle de répartition de l'eau, avec un cycle d'arrosage d'une semaine, qui s'appliquait cette fois à cinq des nombreux villages de Sainte-Foy. L'eau aurait été attribuée le lundi au village de Fenil, le mardi au Chenal-dessus, le mercredi et le jeudi au Chenal-dessous, le vendredi aux Combaz et le samedi à Béranger, ceci « de chaque semaine en semaine durant le temps et saison propre pour l'irrigation » (ibid.).

Bien que fragmentaires, ces citations témoignent d'une continuité ininterrompue dans la forme et dans le fond entre les rôles et règlements des siècles issus du Moyen Âge et ceux produits et mis en application pendant le XVIIe et le XVIIIe siècle en Vanoise. Cette impression est confirmée par l'analyse d'un rôle original et inédit de répartition de l'eau pour Hauteville-Gondon daté de l'année 1692 (AF LC-S). Il s'agit du « Roolle, egalisation, et partages de l'eau … de St. Panthaleon … pour l'arrousement des prés des consorts … » (figure 56). Hormis les précisions topographiques et la liste des consorts, son organisation et son contenu sont presque identiques au rôle de Montvalezan de 1374. Comme pour ce dernier, on note à Hauteville-Gondon le rôle joué par les consorts et leurs représentants, les prud'hommes, dans l'élaboration du règlement (« dressé et signé à la requisition des cydevant hommes consorts »), ainsi que la présence des notables locaux en tant que témoins et la présence d'un représentant de la seigneurie locale, ici le marquisat de Saint Maurice (voir « L'irrigation et les autorités supérieures », chapitre 9). Comme encore pour le rôle de Montvalezan en 1374, c'était le curial de cette seigneurie qui le rédigeait soigneusement. On précise aussi qu'il fut « publié eciourdhui en la place publique. »

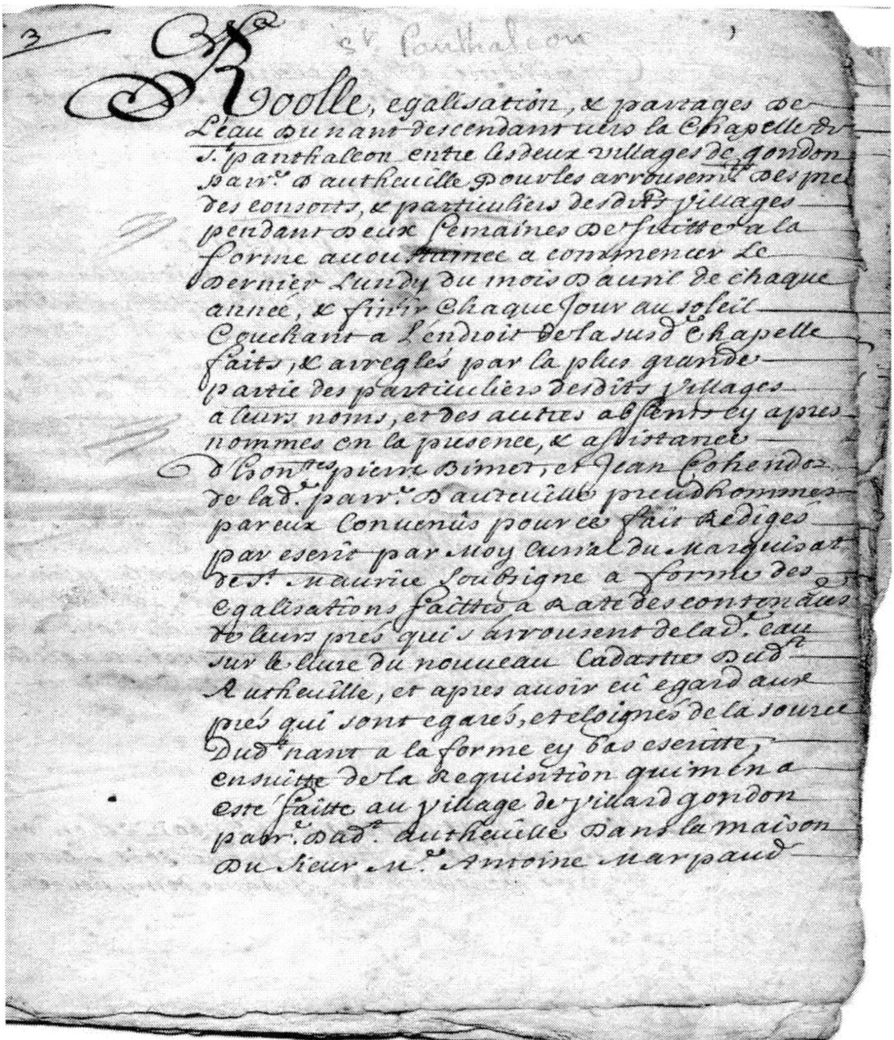

Roolle, egalisation, & partages de
L'eau du nant descendant vers la Chapelle de
S. Panthaleon entre les deux villages de gondon
parr.e d'autheuille pour les arrousem.ts des pres
des consorts, & particuliers desdits villages
pendant deux semaines de suitte a la
forme accoustumee a commencer le
dernier Lundy du mois d'avril de chaque
annee, & finir chaque jour au soleil
couchant a l'endroit de la susd. chapelle
faits, & regles par la plus grande
partie des particuliers desdits villages
a leurs noms, et des autres absents cy apres
nommes en la presence, & assistance
d'hon.tes pierre Bimet, et Jean Cohendoz
de lad. parr.e d'autheuille preudhommes
pareux convenus pour ce fait rediges
par escrit par moy Curral du Marquisat
de St Maurice soubsigne a forme des
egalisations faittes a cause des contenances
de leurs pres qui s'arrousent de lad. eau
sur le livre du nouveau Cadastre dud.
Autheuille, et apres avoir eu egard aux
pres qui sont egares, et eloignes de la source
dud. nant a la forme cy bas escritte,
ensuitte de la requisition qui m'en a
este faitte au village de villard gondon
parr. dud. autheuille dans la maison
du sieur M.e Antoine Marpaud

Figure 56. « Roolle, egalisation, & partage de l'eau … » (Hauteville-Gondon 1692). AF LC-S. Cliché A-MB.

Comme pour le rôle de Montvalezan, celui d'Hauteville-Gondon désigne les ayants droit par leurs noms ou collectivement par « mas » ou lieu-dit, là où ils possèdent des parcelles. L'eau est attribuée à des heures spécifiques pour des durées déterminées, et pendant un roulement de deux semaines. Elle est probablement partagée ensuite à l'intérieur des « mas » selon des accords oraux, comme nous l'avions conclu pour le rôle de Montvalezan. La quantité d'eau accordée à chaque propriétaire est, comme ailleurs, proportionnelle à la superficie arrosable déterminée par « quartannées pré à la grande mesure » (probablement 250 m2 … voir « Quelques statistiques … », chapitre 8). À Hauteville-Gondon, le cycle de l'eau est de quinze jours à partir du dernier lundi du mois d'avril. Comme à Montvalezan, les tours d'arrosage sont de 24 heures, un jour et une nuit, mais le décompte du temps n'est plus basé sur les heures canoniales, comme au XIVe siècle, mais à la fois sur le mouvement solaire et les heures modernes, entre 7h00 et 10h00, par exemple, ce qui suppose l'emploi d'une horloge. Enfin, élément typique des rôles de l'époque moderne, il est question du serment prêté par les consorts de respecter les termes du règlement, alors que ce serment est implicite dans les documents comparables du Moyen Âge et du XVIe siècle.

Malgré leur imprécision, les partages de la fin du Moyen Âge et de l'époque moderne en Vanoise satisfont le besoin des arrosants de posséder un document écrit, sanctionné par l'autorité publique du notaire. On a vu dans le deuxième cas de Termignon que ces partages étaient déterminés immédiatement après la constitution du consortage et la construction du canal, l'objectif étant de garantir à chacun, pour une superficie de pré donnée, un accès égal à l'eau. Les modalités du partage ainsi que son contenu semblent avoir été établis de façon démocratique par les consorts dans leur ensemble, réunis en assemblée. Semblablement, selon l'ancien archiviste savoyard Gabriel Pérouse, les habitants de Valezan votent en 1508 « une pérégation et répartement des eaux telle que chacun puisse arroser son pré aux heures déterminées, » ... ce règlement fut ensuite promulgué par le Châtelain ducal de Tarentaise. En 1639 toutefois, toujours à Valezan, ce sont les gardes des canaux qui déterminent les heures et les durées d'arrosage (Pérouse 1911). Pour l'abbé Joseph-Marie Emprin, qui résume un document non-retrouvé, les habitants de cinq villages de Sainte-Foy-Tarentaise se sont mis d'accord pour partager l'eau d'un canal en cours de rénovation (Emprin 1933 : 56).

Le « Roolle » de 1692 à Hauteville-Gondon, comme pour celui du 14e siècle à Montvalezan, spécifie la plupart des ayants droit par leurs noms, mais là aussi, ils sont parfois identifiés par la seule précision de leurs relations familiales ... par exemple, « les hoirs de Claude Rey » ou « les hoirs de François Fournier » (AF LC-S). Toutefois on note dans ce cas encore que l'eau est toujours distribuée d'abord par mas ou quartier, au « village de Gondon » d'une part et au « village de Villard Gondon » d'autre part, les attributions faites avec les noms des ayants droit, par jours et par durées, sont citées secondairement. Là encore la précision, bien que plus élevée que celle du 14e siècle à Montvalezan, est relative et renvoie constamment à une connaissance sous-entendue des rapports familiaux ... par exemple, qui sont les héritiers (les hoirs) de Claude Rey ou de François Fournier en question ? Pour Sainte-Foy, on ne sait pas non plus qui sont « ceux du Fenil » ... sans doute les propriétaires de prés de ce mas ou quartier, mais dont on ne connaît pas les noms.

Le XVIIIe siècle : tradition, innovations et précision règlementaire

Le XVIIIe siècle voit, en Vanoise comme ailleurs, le nombre de rôles et règlements conservés se multiplier. La continuité que l'on observe dans leur forme comme dans leur fond par rapport aux époques antérieures n'empêche pas certains changements de se faire jour. Ce sont surtout le degré de précision des articles ainsi que leur formalisme juridique qui s'accroissent fortement, de même que les particularités propres à chaque secteur et commune. On note enfin la poursuite de la tendance amorcée au XVIIe siècle à distinguer les règlements proprement dits et les rôles de répartition de l'eau qui font désormais de plus en plus l'objet de documents distincts.

On retrouve ces caractéristiques dans le règlement des eaux des Chapelles, daté de 1724. Le projet, rédigé par un notaire assisté du curial de la seigneurie de Saint Maurice et, nouveauté, par le curé de la paroisse, doit, pour acquérir force légale, recevoir le consentement des deux tiers des arrosants. Un peu comme à Montvalezan en 1374 ou à Sainte-Foy en 1686, mais cette fois à une échelle plus vaste, la commune est partagée en trois « quartiers », comprenant deux villages chacun, afin d'assurer une distribution équitable de l'eau, mais ici le partage au niveau des particuliers n'est pas mentionné. Le rôle n'établit le roulement de la distribution de l'eau par quartier que « de semaine en semaine » et non d'après le format de deux semaines suivi jusque-là à peu près partout. Comme à Termignon aux alentours de 1500, ou à Valezan en 1639, on apprend que seuls les gardes ont le droit de dévier l'eau aux tournes (voir « Les fonctions du garde », chapitre 8). Ils sont chargés de répartir les contributions de temps de corvées. Mais cette fois, chaque garde doit tenir « un registre » pour noter les prestations des différents arrosants, ce qui suppose évidemment qu'il sache, au moins sommairement, lire et écrire. Si tous les propriétaires sont tenus de contribuer aux corvées, seuls les hommes de plus de vingt ans sont effectivement mobilisés, sur la base « d'un jour pour chaque livre ... de taille. » Cette dernière précision suppose, autre innovation, le recours aux cadastres et/ou aux superficies arpentées pour estimer les surfaces possédées par chacun afin de calculer le temps de corvée. On note encore que l'arrosage commence aux Chapelles « au fond de la prairie » et non au sommet, comme c'est généralement le cas ailleurs (par exemple à Séez en 1766, en 1802 et en 1875, ADS 187^{E}, dépôt 218 et ADS S740). Il est précisé que telle ou telle source doit être utilisée pour l'arrosage exclusif de tel ou tel quartier et qu'il est formellement interdit pour les autres quartiers de les capter ou les détourner. Ce type de règles devait exister auparavant mais elles restaient probablement implicites, le besoin de les mettre par écrit ne se faisant pas sentir. On s'étend davantage enfin sur la connectivité entre les canaux et/ou les sources et sur la règlementation de la circulation de l'eau. Pour finir, chaque arrosant est tenu de respecter ces règles, mais également d'obéir « à tous les commandements qui leur en sera fait par les sindics et conseillers, que gardes, » ce qui dénote peut-être une montée en puissance de l'autorité de ceux-ci. D'une façon générale, une augmentation du nombre d'amendes prévues ainsi que la complexification de leurs tarifs, est le signe soit de la multiplication des abus, soit d'une moindre indulgence à leur égard, ou encore, de la difficulté croissante à régler les litiges à l'amiable (ADS S745).

Comme pour « la transaction » de 1724 des Chapelles, à Séez, le règlement de 1741 est fondé sur une distribution classique par mas mais accorde une portion de l'eau aux propriétés du comte de la Val d'Isère, seul exemple connu d'une implication d'un grand seigneur dans l'arrosage. Ce même texte se différencie aussi de celui des Chapelles et d'autres règlements plus anciens en ce qu'il a été dressé par « le dit conseil » de la paroisse et non par une commission d'ordonnateurs. Il fournit aussi plus de détails sur l'utilisation des « airiels » et sur les subdivisions des canaux principaux (ADS 187^{E}, dépôt 21).

À l'appui de notre thèse de la complexité croissante des règlements on peut citer une poignée d'autres textes. Voici d'abord un document dont l'original est perdu mais qui est abondamment cité dans l'histoire de Sainte-Foy de J.-M. Emprin (1933 : 57). Le règlement de 1736, qui concerne cette fois l'airel de Pratachou, expose que les communiers des villages du Replat et du Champet, réunis en assemblée générale, fixent « par commun accord » le temps pendant lequel chacun « jouira de l'eau. » Le temps est proportionnel à l'étendue des prairies à arroser et court depuis 2 heures du matin jusqu'à 8 heures du soir. On ajoute encore que l'arrosage se poursuit jour et nuit « à raison d'une heure par quartanée » (voir le lexique en annexe). Cette fois l'écrit semble ici avoir gagné en précision avec notamment, la quartanée de pré comme base de répartition de l'eau, ce qui rappelle le mode de calcul employé dans le règlement de 1692 pour Hauteville-Gondon, mais de façon nettement plus explicite, puisque la clé de répartition est donnée.

Deux documents, l'un de Montvalezan et l'autre de Séez, révèlent encore d'autres aspects du partage de l'eau pratiqué en Vanoise pendant l'époque moderne. Le premier renvoie à notre document-témoin de 1374 puisqu'il s'agit là aussi d'un « règlement particulier concernant les eaux à distribuer pour les arrousemens, dans la paroisse de Montvalezan sur Séez … » Daté du 10 avril 1766 (AC Montvalezan-La Rosière, I-Archives anciennes), il lui est postérieur de quatre siècles. Mais ce texte partage les eaux non pas par propriétaire mais clairement par mas :

> « de l'airiel Nuaz, le dimanche, depuis le matin jusqu'à minuit, couleront deux aiveurs (mesure locale de quantité … voir le lexique en annexe), pour arroser les prairies de la Provencière … »

L'exposé des motifs du document précise qu'il s'agit de répondre aux plaintes déposées contre le règlement antérieur, règlement dont on ne connaît pas la date, mais ne s'agit-il pas peut-être de celui de 1374 ? Quoi qu'il en soit, on a été surpris de noter que le règlement de 1766 apparaît finalement moins précis que celui du XIVe siècle dans la mesure où aucun nom de propriétaire ni de groupe familial n'est cité. Peut-on voir l'explication de ce changement dans l'accroissement de la complexité du réseau, issu des partages continus dans la propriété foncière pendant quatre siècles ?

En comparant ce dernier partage à celui de 1374, la question est donc de savoir comment l'eau, une fois arrivée à la Provencière ou dans tout autre mas, était distribuée entre les différentes parcelles. À vrai dire, seules quatre options sont envisageables : 1. le partage de l'eau à l'intérieur du mas se fait de façon anarchique ; une hypothèse à exclure avec une quasi-certitude, compte tenu de la difficulté pratique qu'elle soulève ; 2. L'eau est distribuée selon des accords préalablement écrits mais aujourd'hui perdus ; 3. L'eau est partagée de façon prévisible chaque année selon la coutume orale ; 4. À chaque nouvelle saison d'arrosage, le partage de l'eau est négocié au jour le jour par les propriétaires du mas. Nous avons vu ailleurs qu'en Vanoise les trois dernières stratégies semblent avoir été pratiquées selon les périodes et en fonction des secteurs.

Un autre exemple concret nous vient de Séez, où le 10 novembre 1766 le lieutenant de la juridiction de la Val d'Isère signe pour approbation un règlement du canal pour les villages du Breuil, de Villard-dessous et de Villard-dessus. Les trois localités lui ont en effet soumis un projet de règlement « relatif à l'usage et distribution des eaux ... pour l'arrosement de leurs prairies » (ADS 187^E^, dépôt 218). L'accord, connu seulement par une copie de 1855, semble avoir eu pour but de répondre là encore à un litige opposant les villages en question. Il est en grande partie basé sur les informations fournies par des « experts » envoyés sur les lieux du contentieux. Le texte propose une rotation de quinze jours durant lesquels l'eau alimenterait plusieurs « mas, districts ou quartiers » des villages impliqués, ce à partir du premier juin de chaque année. On explique qu'une fois l'eau arrivée aux mas, « les possesseurs des pièces [parcelles] ... devront faire *entre eux* ... à proportion de leurs contenances [des accords spécifiant le] nombre des jours pendant lesquels il leurs est laissé la liberté d'en jouir [de l'eau]. » On ne dit pas, par contre, si ces accords devront se faire oralement ou par écrit.

On note l'implication dans ce contentieux et dans la préparation du règlement qui en découle d'un fonctionnaire de la seigneurie locale et la référence au document comme à un « ban du droit ». Ainsi c'est par recours à un texte légal que la répartition de l'eau aux mas est résolue. Plus important pour notre compréhension des modes de répartition de l'eau, on note que sa distribution à l'intérieur des mas est confiée « sur le pied » aux propriétaires. On peut donc déduire qu'à cette époque, à Séez et peut-être ailleurs en Vanoise, l'on pouvait toujours régler oralement la répartition de l'eau à une petite échelle par la solidarité communautaire (les propriétaires des parcelles arrosables du même mas) alors qu'il était parfois nécessaire de faire appel à l'autorité supérieure pour organiser sa distribution au niveau des mas et des villages par voie écrite (voir « L'irrigation et les autorités supérieures », chapitre 9).

Avant le XIXe siècle, la complexité de certains réseaux d'irrigation en Vanoise pouvait déjà nécessiter des procédures de division de l'eau passablement compliquées. Dans le cas d'un réseau desservant plusieurs villages ou mas, un premier partage distribuait l'eau entre les différentes unités foncières, tandis qu'un second déterminait les tours d'arrosage en fonction de la superficie possédée par chaque propriétaire. Ces informations pouvaient se trouver dans un même document faisant l'objet d'un acte notarié. Alors que la première répartition par mas était presque toujours clairement énoncée dans ces documents anciens, la seconde répartition par individu semble avoir été faite de façon orale ou écrite de manière bien moins explicite, contenant ainsi pour les non-initiés bien des imprécisions, celles-ci étant néanmoins sous-entendues sans doute par l'ensemble des ayants droit. Une fois dressé, le règlement pouvait être ratifié par l'assemblée des arrosants ou, dans la seconde moitié du XVIIIe siècle, affiché « de manière accoutumée ... pour s'assurer du consentement exprès ou tacite de tous les intéressés, » comme ce fut le cas à Séez en 1766.

XIXe et début du XXe siècle : abondance règlementaire et formalisme

Il faut parler pour cette période d'une véritable explosion documentaire, sans doute liée à l'implication croissante de l'État et/ou à la généralisation de l'usage de l'écrit renforcée par le quasi-achèvement de l'alphabétisation. L'annexion de la Savoie par la France en 1860 a joué sa part dans ce phénomène, l'État français étant plus procédurier, ainsi que les progrès enregistrés dans la conservation des documents d'archives. Bien qu'ils soient souvent inclus dans le même document normatif, nous distinguerons ici entre les rôles de répartition de l'eau et les règlements de gestion de celle-ci. Les premiers correspondent aux calendriers mis en place afin de distribuer l'eau de façon équitable, tandis que les seconds se réfèrent aux prescriptions adoptées pour assurer un fonctionnement efficace du système. Les deux visent du reste à la réalisation des mêmes objectifs : partager l'eau avec justice, éviter les conflits, réduire le risque de dégâts et assurer l'entretien et la réparation des canaux.

Les rôles toujours plus précis

Comme pendant les siècles précédents, les rôles du XIXe siècle poursuivent leur évolution vers une plus grande précision formelle. Après 1860 surtout, beaucoup d'informations sans doute sous-entendues anciennement se retrouvent maintenant énoncées explicitement.

Dès la première moitié du XIXe siècle, plusieurs communautés en Vanoise s'efforcent de clarifier et d'expliciter les anciens modes de partage de l'eau par mas ou par quartiers (ADS 5FS517 ; S745). Aux Chapelles, une requête du conseil communal adressée au vice-intendant de Tarentaise, le 17 juin 1831, demande l'autorisation de faire un nouveau partage d'eau. Ce même document signale « qu'un ancien rôle et un nouveau par vous approuvé le 26 juin 1826 » existent déjà qui attribue l'eau aux propriétaires-ayants droit par le biais d'un cycle de deux semaines et suivant une répartition donnée par jours et par heures. Plusieurs arrosants s'opposent toutefois au projet en refusant les changements apportés au système ancien. Débute alors un conflit qui va durer plusieurs décennies et produire une quantité non négligeable de papier. Ainsi l'extrait du registre des délibérations du conseil du 17 mai 1833 revient avec plus de détails sur le nouveau rôle de partage : « l'eau appartient deux jours par semaine à chacun des trois quartiers » [de la commune des Chapelles], mais il explicite aussi que « chaque particulier jouira chaque semaine de la portion d'eau qui lui reviendra suivant la contenance de ses propriétés à arroser. » Réfutant point-par-point les arguments des opposants qui crient à l'innovation, le conseil rappelle que « la répartition faite dans l'acte d'assemblée générale de 1724 a toujours été fait d'abord entre les quartiers » (ce que l'on appelait avant les mas) et qu'à l'intérieur de ceux-ci, « les quantités étaient ... des partages comme ils seront à faire, à gré et taille de taille » [c'est-à-dire au *prorata* des superficies], comme dans le projet moderne. Il conclut que ce dernier n'est qu'une clarification et un renforcement de l'ancien système.

En réalité, il semble que l'opposition manifestée contre le nouveau partage se soit justement formée avant tout pour contester la remise en application du partage de 1724, dont les principes paraissent avoir été détournés avec le temps au profit de plusieurs familles. Celles-ci avaient fini par s'attribuer des tours d'arrosage sans rapport strict avec les superficies possédées, bien évidemment aux dépens de leurs voisins. En 1831, le conseil et le maire nouvellement désignés, appuyés par une majorité d'arrosants, souhaitent mettre fin à cette situation injuste : « le partage [actuel] ne se fait qu'avec confusion, et très souvent pour ne pas dire toujours, il est accompagné de graves et injurieuses disputes » où « la force seule domine, et où le faible, la veuve et l'orphelin sont souvent obligés de céder leur eau » (lettre du conseil à l'intendant du 28 février 1844). L'objectif énoncé par le conseil est bien « de faire un partage régulier ... comme il se pratique dans les communes voisines, à raison de la contenance, de manière que chaque particulier de chaque quartier aura une quantité d'eau et un temps fixé et déterminé … » (*ibid.*). Malgré la virulente opposition des familles bénéficiaires des dérives, un expert local fut retenu pour établir le nouveau partage en toute justice. De fait, si la notion d'équité dans le partage de l'eau par mas (ou par quartier dans ce cas) *et* par individu prévalait déjà dans les anciens rôles, ceux-ci comportaient suffisamment d'imprécisions pour permettre à certains d'en tirer parti pour gruger leurs voisins. Beaucoup plus précis, les nouveaux partages étaient moins susceptibles d'être contestés ou détournés.

À la même époque, d'autres communautés du massif connaissent des situations semblables et tentent, comme aux Chapelles, de les résoudre en réaffirmant vigoureusement la notion d'équité. Un extrait du Registre des délibérations du conseil de Macôt, daté du 11 janvier 1851 (ADS 83S20), révèle ainsi des dérives dans le partage de l'eau qui ne sont pas sans rappeler, de manière moins virulente, ce que nous avons rencontré aux Chapelles :

> « considérant que les eaux qui servent à l'arrosement des prairies … doivent être réparties entre tous les propriétaires proportionnellement à la surface des propriétés qui peuvent et doivent les recevoir [et] considérant qu'il s'est introduit de graves abus dans l'usage des eaux … que les jours et les temps d'arrosage se trouvaient dans un état de confusion … »

Le conseil ainsi ordonne la préparation d'un nouveau rôle avec comme principe :

> « la répartition équitable … basée sur la contenance des terrains. Le rôle contiendra les noms et prénoms …, l'indication de leurs prés … par mas, numéros et contenances, le jour et l'heure ou fraction d'heure pendant lesquels ils devront jouir … les eaux devront être autant que possible distribuées successivement par mas. »

Comme aux Chapelles, un expert est désigné pour établir les bases du nouveau partage. Le projet est ensuite validé par l'intendant de Tarentaise.

L'apport de la cadastration

On associe de plus en plus ces changements dans les rôles confectionnés aux époques moderne et contemporaine à une application accrue de la cadastration. La plus ancienne mention de cet usage pour l'irrigation en Vanoise se trouve peut-être dans le préambule du rôle de 1692 à Hauteville-Gondon (AF LC-S), qui avait pour objectif d'établir « des egalisations faittes a rate des contendus de leurs prés qui s'arrousent de la ditte eau sur le livre du nouveau cadastre. » Ce document, probablement à l'époque spécifique à Hauteville-Gondon, n'a pas été retrouvé. L'établissement du « Cadastre Sarde » de 1730, mis à la disposition des communes à partir de cette période, est sans doute intervenu aussi dans le désir de rénover certains anciens rôles, comme on peut le remarquer dans la citation faisant référence aux « numéros et contenances » retrouvée dans les consignes données pour la rénovation du rôle de Macôt en 1851. Ce fut certainement de plus en plus le cas à partir de l'annexion de la Savoie par la France en 1860.

En matière d'organisation et de présentation des rôles, il faut surtout noter aussi l'usage nouveau des « tables ». Il s'agit de tableaux exposant les noms et prénoms de tous les ayants droit, les numéros cadastraux des parcelles arrosées, leur superficie et leur localisation par mas ou lieu-dit, ainsi que les jours, temps, et durées des attributions d'eau pour chaque parcelle (figure 57). La nature de la propriété irriguée est presque toujours spécifiée : pré majoritairement, mais aussi jardin, verger, chènevière, etc. (voir « Quelles propriétés irriguées ? », chapitre 3). De façon plus classique, les rôles précisent aussi la durée du cycle de l'eau. Il est le plus souvent de deux semaines, comme c'était le cas le plus fréquent dans le massif depuis le Moyen Âge, soit, plus rarement, d'une semaine, comme pour « l'airiel nouaz d'aval et du Pommeret » à Montvalezan en 1851 (AC II Archives Modernes). À noter que la haute-Maurienne offre quelques roulements sur trois semaines ou plus, notamment à Villarodin-Bourget en 1853 (AC 3O2) et à Aussois au début du XXe siècle (Couvert 2003 : 15). Par souci d'équité, il est parfois décidé que chaque nouveau cycle donc chaque saison d'arrosage doit débuter par les prés d'un arrosant différent, ce qui constitue peut-être une nouveauté et un facteur de complexification permis par l'usage des tableaux. C'est le cas par exemple à La Thuile à Bourg-Saint-Maurice en 1859 (ADS 83S10).

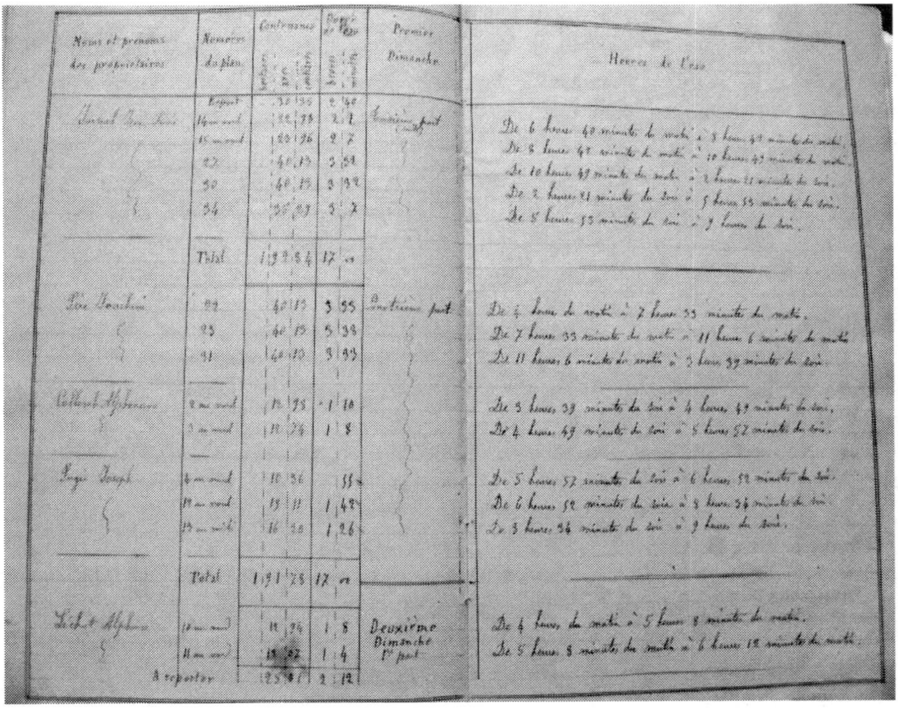

Figure 57. Rôle de type « tableau » établi pour l'association syndicale de l'Arbonne (Bourg-Saint-Maurice 1894). AC 3O12. Cliché BAM.

En général, les rôles du XXe sont établis par des spécialistes, normalement par des géomètres locaux, et leur présentation est souvent particulièrement soignée. Le calcul adopté pour distribuer l'eau équitablement se base presque toujours sur la superficie des parcelles, la précision donnée écartant toute ambiguïté : par exemple à Vulmix, village de Bourg-Saint-Maurice en 1893 (AF SA), « cinq minutes 1/3 par cartanée pour les prés [se trouvant au lieu-dit 'x' et] quatre minutes 1/3 pour ceux [se trouvant au lieu-dit 'y'], » ou encore à Hauteville-Gondon en 1929, « sept minutes par are » (AF A-MB).

Les règlements de cette période contiennent en outre beaucoup plus de détails qu'auparavant. Ils abordent également de nouveaux sujets, comme le curage des canaux, l'affichage public des rôles, les délais pour soumettre des corrections aux projets, ou encore les dimensions requises pour les différents canaux dans un réseau : canaux principaux, secondaires, tertiaires (Séez 1864, ADS S749), les responsabilités des élus du syndicat, leur hiérarchie, leur éligibilité, la durée de leur mandat. Sont également traitées les façons dont le syndicat doit gérer les situations inhabituelles comme les excès ou les pénuries d'eau. L'organisation des corvées d'entretien et de réparation est minutieusement décrite.

À Séez par exemple, en 1922, « les femmes ne seront pas acceptées aux corvées dans les ménages où il y a des hommes valides » (ADS 187^E^ dépôt 218). De même, précise-t-on souvent les compensations données aux arrosants qui ont manqué leur tour d'arrosage pour des raisons de force majeure (ruptures, éboulements), en leur donnant par exemple des heures non-attribuées la nuit ou les dimanches. C'est le cas à Séez en 1869 (ADS 187^E^ dépôt 21) et à Versoye (Bourg-Saint-Maurice) en 1885 (ADS S738). Ce type de précisions était absent des règlements d'Ancien Régime alors que de telles situations devaient être aussi courantes qu'elles le furent à des périodes plus récentes. De la même façon, beaucoup de règlements de cette période évoquent les conditions dans lesquelles certains consortages-syndicats ou communes pouvaient utiliser l'eau les dimanches et les jours de fêtes, c'est-à-dire en dehors du cycle normal d'arrosage (qui s'achève normalement le samedi). Enfin certains textes n'omettent pas de souligner que la pêche et la baignade sont interdites dans les canaux, comme le font les règlements des Chapelles en 1863 et en 1864 (ADS S745), ce qui laisse penser que ces pratiques périphériques étaient courantes alors qu'elles étaient ignorées dans les règlements anciens. Cela confirme l'idée que beaucoup de questions relatives à la gestion de l'eau étaient jadis réglées de façon implicite, sans doute lors des réunions des consortages ou des assemblées communautaires.

À partir du milieu du XIXe siècle, on constate un mouvement de standardisation des règlements, principalement sous l'influence de l'administration d'État. C'est déjà le cas aux Chapelles en 1844 (ADS 5FS517) mais plus encore après 1860 et le rattachement de la Savoie à la France jacobine. Les fonctionnaires fournissent alors des présentations types, notamment pour l'élaboration de « l'acte de l'association syndicale », un document exigé par le gouvernement français et indispensable pour l'obtention du nouveau statut administratif par les anciens consortages. Dans une certaine mesure, l'acte de l'association se substitue aux règlements anciens.

Quoiqu'ils soient beaucoup plus détaillés et en dépit de changements de forme et de modifications de détail touchant le fond, on peut considérer que les règlements d'usage de l'eau du XIXe et du début du XXe conservent la même structure et obéissent aux mêmes principes généraux que les documents du même genre des siècles antérieurs. De ce fait, on peut penser qu'ils contiennent de nombreuses indications sur la gestion coutumière de l'eau et le fonctionnement des canaux d'Ancien Régime. Ils nous permettent ainsi de compléter notre connaissance des systèmes d'irrigation traditionnels dont bien des aspects sont laissés dans l'ombre par les documents les plus anciens. Ils permettent également de mieux repérer les particularismes de certains secteurs ou communes du massif quant à la gestion de l'eau. Les dates de début de la saison d'arrosage ne sont pas les mêmes d'une commune à l'autre voire d'un canal à l'autre de la même commune. Selon un texte de 1857, les canaux du ruisseau de l'Église d'Hauteville-Gondon étaient ainsi ouverts « le mardi de la première semaine d'avril » (AF A-MB), alors que ceux du ruisseau de Saint-Pantaléon, dans la même commune, étaient mis en eau « le ... lundy dernier d'avril » (AF LC-S) en 1692, puis le premier lundi d'avril en 1837 (AC 3O12). En 1864, les dates d'ouverture du canal de Séez variaient annuellement ; on était tenu d'annoncer ces dates chaque année huit jours avant l'ouverture (ADS S749). Dans plusieurs cas, le rôle principal était complété par un second pour les dimanches, et même parfois par un troisième qui répartissait l'eau tirée des sources utilisables au printemps. En 1883 et en 1896, à Montrigon (Bourg-Saint-Maurice), le rôle de printemps pour le canal de l'Arc courait sur deux semaines alors que celui d'été fonctionnait sur une périodicité d'une semaine seulement (ADS S739). En 1860, aux Chapelles, les arrosants utilisaient trois rôles de partage de l'eau, un en vue de la première coupe de foin commençant le 10 mai, un second pour la deuxième coupe (les refoins), la date d'ouverture de ces arrosages étant fixée par le conseil municipal vers le 25 juin, et un troisième pour la coupe d'automne commençant vers le 20 juillet (ADS S745).

La durée des cycles d'arrosage, généralement fixée à deux semaines, dimanche non compris, ainsi qu'on l'a vu, pouvait néanmoins varier. Un cycle d'une semaine était pratiqué sur le canal de l'Arc à Montrigon à Bourg-Saint-Maurice en 1883 et encore en 1896 (ADS S739). Peut-être unique dans le massif, un cycle s'étendant sur quinze jours ouvrables, les dimanches non-compris, se pratiquait sur le canal de Séez en 1864 (ADS S749). Il commençait un lundi de printemps fixé par le conseil, puis il recommençait le jeudi de la troisième semaine suivante, puis de nouveau le lundi quinze jours plus tard et ainsi de suite. Un roulement de dix-huit jours en vigueur à Villarodin-Bourget en haute-Maurienne en 1853, se transforme en un cycle de vingt-trois jours en 1921 (AC 3O2).

Sans pouvoir établir pour le moment une corrélation systématique, il semble que les rôles d'une semaine aient été le plus souvent liés aux distributions de l'eau par mas, par quartiers ou villages ou encore aux partages de l'eau entre deux ou plusieurs communes. C'est la situation en vigueur entre Termignon et Sollières-Sardières pour les eaux du ruisseau de Bonnenuit, dévolues une semaine sur deux à chacune des deux communautés. Rappelé dans un document de 1895 (ADS 39SPC1), ce principe de partage est attesté pour la première fois dans une transaction de 1402 mettant fin au litige opposant les deux paroisses à propos du même torrent (ADS 3G Maurienne, pièce 3). Par contre, les rôles portant sur deux semaines ou plus sont presque toujours préférés pour la distribution de l'eau directement aux particuliers possesseurs de prés. Néanmoins, cette corrélation n'est pas absolue puisque l'on retrouve un roulement d'une semaine à Montrigon en 1883 et 1896, alors que la répartition de l'eau se fait par propriétaire, et un roulement de quinze jours à Séez où, en 1864, la distribution de l'eau est prévue par mas.

Du fait des mutations et des successions, il était naturel qu'un rôle de partage de l'eau élaboré à une date donnée devienne de plus en plus inadapté à la réalité prévalant sur le terrain, les noms des consorts ainsi que leur nombre changeant constamment. Il fallait donc le réviser périodiquement. En principe la période de validité des rôles telle qu'elle nous apparaît au XIXe et au XXe siècle varie entre cinq et douze ans, mais en pratique cette norme est rarement respectée. Le rôle de Macôt de 1851 spécifie que l'on devait refaire le rôle tous les cinq ans, mais il n'est toujours pas rénové en 1877, soit vingt-six ans plus tard (ADS 83S20). D'après l'abbé Gaide-Chevronnay (1931 : 152) le partage des eaux « en vigueur » à Montvalezan au début des années 1930 datait de 1851 !

Différences locales

La gestion quotidienne de l'eau donnait lieu ainsi à de multiples variations. C'est peut-être même dans ce domaine que les différences entre les modes de gestion appliqués sur le terrain paraissent avoir été les plus importantes. Quelques consortages-syndicats ou communes irriguaient jour et nuit, tous les jours de la semaine, comme à Montvalezan en 1374, alors que d'autres arrosaient six jours sur sept les dimanches exclus. D'autres encore arrosaient également six jours, mais vingt heures par jour seulement, voire moins. On trouve pour 1837 un rôle de vingt-quatre heures par jour pour les canaux du ruisseau de Saint-Pantaléon à Hauteville-Gondon (AC 3O12), un rôle de vingt heures pour le canal des Chapelles en 1844 aux Chapelles (ADS S742) et pour le canal de l'Arc à Hauteville-Gondon en

1929 (AF A-MB), un rôle de dix-neuf heures pour le même canal de l'Arc à Montrigon en 1902 (ADS S739). En 1853 à Villarodin-Bourget en haute-Maurienne (AC 3O2) on irriguait seize heures par jour, tout comme pour le canal de Séez en haute-Tarentaise en 1864. Pour ce dernier canal toutefois, l'arrosage est réduit à quatorze heures par jour à partir du premier août et jusqu'à la fin des arrosages. Cette dernière commune offre également la particularité de donner aux « usiniers » les heures non-attribuées aux arrosants (ADS S749), ainsi pour le canal des Villards-Breuil en 1922 (ADS 187^{E} dépôt 218). Ailleurs, les heures creuses, non dévolues par les rôles, sont abandonnées à la volonté des arrosants ou bien réservées pour ceux qui ont manqué leur tour dans la semaine. Certains syndicats ou communes donnent également de l'eau pendant une partie de la nuit à ceux qui irriguent immédiatement avant ou après les heures non-attribuées, comme aux Chapelles en 1860 (voir « L'irrigation de nuit », chapitre 4). Même pendant ces périodes récentes, la majorité des règlements ne permet toujours pas l'irrigation le dimanche. Des dérogations à ce principe religieux commencent toutefois à apparaître, notamment en faveur de ceux qui ont manqué leur tour. Aux quartiers des Chapelles, en 1860, chaque ayant droit peut, à tour de rôle, irriguer le dimanche (ADS S745). À La Thuile, au-dessus de Bourg-Saint-Maurice, l'eau du dimanche et des jours fériés est tout simplement abandonnée aux « premiers venus premiers servis » (AF SA). Sans doute ces accrocs au principe du repos dominical ne justifiaient-ils pas à eux seuls la refonte du rôle de partage des eaux ?

Les menues différences constatées dans la gestion des canaux d'irrigation portent enfin sur la constitution et le fonctionnement des commissions syndicales. Certaines comprenaient cinq membres d'autres douze, les durées des mandats allaient de trois à cinq ans avec possibilité de reconduction et renouvellement partiel chaque année. Ainsi à Versoye (Bourg-Saint-Maurice) en 1882 (ADS S738).

À partir du XIXe siècle, et surtout de l'annexion de la Savoie par la France en 1860, le degré de précision ainsi que le nombre même des rôles de répartition augmentent considérablement. Nombreux sont les documents de ce genre qui ont pu être répertoriés dans les archives départementales de la Savoie, dans les archives communales, voire les archives familiales, leur prolifération étant sans doute partiellement liée à l'application en Vanoise de la loi française de 1865 promouvant la création de très officielles associations syndicales d'arrosage en lieu et place des anciens consortages (voir « Les associations syndicales », chapitre 8). Bénéficiant de plus en plus de la cadastration et présentés davantage sous forme de tableaux et moins souvent de paragraphes rédigés, les rôles du XIXe siècle donnent les noms des propriétaires, l'ensemble de leurs parcelles arrosables identifiées par leur numéro cadastral et leur localisation, leur superficie, l'heure et la minute exacte à laquelle commence le tour d'arrosage ainsi que la durée de celui-ci. Sans surprise, le partage de l'eau disponible dans le canal ou dans le réseau couvert par le tableau se fait au *prorata* de la superficie des parcelles (les prés surtout) de chaque ayant droit. Comme on vient de le voir à propos de Termignon au XIVe siècle, ce principe n'était pas nouveau, simplement, il était maintenant systématiquement explicité et appliqué avec une précision accrue. Celle-ci était sans doute le résultat d'une pression légale plus forte, mais aussi d'une maîtrise plus poussée de la mesure du temps et des superficies. La cadastration, l'usage des montres, l'instruction publique qui familiarisait l'ensemble de la population avec la pratique de l'écrit et des chiffres étaient passés par là. Un autre facteur a pu jouer dans cette évolution, à savoir la multiplication des confits entre arrosants qui obligeait les autorités locales à intervenir dans le sens d'un renforcement de l'encadrement règlementaire de l'irrigation.

Dans la première moitié du XIXe siècle, la population du massif atteint son maximum historique. Sous le coup de partages successoraux engageant un nombre croissant d'héritiers, la pulvérisation des propriétés composant les mas atteint un seuil critique. Devant la multiplication des ayants droit et la réduction de la taille des parcelles arrosées, les anciens systèmes de partage qui laissaient une large place à la coutume orale et aux accords de gré à gré apparaissent dépassés. Pour clarifier la situation et réaffirmer le principe d'équité dans le partage de l'eau, cher aux consortages et aux communes, des règlements plus précis devenaient nécessaires.

À l'inverse, d'autres facteurs contribuaient à retarder la rénovation des règlements de partage. À Montvalezan, la délibération du conseil du 8 mai 1853 (AC II-Archives Modernes) expose les difficultés suscitées par la mise en place d'un nouveau rôle de répartition d'eau. Parmi celles-ci, figurent la complexité et surtout le coût d'établissement d'un rôle exhaustif énumérant toutes les parcelles et tous les ayants droit. Le conseil estime que « le mode proposé présente plusieurs difficultés ..., » notamment parce que les propriétés seraient trop petites et trop dispersées. Il serait nécessaire de préparer « un plan et la confection d'une mappe locale et d'un numéro suivi de chaque propriétaire, » travail jugé trop compliqué et trop coûteux pour la commune. Ces préoccupations devaient être partagées par d'autres conseils communaux ou consortages-syndicats du massif, retardant ainsi par endroits la confection de nouveaux rôles sur la base de la contenance des parcelles jusqu'au moment où le *statu quo* finissait par devenir intenable.

Après l'annexion de la Savoie par la France, le principe d'équité du partage s'est trouvé conforté par la nécessité pour les règlements locaux de se conformer aux lois et règlements français. Aux yeux de certains groupes d'arrosants, cette nouvelle donne politique et administrative créait une opportunité de réformer les anciens rôles et règlements. Le partage des eaux spécifiquement en fonction des parcelles et non plus des mas ou des quartiers devient alors la norme dans le massif de la Vanoise. L'implication des fonctionnaires de l'État dans les affaires hydrauliques locales a également contribué à l'éclosion de cette nouvelle génération de règlements et de rôles d'arrosage. Comme nous le verrons, certains responsables locaux ont entendu aussi profiter de l'expertise technique des services de l'État pour améliorer le fonctionnement de leurs réseaux d'irrigation, voire pour les étendre, en profitant également de cette nouveauté que constituaient les subventions. C'est donc une nouvelle époque qui s'ouvre en 1860, les rôles et règlements détaillant avec une précision croissante les différents éléments du partage de l'eau : propriétaires, parcelles, localisations, bornes et durées des tours d'arrosage, adoptant de plus en plus souvent la forme synthétique de tableaux.

Fin de l'irrigation et involution des règlements

Avec la déprise agricole, qui s'annonce dans le massif de la Vanoise dès la fin du XIXe siècle, les réseaux d'irrigation commencent à entrer en déclin puis à tomber en désuétude. En général, à partir des dernières décennies du XIXe siècle ou des premières années du XXe, les rôles et règlements deviennent progressivement plus simples, suivant en sens inverse l'évolution amorcée depuis la fin du Moyen Âge, puis sont complètement abandonnés autour des années 1970. Des rôles comprenant un nombre plus réduit d'arrosants entrent en vigueur, comme à Séez, en 1914 (ADS S740). Ils sont parfois écrits assez sommairement, comme celui des Échines pour le canal du Rys à Bourg-Saint-Maurice en 1899 (figure 58). Concourt à cette simplification la réduction du nombre de canaux régulièrement utilisés et entretenus. Ainsi aux Veis à Versoye, en 1943, on n'emploie plus que deux canaux contre trois auparavant (ADS S738). Suivant la même tendance, on note la fusion des rôles de plusieurs consortages-syndicats comme à Hauteville-Gondon en 1946 (AC3O11), l'abandon des rôles écrits en faveur des rôles oraux, attesté à Montvalezan pendant la première moitié du XXe siècle (Gaide et Gaide 2000 : 75) et sans doute aussi en haute-Maurienne où une sorte de système de tirage au sort semble avoir été mis en place dans plusieurs communes telles Sollières-Sardières et Villarodin-Bourget (voir aussi Chambre départementale d'agriculture 1937). Beaucoup d'experts âgés des deux versants du massif ayant couramment irrigué dans leur jeunesse se rappellent que la pratique la plus courante en ce crépuscule de l'irrigation traditionnelle consistait tout simplement à « s'arranger entre soi » pour le partage de l'eau, une formule finalement adaptée au faible nombre d'utilisateurs des quelques canaux restant en fonction.

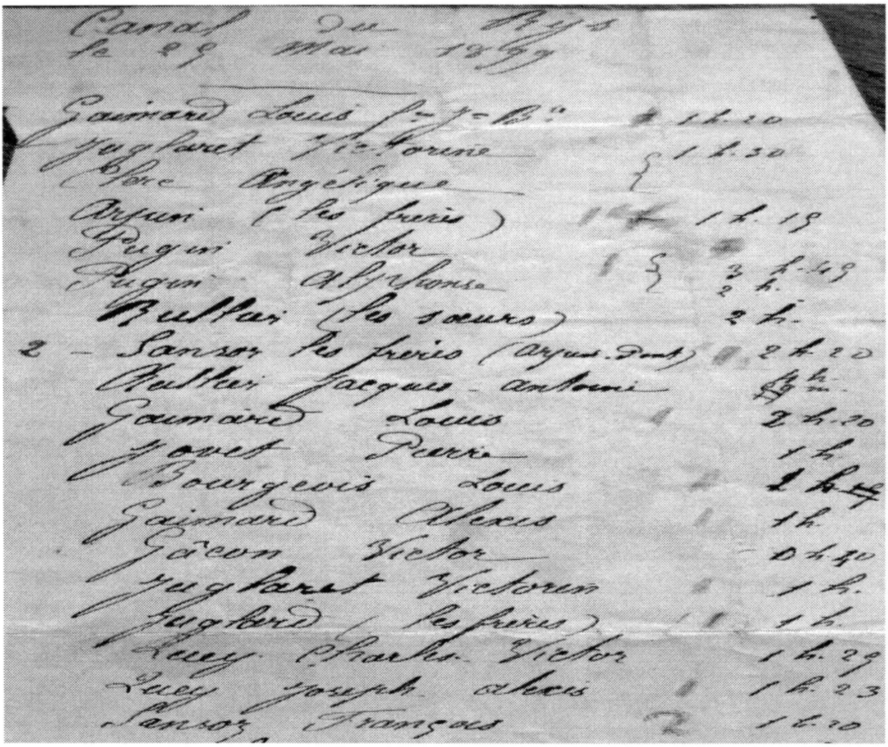

Figure 58. Rôle sommaire pour le canal du Rys (Bourg-Saint-Maurice 1899). Archives Association du Village des Échines-dessous (R.-G. Arpin). Cliché BAM.

Au final, il existe en Vanoise des rôles et règlements écrits relatifs au partage des eaux d'irrigation depuis au moins la fin du XIVe siècle. Comme nous l'avons vu, le plus ancien (en fait une copie tardive traduite en français) date de 1374 et concerne la paroisse de Montvalezan (Gaide-Chevronnay 1931 : 144-151). S'appliquant à tous les ayants droit d'un réseau donné, les rôles de partage étaient renouvelés selon une fréquence variable, au moins à partir de la fin de l'époque moderne. Ce processus survenait la plupart du temps après une période de dysfonctionnements causés par des désaccords ou des abus devenus progressivement insupportables. Ce fut le cas à Macôt en 1851 (ADS 83S20) ou aux Chapelles entre les années 1830 et 1880 (ADS 5FS517 ; S742 ; S745). Ces disputes découlaient généralement des héritages et partages, achats ou échanges de propriétés qui amenaient des changements autant dans les superficies arrosées que parmi les propriétaires-arrosants. L'analyse de nombreux rôles et règlements a permis de mettre en évidence à la fois des différences régionales et communales, voire intracommunales, une progression dans la précision et la rigueur du contenu des rôles et en même temps une forte stabilité des principes mis en application pour la distribution de l'eau tout au long des cinq siècles et plus couverts par notre documentation.

Qui dressait les rôles ?

À la fin du Moyen Âge, les rôles sont rédigés par les notaires sous la supervision d'une commission composée de notables et d'élus des consortages ou des communautés concernées. Le projet est lu publiquement devant les consorts du canal ou devant l'assemblée des chefs de famille de la communauté avant d'être approuvé, puis il fait l'objet d'une rédaction définitive par le notaire. Des témoins, nobles ou officiers du seigneur local ou du duc de Savoie sont souvent impliqués dans le processus. À partir du XVIIIe siècle, les assemblées communautaires transfèrent progressivement cette prérogative aux spécialistes, géomètres ou notables désignés par l'autorité administrative et les rôles de répartition de l'eau sont de plus en plus approuvés par les représentants de l'État. Après 1860 enfin, la confection des rôles prend un aspect de plus en plus bureaucratique, engageant souvent les agents de l'État dès la phase de préparation sur le terrain, notamment les fonctionnaires du ministère de l'Agriculture, des Eaux et Forêts ou la préfecture de la Savoie, ainsi que les géomètres privés.

Comme nous l'avons vu ci-dessus, le plus ancien rôle que nous avons trouvé est celui de Montvalezan, daté de 1374. De cet acte notarié, « pour cause de division [de] l'eau, » il ne nous reste qu'une traduction imparfaite d'une transcription moderne qui ne nous révèle qu'une partie de la procédure de réalisation. Nous savons seulement que le rôle a été préparé par quatre « ordonnateurs », à la fois élus de la communauté paroissiale de Montvalezan et habitants des villages du Châtelard, des Laix et des Moulins et hommes des deux principaux seigneurs locaux. Malgré les manques (on ne connaît pas les noms des témoins, on ne sait pas non plus si l'acte a été approuvé par les autorités seigneuriales ou comtales), on retrouve là un processus identique à celui qui préside à l'adoption des règlements communautaires portant sur les bois et les alpages : désignation d'une commission par l'assemblée, propositions présentées par celle-ci devant cette assemblée pour approbation puis, dans la foulée, rédaction de l'acte notarié définitif.

Le second règlement de partage des eaux pour la période médiévale, que nous avons exposé ci-dessus, est daté du 21 mai 1492 et concerne Termignon. Cette fois, la division est incluse dans l'acte de constitution du consortage du canal du Villard, composé de 16 hommes et d'une veuve. Bien que le processus de décision ne soit pas décrit, il est probable que la répartition ait été proposée par les trois initiateurs du projet, Jean Baude, François Lombard et Jean de Rosa, puis soumise pour approbation aux autres consorts avant la rédaction de l'acte par le notaire, Dominique Sestier, devant la maison de celui-ci à Termignon. On remarque qu'aucun noble ne figure parmi les témoins et que l'acte ne semble avoir été approuvé ni par la communauté paroissiale, ni par le châtelain du duc de Savoie. Le consortage aurait alors agi en pleine souveraineté.

La procédure d'élaboration et de validation des rôles ne paraît pas être très différente deux cents ans plus tard, à Hauteville-Gondon en 1692 pour « l'eau du nant … du St. Panthaléon ». On y retrouve l'implication des arrosants eux-mêmes, la présence de deux prud'hommes de la communauté et de témoins venant d'aussi loin que Moûtiers et même Samoëns, dans le Faucigny. Là encore, les consorts approuvent le règlement et, « après la lecture qui leur a ésté faitte des dits partages … [ils promettent] par serment prêté entres mes mains [du notaire] … de les observer … [après que personne n'ait] rien dit, ni opposé. »

Enfin, l'accord et règlement de 1724, fait pour clarifier le partage de l'eau dans la commune des Chapelles, diffère des cas précédents par la combinaison d'aspects procéduraux anciens et novateurs. Comme l'explique le préambule du texte, le contenu du règlement était issu d'une « assemblée générale », cent hommes cités par leur nom puis rédigé par le notaire royal et châtelain de la paroisse « et Marquisat du Bourg-Saint-Maurice » en présence de témoins ... des syndics, des conseillers et du curé de la paroisse, assisté du notaire curial du marquisat de Bourg-Saint-Maurice. Le texte est ensuite lu publiquement devant l'assemblée. Celle-ci l'approuve alors à la majorité des deux tiers et prête serment de le respecter (ADS S745). Un autre règlement dressé à Séez en 1802 fait toujours référence à l'assemblée générale dont les membres sont cités là encore par leur nom, considérée comme l'entité responsable de la préparation et la promulgation du rôle, alors même que les institutions municipales françaises avaient été adoptées en Savoie. Il s'agit en fait de l'assemblée de la « société » ou le consortage des arrosants (et autres utilisateurs d'eau) et non d'une assemblée municipale, ni même du conseil municipal, également cité dans le texte comme partie prenante et garant de son application (ADS 187^E dépôt 218).

Trois ou quatre décennies plus tard, sous le régime sarde, les documents commencent à mentionner le travail d'« experts », d'« entrepreneurs » ou de « géomètres ». À Hauteville-Gondon, en 1837, un géomètre est employé pour établir le rôle du partage de l'eau du ruisseau de Saint-Pantaléon (AC 3O12). Deux ans plus tard, dans une lettre de l'intendant, deux quidams nommés Baudin et Richermoz sont cités comme étant les « experts » retenus pour la préparation des rôles de l'eau des deux ruisseaux de l'Église et de Saint-Pantaléon. Autre innovation, ce document expose plusieurs consignes données par l'intendant lui-même pour assurer le bon déroulement du processus. Résumées en six articles, elles devront servir à guider les « experts » dans la réalisation de leur travail défini comme un « partage régulier … de la manière la plus équitable … à proportion de l'étendue respective des propriétés » et ce, en accord avec l'ordonnance du 2 juin 1837 promulguée par l'intendance (AF LC-S ; voir aussi « L'irrigation et les autorités supérieures », chapitre 9). Selon celle-ci, l'administration locale est sollicitée pour fournir l'expertise, les documents et toute l'assistance nécessaires à la réussite du travail, y compris les anciens rôles qui doivent servir « d'éclaircissement ». Les propriétaires sont, quant à eux, priés de fournir des informations sur leurs propriétés ainsi que leur localisation et les dimensions de celles-ci. De fait, aux Chapelles en 1848, on désigne un « entrepreneur » pour faire le rôle et des « experts » de chaque quartier sont nommés pour lui transmettre les informations requises par l'ordonnance (ADS 5FS517). À partir de cette époque, les spécialistes extérieurs, venant en général des communes voisines, sont systématiquement impliqués dans la préparation des rôles, ce qui ne va d'ailleurs pas sans résistance, leur travail faisant l'objet d'un certain nombre de contestations (voir « L'irrigation ... sources des conflits », chapitre 12). Néanmoins, on pouvait toujours faire appel à un expert local connu pour sa connaissance profonde à la fois du réseau d'irrigation et des affaires de la commune. C'est le cas à Macôt en 1851 où le travail de confection du rôle est confié par le conseil municipal au « garde-cadastre » dont les qualifications ne sont pas davantage explicitées.

Après 1860, le recours aux géomètres et la définition claire de leurs obligations dans la préparation des rôles, ainsi que celle des ayants droit, se généralisent. Parallèlement, le contenu même des partages se voit de plus en plus encadré par les consignes transmises aux communes par les préfets et sous-préfets par l'intermédiaire des agents de l'État sur le terrain, ceci en conformité avec les lois françaises sur les usages de l'eau.

Chapitre 8.
Les acteurs locaux

En Vanoise, comme en Valais, en Val d'Aoste et dans une bonne partie du monde ancien, la gestion tradionnelle de l'eau est aux mains des usagers des canaux. Ceux-ci forment des associations d'exploitants que l'on appelle dans notre région « consortages » puis, après 1860, « syndicats ».

Les consortages

Les historiens de la Savoie médiévale emploient souvent le terme « consorts » pour désigner des personnes faisant partie de petites corporations gérant des canaux ou réseaux d'irrigation. Par extension, on retrouve aussi le terme « consortage » pour indiquer ces associations (Mouthon 2002 : 97-120 ; Pérouse 1911 : 78). Dans les hautes vallées de la Savoie, on formait des consortages pour l'exploitation des forêts et des alpages, pour la gestion des biens communs des hameaux (fours, chapelles, moulins, etc.). Les consorts d'un canal n'étaient autres que les propriétaires des prés arrosés par celui-ci et c'est bien l'appartenance à ce type de syndicat d'arrosants qui fondait les droits individuels au partage de l'eau. Ce sont enfin les consorts qui, collectivement, assuraient la gestion et l'entretien des canaux. Chaque consortage formait ainsi une petite communauté auto-organisée d'usagers qui avait la particularité d'exclure tout autre groupe ou personne de la jouissance de l'eau transportée par le canal (voir « Canaux d'exploitants », chapitre 10). Ce type d'organisation communautaire se retrouve dans la gestion d'autres formes de propriété collective dans certaines hautes montagnes européennes, telles que les bois et forêts et les alpages (Meilleur 1986 ; Mouthon 2010 : 231-245 ; Netting 1981). On peut caractériser ces canaux et les eaux qu'ils conduisent comme des « ressources communes », pour reprendre le concept introduit en sciences économiques par le prix Nobel Elinor Ostrom (1990... ; voir « Elinor Ostrom ... », chapitre 14).

Le plus ancien consortage d'irrigation dont nous connaissons la composition dans le massif de la Vanoise est celui de l'airiel de Plambois dans la paroisse de Montvalezan dont il est question dans l'acte de partage des eaux passé devant notaire le 15 juillet 1374, étudié déjà au chapitre 7 (Gaide-Chevronnay 1931 : 146+). Il cite plus d'une cinquantaine de noms d'ayants droit, sans compter les désignations collectives comme « les héritiers de Gonthiers Martigny », ou bien « ceux de la Combaz ». Ce consortage semble avoir rassemblé plusieurs petits groupes distincts d'arrosants, possesseurs de prés situés dans des mas différents (La Cretaz, La Combaz, le Pra du Four, le Solliet ...). Chaque groupe arrosait aux jours et heures spécifiés dans l'acte, en utilisant probablement un canal secondaire ou tertiaire dérivé de l'airiel principal. Entre le XIVe et le XVIe siècle, la présence des consortages est citée de façon explicite, là où existent des canaux d'arrosage, ainsi à Hauteville-Gondon et Montrigon à Bourg-Saint-Maurice en Tarentaise à propos des utilisateurs du canal de l'Arc en 1563 (ADS S739), ou bien encore à Modane en haute-Maurienne en 1566 (ADS AC Modane DD1).

Pour la haute-Maurienne justement, par le hasard de la conservation des archives, il nous fut permis de retrouver trois actes de constitution de consortage d'arrosants concernant la paroisse de Termignon, à la fin du XVe siècle. Le premier mai 1486, le notaire Vincent Franquin, le riche éleveur Antoine Flandin ainsi que plusieurs autres de Termignon, proposent de faire construire un « bléyar » (canal) partant du torrent de la Challenche ou de Rimmard, jusqu'aux prés des Fontaniles dans le but d'irriguer les dits prés. Ils font donc proclamer dans l'église de Termignon que ceux qui voudraient faire partie du consortage du futur canal se signalent et prêtent serment de participer à sa construction (ADS, AC Termignon, E-sup., DD48, pièce g). Le même jour, installés sur la galerie de la maison de Jeanne, veuve de Jean Franquin, les membres fondateurs du consortage constituent officiellement celui-ci devant le notaire Dominique Sestier, en présence de « discret homme » Guillaume d'Avrieux et du submétral Jean Buet, représentants du duc de Savoie. On procède alors à l'appel des noms de ceux qui se sont manifestés pour faire partie du nouveau consortage et qui se tiennent probablement assemblés devant la maison. Trente sont présents, qui disent parler au nom d'au moins 24 absents.

Six ans plus tard, comme nous l'avons vu déjà, le 21 mai 1492, et toujours à Termignon, Jean Baude, François Lombard et Jean de Rosa, ainsi que d'autres, proposent à leur tour de faire un canal destiné à amener l'eau du torrent de Rimmard aux prés du Villard. Comme dans le cas précédent, un appel est lancé dans l'église en faveur du nouveau consortage. L'acte de constitution est rédigé sans doute le jour même, devant la maison du notaire Sestier. Au moins 18 personnes, possédant des prés au lieu du Villard, s'engagent au final dans l'entreprise (*ibid.*, pièce c.).

En 1494 enfin, le dix-sept avril, un troisième consortage est constitué pour la création d'un nouveau canal destiné à arroser les prés du lieu de Cuynes. Les membres en sont, d'une part, les propriétaires des prés de la montagne de la Challenche et du Suyffet, par laquelle transite le nouveau canal et d'autre part, les propriétaires des prés de Cuynes, lieu d'arrivée du canal. Là aussi le texte égrène les consorts et précise la superficie de pré qu'ils détiennent. Le contrat est conclu à Termignon devant la maison de

Jacques Tremiset avec le notaire Sestier et en présence de deux témoins extérieurs à l'association (*ibid.*, pièce d).

Le consortage de Cuynes rassemble 19 propriétaires pour 16 sétérées et demi, soit 5 ou 6 hectares de prés. Le consortage de la montagne de la Chalanche et du Suyffet compte seulement quatre consorts pour 20 sétérées, soit 6 à 8 hectares. Dans les trois actes, les consorts du nouveau canal prêtent serment sur les Saints Évangiles d'entretenir leurs canaux et de respecter les obligations du pacte conclu entre eux. Ils s'engagent également à se répartir les dépenses liées aux canaux dont ils répondent sur leurs biens propres. D'autres textes évoquent l'obligation pour les consorts d'indemniser les propriétaires des terrains traversés par les canaux qui ne souhaiteraient pas faire partie du consortage en question. En revanche, faire respecter ces clauses est du domaine de la communauté, plus précisément des prud'hommes désignés par l'assemblée des chefs de famille pour faire fonction d'arbitre. Le cas échéant, les parties se retrouvent devant la justice seigneuriale.

Consortages et communes

La possession et la gérance d'un canal ou d'un réseau de canaux pouvait relever non pas d'un consortage, mais d'une ou plusieurs communautés d'habitants ou communes. Dans ce cas, le terme souvent utilisé dans les textes anciens pour désigner le groupe ayant le droit à l'eau est celui de communiers, tandis que l'organe décisionnel est constitué par les syndics d'Ancien Régime ou par les conseillers municipaux. La transaction de 1724 aux Chapelles, par exemple, ne fait référence qu'aux « communiers » pour évoquer le groupe d'intéressés aux trois canaux en question (ADS S745). On rencontre également des textes plus ambigus où les deux termes de « consorts » et de « communiers » sont indifféremment cités, parfois dans la même phrase, pour désigner des groupes concernés. Le rôle d'arrosage de Sainte-Foy, en 1660, parle des « consorts et communiers » comme les groupes impliqués dans ce rôle de répartition de l'eau (Emprin 1933 : 56+), alors qu'à Landry, en 1704, on cite « l'assemblée publique ... [des] communiers et consorts » (ADS BB6). À Valezan en 1639 on parle de « tous, communiers, consorts et contribuables » pour désigner ceux qui sont affectés par la nouvelle « péréquation d'eau » (ADS DD50). Utilisait-on les termes « consorts » et « communiers » comme synonymes, du fait que les communautés d'habitants ont été considérées à l'origine comme un type particulier de consortage, ou bien les actes en question mettaient-ils effectivement en présence des communautés et des consortages d'arrosants différents ? S'il est généralement difficile de trancher, nous pouvons tout-de-même avancer l'hypothèse d'une différence d'échelle. Dans des textes qui concernent des paroisses-communes disposant d'un dense réseau de nombreux canaux, les « consorts » désigneraient les ayants droit d'un seul canal et son réseau de canaux secondaires voire d'une portion de canal, alors que les « communiers » correspondraient plutôt aux usagers d'un canal ou d'un petit nombre de canaux d'une commune-paroisse donnée, là où le canal ou le réseau de canaux était probablement géré par la commune.

À partir de l'époque révolutionnaire, on rencontre également les termes « associés » et/ou « sociétaires » en lieu et place de « consorts ». À Séez, en 1801, un document évoque la réunion d'une « assemblée sociale » d'arrosants (ADS L2215), alors qu'en 1841, toujours à Séez, on parle des « sociétaires » de « la société du canal d'arrosement » (ADS 5FS569). Il s'agit là probablement d'un simple changement du vocabulaire administratif lié à la diffusion de la terminologie juridique française de l'époque et qui ne s'impose du reste pas partout dans le massif. Malgré ces différentes dénominations, rien ne nous laisse penser que la structure, les prérogatives et les responsabilités des groupes d'arrosants aient fondamentalement changé à travers les siècles.

Comment fonctionnaient les consortages ?

Les anciens textes sont peu explicites sur le fonctionnement des consortages. Avant l'annexion de la Savoie par la France en 1860, on ne peut se raccrocher qu'à des bribes d'information qui ne permettent qu'une description incomplète des consortages et de leur fonctionnement. Ce qui semble assuré, néanmoins, c'est que c'est bien le groupe qui prenait de façon collective les décisions importantes touchant les canaux et ce, par le biais des assemblées générales. On sait aussi que lors de ces réunions on élisait un petit nombre de mandataires pour agir au nom des arrosants. À Montvalezan, en 1374, ces hommes, qualifiés « d'ordonateurs », sont au nombre de six. À Termignon, ils sont appelés « mansiers » (*masserios*). Le 20 mai 1492, jour de la constitution du consortage du canal du Villard, les consorts désignent deux des leurs, à savoir François Lombard l'Aîné et Pierre, fils de feu Jacques Vernut, comme mansiers, chargés notamment d'attribuer aux consorts leurs jours de corvée. Pour le canal des Fontanelles (Meilleur *et al.* 2012 … canal de la Gorge ?), l'acte de 1486 donne les noms de quatre mansiers à qui il revient de procéder au partage de l'eau, de le faire respecter et d'attribuer à chaque consort ses jours de corvée sur le canal (ADS, AC Termignon, E-Sup DD48, pièces c et g). En l'absence de précisons, on peut seulement supposer que le mandat de ces mansiers est limité dans le temps, comme ce fut le cas plus tard et que des assemblées de consortage doivent donc se tenir régulièrement.

Pour les canaux-réseaux alimentant plusieurs villages ou mas, une représentation plus ou moins proportionnelle par village était recherchée dans la configuration du groupe de responsables. Cela semble bien être le cas à Montvalezan en 1374 puisque sur les six ordonnateurs, deux viennent du

Châtelard, un des Moulins, un des Laix, la résidence des deux autres n'étant pas précisée. Cet objectif de représentation devient plus explicite dans des documents postérieurs à l'annexion.

Revenons encore au document de 1374 qui nous fournit quelques indications concernant ces dirigeants de consortages à Montvalezan au Moyen Âge. Ce groupe y était énoncé comme « les dits hommes esleux » qui « ont dit et ordonné pour cause de division » les eaux des canaux en question (Gaide-Chevronnay 1931 : 146). Plus loin, dans le même document, on les appelle « les ... ordinateurs ». Ce sont alors ces gens-là qui décidaient quels « consorts » avaient le droit à l'eau à tel ou tel endroit et pour tels jours, heures et durées. Ils avaient ainsi la responsabilité, après leur élection, de conduire les affaires des canaux au nom des « consorts » (*ibid.* p. 148-49). Néanmoins, en dépit de ce contrôle par le consortage et ses dirigeants, incontestablement local et probablement représentatif, il faut signaler aussi que ce n'était que sous la haute autorité du « noble seigneur » de la juridiction que ce droit d'auto-gérance était accordé (voir « L'irrigation et les autorités supérieures », chapitre 9). À Montvalezan au 14e siècle, c'est ce dernier personnage qui reçoit les paiements d'amendes pour des infractions aux règlements (*ibid.* p. 150).

En 1639, la paroisse de Valezan désignait ces responsables de l'eau sous le nom de « procureurs généraulx ». Dans ce cas il est probable que ces gens aient assumé des fonctions communales en plus de celles touchant à la seule gérance des canaux d'arrosage de la commune. Il semble qu'ils aient eu pour mandat non seulement de représenter les « communiers, consorts et contribuables dudit quartier » pour les questions d'eau, comme nous l'avons déjà vu, mais qu'ils aient eu aussi en charge les questions de gérance et de surveillance des autres types de propriétés collectives et/ou communales (ADS DD50). En 1653, à Valezan, comme à Montvalezan 200 ans auparavant, ces « procureurs » ont été « esleuz, nommés et constitués », mais sans doute par l'assemblée générale de tous les paroissiens et non par les seuls consorts (ADS BB5).

À Landry en 1697 et en 1704 les responsables des eaux d'arrosage étaient des « scindicqs » (syndics). Il s'agissait là encore de gens élus en « assemblée publique ... pour observer et continuer les anciennes coustumes » précisées dans « l'acte de scindical ». On désignait sous ce nom un ancien règlement communautaire, dressé à une date inconnue par un notaire sous la dictée de « prud'hommes », eux-mêmes désignés par l'assemblée des « communiers et consorts » de la paroisse (ADS BB6). Comme à Valezan en 1653, les syndics de Landry ont été chargés de « la conservation des biens et propriétés ... tant prés, terres, vignes, *heyriels,* eaux, *biedz,* chemins. » Eux aussi opéraient à l'échelon de la commune et non seulement à celui d'un canal ou ruisseau individuel.

D'une façon générale, le terme de syndics désignait les responsables communaux d'Ancien Régime. Les premières mentions apparaissent en Maurienne et Tarentaise entre le XIIIe et le XVe siècle, leur généralisation à l'ensemble des communes datant du milieu du XVIe siècle. Aux Chapelles par exemple, les canaux semblent avoir été gérés par la commune à travers ses syndics et conseillers et non par des consortages ou leurs élus. En 1724, c'est une assemblée générale de « tous les communiers » qui préside à la rédaction du règlement des canaux (ADS S745). On trouve une formule légèrement différente à Séez en 1739 et en 1741. Ici, « le dit conseil de la commune » élabore le rôle de répartition de l'eau et, pour lui donner plus de poids encore, il le place au même rang que « les bans et statuts de la communauté » (ADS DD187E dépôt 21). Plus tard, aux Chapelles en 1844, comme à Sollières-Sardières en 1895 (AC, 18 juin 1895), on voit le conseil municipal constituer une « commission » représentative des différents villages et de leurs arrosants pour dresser un nouveau rôle de répartition d'eau. Celui-ci, toutefois, reste sous sa supervision.

Que ces règlements aient été rédigés sous le contrôle des consortages ou des communes, leur approbation, parfois leur élaboration même, sont presque toujours soumises à une autorité extérieure à la communauté : celle du seigneur local, tel le seigneur de la Val d'Isère en haute-Tarentaise et celui de St. Maurice en moyenne-Tarentaise, mais aussi souvent celle du comte de Savoie, devenu ensuite duc (au début du XVe siècle), puis roi de Sardaigne (au début du XVIIIe siècle), par l'intermédiaire de leurs représentants : les châtelains puis les intendants (voir « L'irrigation et les autorités supérieures », chapitre 9).

Les associations syndicales

Dès après 1860 et l'annexion de la Savoie, un nouveau type d'institution de droit français se substitue aux anciens consortages ainsi qu'à l'administration directe des canaux par certaines communes : c'est l'association syndicale. Très vite, l'encre du traité d'annexion à peine sèche, de telles associations sont constituées à l'initiative des communes et des membres de consortages, non sans se heurter à la résistance d'une partie des arrosants. Aux Chapelles, le conseil municipal, pour qui la gérance des canaux représentait une source de problèmes et de divisions internes depuis déjà un bon demi-siècle, présente dès juin 1860 « un [nouveau] règlement pour l'usage des eaux des canaux de cette commune. » En 1861, ce même document sert de base à l'Ingénieur en chef du nouveau département de la Savoie qui formule la proposition « d'organiser en association syndicale les propriétaires intéressés » (ADS S742). Malgré l'opposition de certains arrosants au projet, l'engagement d'un agent de l'État dans le processus de réforme joua probablement un rôle déterminant dans son succès final. Une situation similaire se rencontre à Aussois en 1863. Depuis quelque temps, la commune éprouvait des difficultés à obtenir des arrosants qu'ils réparent les dégâts causés à l'un des canaux d'irrigation. Là encore, c'est l'ingénieur consulté par la commune qui identifie comme responsables « tous les arrosants » utilisant le canal. Constatant que ceux-ci n'avaient pas de représentants, il préconisa la formation d'une association syndicale et l'élection de dirigeants avec qui la commune pourrait négocier les réparations. On voit donc que pour l'agent de l'État, c'est le caractère quelque peu anarchique des anciens groupes d'arrosants et le manque de représentativité de leurs dirigeants qui justifient leur remplacement par les nouvelles associations syndicales, surtout en haute-Maurienne.

En réalité, la gestion par les associations syndicales ne s'avéra pas fondamentalement différente de celle des consortages ou communes-gérantes antérieure. Elle reposait toujours sur la coopération du collectif de propriétaires-arrosants. Comme le fait remarquer en 1888 la municipalité des Chapelles : « l'association syndicale [existait déjà] de fait depuis un temps immémorial » (ADS S742). La nouvelle configuration permettait surtout à l'État, mais aussi aux communes, ainsi qu'à d'autres organismes, de pouvoir discuter des questions relatives à l'arrosage avec les représentants d'une institution bien identifiée et reconnue dans le paysage juridique et administratif français. Les arrosants eux-mêmes, une fois surmontées quelques oppositions initiales, semblent avoir apprécié cette reconnaissance statutaire au point que certaines associations syndicales ont tenu à faire publier leurs actes constitutifs dans de petits journaux locaux (Termignon 1928, ADS IIJ2). Autre signe d'adhésion, certains des groupes d'arrosants désormais constitués en associations syndicales se sont empressés de se doter de leur propre cachet officiel, cachet qui ne manquait pas ensuite de figurer sur la moindre correspondance et notice, documents eux-mêmes souvent rédigés sur du papier à en-tête du syndicat (figures 59-61).

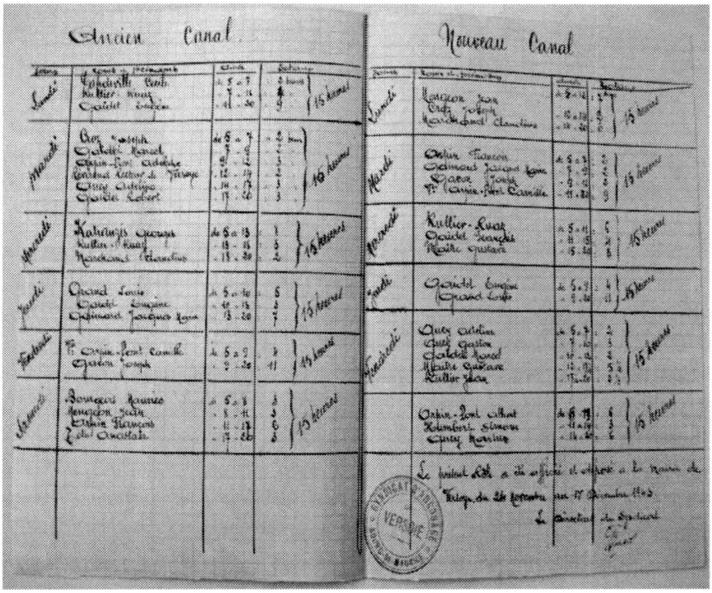

Figure 59. Cachet et rôle de type « tableau » (Versoye, Bourg-Saint-Maurice 1943). ADS S738. Cliché BAM.

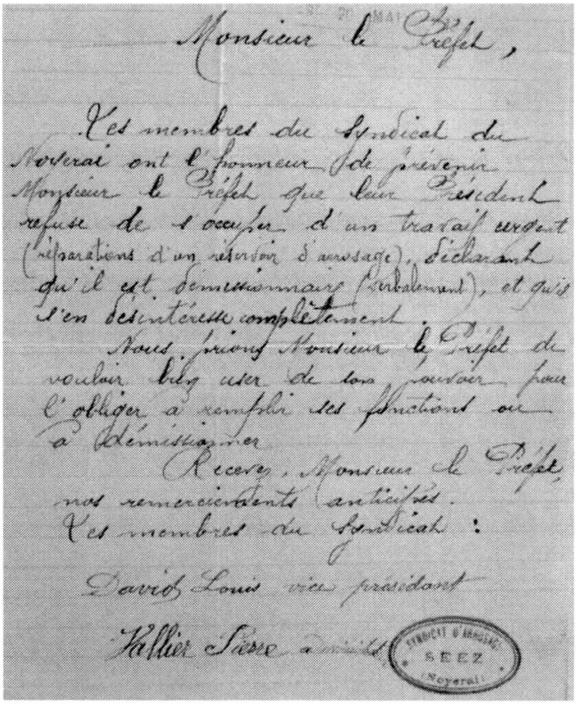

Monsieur le Préfet,

Les membres du Syndicat du Noyerai ont l'honneur de prévenir Monsieur le Préfet que leur Président refuse de s'occuper d'un travail urgent (réparations d'un réservoir d'arrosage), déclarant qu'il est démissionnaire (verbalement), et qu'il s'en désintéresse complètement.

Nous prions Monsieur le Préfet de vouloir bien user de son pouvoir pour l'obliger à remplir ses fonctions ou à démissionner.

Recevez, Monsieur le Préfet, nos remerciements anticipés.

Les membres du syndicat :

David Louis vice président

Vallier Pierre

SYNDICAT D'ARROSAGE SEEZ (Noyerai)

Figure 60. Cachet, syndicat d'arrosage du Noyerai (Séez 1913). ADS S740. Cliché BAM.

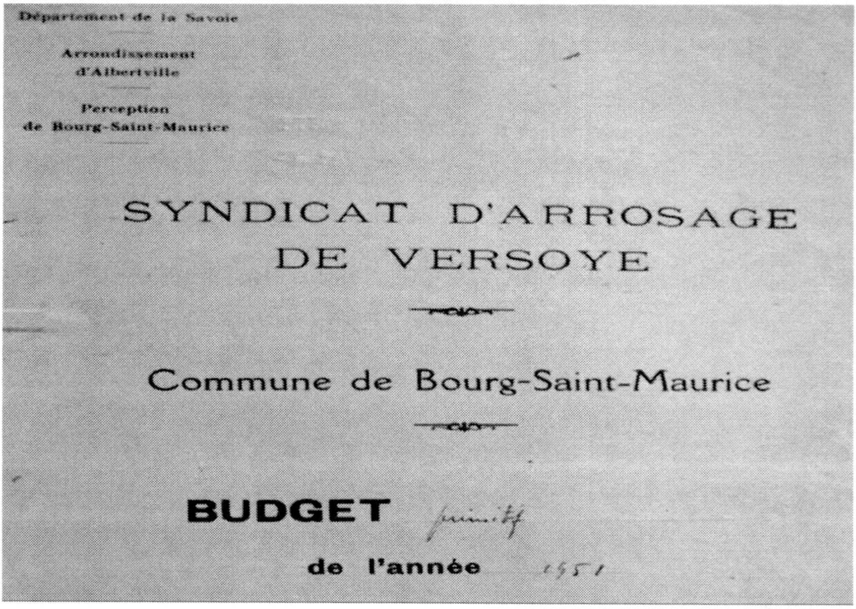

Département de la Savoie

Arrondissement d'Albertville

Perception de Bourg-Saint-Maurice

SYNDICAT D'ARROSAGE DE VERSOYE

Commune de Bourg-Saint-Maurice

BUDGET primitif

de l'année 1951

Figure 61. Papier à « en-tête » imprimé, du syndicat d'arrosage de Versoye (Bourg-Saint-Maurice 1951). ADS S738. Cliché BAM.

Les premiers changements tangibles

La formation des associations syndicales ainsi que les exigences administratives croissantes de l'État français ont conduit, après 1860, à la production d'un nombre toujours plus important de documents écrits. Bien pour un mal, c'est cette explosion paperassière qui nous a permis d'affiner notre compréhension de la configuration et du fonctionnement des anciens consortages, parfois insuffisamment éclairés par les documents produits sous l'Ancien Régime. Néanmoins, malgré les éléments de continuité entre les consortages et les nouvelles institutions, la mise en place dans le massif des associations syndicales n'a pas été sans apporter certaines modifications dans les comportements et les configurations des groupes d'arrosants.

Comme nous l'avons vu, l'un des premiers changements observé fut l'investissement presque immédiat des fonctionnaires de l'État dans la mise en place de la nouvelle présence réglementaire touchant à l'irrigation. Après les ingénieurs départementaux, ce sont les ingénieurs des Ponts et Chaussées du Ministère de l'Agriculture, puis les agents des Eaux et Forêts, qui se sont emparés des dossiers de demande de création ou de renouvellement des rôles de répartition de l'eau, auparavant de la compétence des consortages ou communes, les remodelant au passage pour les mettre en conformité avec les nouvelles règles administratives. D'une façon générale, le préfet et les sous-préfets du département de la Savoie remplaçaient les châtelains puis les intendants du royaume sarde dans l'approbation des actes de constitution d'associations syndicales, tandis que les ingénieurs remplaçaient les curials et les notaires dans la préparation de leur forme et contenu. Sur le fond, ces nouveaux règlements n'amenèrent pas de bouleversements dans l'organisation des groupes d'arrosants, ni dans la gestion des canaux tels qu'ils fonctionnaient jusque-là, mais plutôt des modifications de détail.

Au début, il y eut bien sûr quelques difficultés d'adaptation au nouveau régime, quelques maladresses de la part de l'État et quelques résistances à l'acceptation des nouvelles règles. En premier lieu, les lois encadrant le nouveau modèle d'association syndicale d'arrosage étaient parfois mal adaptées aux conditions rencontrées en Vanoise. Ainsi, faute de cadre législatif adéquat touchant aux associations, les règlements de la période 1860-1865 ont-ils tendance à s'appuyer sur des lois françaises antérieures et souvent assez éloignées dans leur contenu des problèmes évoqués, à savoir la gestion communautaire des ressources communes. Tel était le cas des lois du 4 pluviôse an VI et du 14 floréal an XI, plusieurs fois citées ou des lois du 18 février 1834 et du 3 mai 1841, qui traitaient des enquêtes publiques, ou encore du décret du 10 mai 1854 concernant le paiement des ingénieurs. Les préfets et leurs agents de terrain semblent alors avoir reconnu la nécessité d'élaborer sur le tas des principes et des règles de gestion adaptés aux réalités de l'irrigation telle qu'elle se pratiquait dans le massif. Un aspect typiquement jacobin de ce premier effort administratif a consisté pour les préfets de Savoie à court-circuiter les consortages ou les communes pour nommer directement les responsables des associations syndicales, appelés alors syndics, ce qui a provoqué une résistance considérable. En juin 1865 enfin, une loi nouvelle traitait spécifiquement des « associations syndicales », mentionnait expressément l'irrigation et prévoyait l'élection de leurs propres dirigeants par leurs membres comme c'était le plus souvent le cas sous l'Ancien Régime.

Associations libres ou autorisées ?

La loi du 21 juin 1865 prévoyait la création de deux types d'associations syndicales : libre et autorisée. Pour simplifier, les associations libres permettaient aux anciens consortages de se mettre en conformité avec la loi française tout en évitant l'intervention de l'État ou de ses agents dans leur fonctionnement. Autrement dit, ce statut autorisait des consortages à se transformer rapidement en associations syndicales libres pour être ainsi en règle vis-à-vis de la loi française, tout en continuant à fonctionner à peu près comme auparavant, mais sans bénéficier de l'expertise de l'État en ingénierie ni de l'aide financière offerte sous la forme de subventions.

Bon nombre d'anciens consortages et/ou communes optèrent d'abord pour cette structure plus légère, pensant probablement qu'il serait à leur avantage de garder l'administration éloignée de leurs affaires hydrauliques. Néanmoins, une fois envisagés les bénéfices de l'association autorisée en termes d'expertise, celle-ci faisant parfois cruellement défaut dans la gestion des infrastructures, surtout en termes financiers (subventions publiques pour les réparations à effectuer), certaines associations libres du massif choisirent rapidement de se transformer en associations autorisées. Ce dernier cadre était certes plus contraignant d'un point de vue administratif mais il constituait le préalable à l'obtention de l'aide escomptée. Il semble aussi que quelques petits groupes d'arrosants, dotés de peu de moyens, ayant à gérer des infrastructures en mauvais état et peut-être désireux de plus d'indépendance vis-à-vis des gros consortages ou des communes dont ils dépendaient jusque-là, aient directement postulé pour ce statut de syndicat autorisé. Cela semble notamment avoir été le cas à Bessans en 1904 (ADS 39SPC1), à Landry en 1921 (ADS 83S19) ou encore à Bozel en 1952 (ADS S785). De toute évidence cette démarche resta néanmoins minoritaire et de nombreuses associations d'arrosage gardèrent le statut de syndicat libre jusqu'aux premières décennies du 20e siècle. L'association syndicale libre du quartier du Châtelard à Bourg-Saint-Maurice perdura au moins jusqu'en 1951 (ADS S785). D'autres ont conservé ce statut jusqu'à l'abandon définitif des canaux d'arrosage. Certains groupes d'arrosants en revanche, ont attendu les dernières décennies du fonctionnement de leurs canaux pour demander le statut d'association syndicale autorisée. Ce fut le cas en 1945 du « syndicat d'arrosage du Nantet » à Bourg-Saint-Maurice (ADS 83S10).

Dans une certaine mesure, le nouveau régime administratif permit aussi de clarifier à la fois les finalités et le fonctionnement des anciens consortages ainsi que d'aider à la résolution de conflits internes parfois récurrents. C'était sans doute ce qu'espérait le conseil municipal d'Hauteville-Gondon en 1863 lorsque qu'il demanda la formation d'une association syndicale afin, précisait-il, de résoudre un désaccord entre deux groupes d'arrosants (ADS 9O81). Les choses sont encore plus claires aux Chapelles où un contentieux sérieux avait opposé deux factions d'arrosants pendant la plus grande partie du 19e siècle. Après 1865, la volonté manifestée par la majorité des arrosants du canal des Chapelles de se convertir en association syndicale, entraînant l'arrivée de financements publics consacrés aux réparations du canal, assortis de services de médiation et d'expertise de qualité prodigués par l'ingénieur local, semble avoir permis une forte diminution de la fréquence et de l'intensité des conflits (ADS 5FS517, S742, S743).

Anatomie des consortages-syndicats

Sous l'apparence d'un statut unique et de modes de fonctionnement similaires, les consortages d'irrigation, devenus après 1860 des associations syndicales d'arrosage, différaient parfois considérablement quant aux nombre de propriétaires-arrosants qu'ils rassemblaient. Ces écarts résultaient de facteurs multiples comme l'importance démographique de la localité, l'étendue de ses prés de fauche, le nombre et l'importance de ses cours d'eau, la superficie des périmètres arrosés, les traditions locales touchant à l'élevage et à l'hivernage du bétail et bien sûr, le nombre d'arrosants ayant participé à la constitution du syndicat ou l'ayant rejoint par la suite. Au moment où nous focalisons notre attention sur eux, certains consortages comptaient moins de quinze arrosants, tandis que d'autres dépassaient facilement la centaine (voir Tableau 2 ci-dessous). À l'époque contemporaine, l'effectif le plus courant semble avoir tourné autour d'une cinquantaine de propriétaires. Si en 1909, l'association syndicale libre du canal du Pisth, à Sainte-Foy, s'était formée avec seulement 11 membres (ADS 9O86), à Termignon, en 1928, c'étaient pas moins de 41 arrosants qui s'étaient réunis pour former l'association syndicale libre du canal d'arrosage des prairies de Plan-Verney, Pré-Carré et Quatre-Granges, un chiffre qui semble avoir constitué une sorte de moyenne dans le massif. Parmi les plus gros groupements connus figure l'association autorisée de l'Arbonne, à Bourg-Saint-Maurice, constituée en 1893 par 128 « intéressés » (ADS S737 … voir « Quelques statistiques à propos des consortages-syndicats », ci-dessous). Plus important encore, le syndicat d'arrosage du canal de Séez revendiquait 173 arrosants et quatre usiniers (propriétaires de moulins) en 1903 (ADS S750).

Après la première guerre mondiale le nombre d'adhérents aux associations syndicales commença à chuter mais avec de fortes variations selon les secteurs du massif. Le syndicat de Versoye à Bourg-Saint-Maurice qui comptait 33 « associés » en 1890 (ADS S738) n'en a plus que 13 en 1927, accusant une perte de 60% de ses effectifs. L'association syndicale de l'Arbonne déjà évoquée n'a plus que 59 membres en 1929 (ADS S737). Ni l'une ni l'autre ne semble avoir perduré bien longtemps après la deuxième guerre mondiale, de même d'ailleurs que la plupart des autres syndicats d'arrosage du massif.

A contrario, toujours dans la commune de Bourg-Saint-Maurice, l'association syndicale du canal de l'Arc, créditée de 90 associés en 1870, en comptait encore 33 en 1965. Elle existe toujours aujourd'hui (ADS S739 et AF HB). De tous les syndicats d'arrosage de la Vanoise, il est probablement celui qui a conservé son activité le plus longtemps.

Comme on pouvait le supposer, le nombre d'adhérents des associations syndicales créées sur des canaux-réseaux autrefois gérés par des communes était généralement beaucoup plus important. Par exemple, aux Chapelles, où la commune détenait jadis le contrôle décisionnel sur au moins trois canaux, on dénombrait 233 adhérents à l'association syndicale en 1890 et encore 167 en 1927 (ADS S743).

Le nombre de consortages ou d'associations syndicales d'arrosage existant à un moment donné en Vanoise est difficile à estimer. Aucun inventaire n'existe et les documents archivistiques concernant l'irrigation sont rarement présentés de façon à permettre leur comptage pour une année ou même pour une période donnée. Enfin, il faut rappeler que les archives touchant à l'irrigation en haute-Maurienne manquent en grande partie. On doit donc se résoudre à faire des dénombrements partiels et limités à l'échelon local. On sait ainsi qu'il y avait au moins six associations syndicales d'arrosage à Hauteville-Gondon en 1866 (ADS 83S18), alors que pas moins de 12 fonctionnaient à Bourg-Saint-Maurice en 1894 (AC 3O11). Ces nombres élevés s'expliquent sans doute en partie par la présence de plusieurs cours d'eau importants dans ces deux communes, et sans doute aussi par le caractère fortement pastoral de leur économie, chacune d'entre elle possédant des zones de fenaison et de pâturage très étendues. Par contraste, là où un seul cours d'eau servait principalement à l'arrosage, comme par exemple le ruisseau du Ponturin à Landry (Meilleur *et al.* 2012), ou bien là où une commune ne contrôlait qu'un réseau modeste de canaux, on ne trouvait ordinairement qu'une seule association syndicale.

Il existait néanmoins des cas où deux voire plusieurs associations contrôlaient des segments différents d'un seul canal ou d'un cours d'eau ; ainsi pour le canal de l'Arc, parmi les plus longs du massif, dont deux consortages sis sur deux communes différentes utilisaient les eaux. À l'inverse, les usagers d'un canal principal, alimentant des périmètres d'arrosage situés sur deux ou plusieurs communes, pouvaient décider de former une seule association syndicale d'arrosage, en quelque sorte « transcommunale ». En 1864 plusieurs groupes d'arrosants de Valezan, La Côte-d'Aime et Bellentre présentaient ainsi un projet d'association unifiée « pour l'irrigation de ces communes » par le canal de Montvalezan et le canal de la Côte (Meilleur *et al.* 2012). Le conseil municipal de La Côte-d'Aime s'y est toutefois opposé (ADS 39SPC1), et le projet n'a manifestement pas été mené à bien. En 1922 les usagers du canal de Saint-Michel, habitant dans les communes de Landry et d'Hauteville-Gondon, tentaient à leur tour de former une association syndicale libre qui, semble-t-il, a vu le jour, mais n'a peut-être fonctionné qu'un temps limité (ADS S914).

Quelques statistiques à propos des consortages-syndicats

Afin de dresser un portait type du consortage-syndicat d'arrosage du massif de la Vanoise, nous avons compilé les informations issues de quatorze rôles de répartition d'eau dressés entre 1837 et 1927, croisées avec les données tirées des différents rôles de répartition et de documents administratifs divers. Lorsque cela était possible, nous avons relevé le nombre de membres de l'association d'arrosage, le nombre de parcelles irriguées, leur taille moyenne, le nombre moyen de parcelles par adhérent ainsi que la superficie totale arrosée par adhérent. Nous avons aussi estimé utile de calculer l'écart entre le plus petit et le plus gros propriétaire en superficie irriguée ainsi que le sex-ratio des membres du consortage. Ces chiffres, quoique parfois approximatifs et pas toujours directement comparables du fait de la diversité de leur provenance, nous donnent néanmoins une vue d'ensemble de ces consortages-syndicats du massif. Ils sont présentés et commentés dans le Tableau 2 ci-dessous.

Lieu et consortage-syndicat, année, référence	N° d'ad-hérents	N° total de parcelles arrosées	Totale superficie arrosée	Superficie moyenne par adhérent	N° moyenne de parcelles par adhérent	Taille moyenne des parcelles	Sex-ratio (femmes-hommes)	Écart entre le plus petit et le plus grand propriétaire
Hauteville-Gondon, canaux du ruisseau de St. Pantaléon, 1837, AC 3O12	41	------[1]	254 800m^2 [2]	6215 m^2	------	------	5,3% ou 18:1 hommes	250 m^2 - 31 250 m^2 ou 124:1
Villarodin-Bourget, 1853, AC 3O2	37	126	935 modures[3]	25.3 modures	3,4	7,4 modures	33% ou 2:1 hommes	2 modures - 75 modures ou 37:1
Hauteville-Gondon, canaux du r. de l'Eglise (mas d'en bas), 1857, AF A-MB	36	134	104 900 m^2[4]	2914 m^2	3,7	783 m^2	25% ou 3:1 hommes	90 m^2 - 25 964 m^2 ou 284:1
Hauteville-Gondon, canaux du r. de l'Eglise (mas d'en haut), 1862, AC 3O13	59	407	163 732 m^2	2775 m^2	6,9	402 m^2	25% ou 3:1 hommes	375 m^2 - 10 062 m^2 ou 26:1
Bourg-St-Maurice, syndicat de Versoye, 1884, ADS S738	34	195	569 400 m^2	16 750 m^2	5,7	2920 m^2	3,2% ou 30:1 hommes	680 m^2 - 67 160 m^2 ou 99:1
Bourg-St-Maurice, 4 canaux de l'Arbonne, 1893, ADS S737	128	------[5]	878 326 m^2	6862 m^2	------	------	40% ou 1,5:1 hommes	118 m^2 - 32 658 m^2 ou 277:1[6]
Bourg-St-Maurice, canal de Vaugelaz et Lancevard 1893, AF SA	67	793	838 050 m^2	12 508 m^2	11,8	1037 m^2	44% ou 1,3:1 hommes	600 m^2 - 50 100 m^2 ou 82:1
Bourg-St-Maurice, Arbonne (canal des Épines), 1894, AC 3O12	22	------	153 659 m^2	6998 m^2	------	------	0% ou 0:1 (100% hommes)	898 m^2 - 17 175 m^2 ou 18:1

Sainte-Foy, canal du Pisth, 1909, ADS 9O86	11	76	80 831 m^2	7348 m^2	6,9	1064 m^2	10% ou 9:1 hommes	334 m^2 - 24 849 m^2 ou 74:1
Bourg-St-Maurice, 3 canaux de l'Arbonne, 1910, AC 3O13	117	------	472 281 m^2	4037 m^2	------	------	13,5% ou 6,4:1 hommes	169 m^2 - 21 862 m^2 ou 129:1
Séez, syndicat du quartier du Noyerai 1914, ADS S740	48	123	212 420 $m^{2(7)}$	4425 m^2	2,6	1727 m^2	17% ou 5:1 hommes	450 m^2 - 19 800 m^2 ou 43:1
Saint-Marcel 1923, canal de Montfort, ADS S914	20	355	134 823 m^2	6741 m^2	17, 75	380 m^2	5,3% ou 18:1 hommes	2113 m^2 - 22 188 m^2 ou 9,5:1
Hauteville-Gondon, syndicat des Iles, 1927, AF LC-S	45	135	131 848 m^2	2929 m^2	3	977 m^2	15,4% ou 5,5:1 hommes	300 m^2 - 13 100 m^2 ou 42:1
Hauteville-Gondon, canal de l'Arc, 1929, AF A-MB	43	------	203 309 m^2	4728 m^2	------	------	13% ou 7:1 hommes	647 m^2 - 21 173 m^2 ou 32:1
Moyennes	51	260	322 952 m^2	6556 m^2	6,9	1164 m2	17,8% femmes	91:1

Tableau 2 : Quatorze consortages-syndicats en Vanoise entre 1837 et 1927 : composition et configuration

1. Informations non-fournies.
2. Chiffres d'origine donnés en quartanées, converties en m^2 (1 quartanée = 250 m^2) d'après les informations fournies par A-M Bimet.
3. Citées à V-B comme une mesure de surface … équivalence en m^2 non-retrouvée.
4. Chiffres d'origine donnés en journaux et toises et en m^2.
5. Le nombre de parcelles citées semble être tiré d'une carte spécialement confectionnée pour ce rôle.
6. Écart entre propriétaires privés. La commune est citée comme le plus gros propriétaire (104 069 m^2).
7. Chiffres d'origine donnés en quartanées, converties en m^2 d'après une citation dans le document (1 quartannée = 300 m^2).

D'après notre échantillon, le nombre moyen de propriétaires appartenant à un consortage-syndicat en Vanoise à la période observée se situe entre 40 et 60 personnes (~51). Le maximum est sans doute représenté par les 128 propriétaires des quatre canaux de l'Arbonne en 1893. De fait, les syndicats les plus importants étaient ceux qui géraient plusieurs canaux. Dans la plupart des cas, un nombre d'adhérents avoisinant la cinquantaine autorisait une gestion des affaires en « face à face », de manière relativement conviviale et informelle, la majorité des arrosants-adhérents étant des parents et/ou des voisins habitant le même village ou quartier. Il permettait aussi de maintenir la préparation des rôles d'arrosage et leur mise en application à un niveau de complexité abordable pour les responsables des systèmes. Il est utile de noter que le rôle de 1374 à Montvalezan cite entre 50 et 70 personnes comme bénéficiaires de l'eau, ce qui conforte, nous semble-t-il, l'idée d'un nombre idéal d'adhérents fixé, siècle après siècle, par la pratique. À noter que les canaux nouvellement construits, au moins au début, concernaient un nombre d'adhérents plus faible, entre quinze et vingt pour ceux creusés à Termignon dans les dernières années du XVe siècle. Ce nombre probablement s'est accru ensuite par le jeu des successions et des mutations pour se rapprocher du chiffre idéal révélé par nos statistiques et s'y maintenir. Pour ce qui est du nombre moyen de parcelles arrosées par consortage-syndicat, soit 260, et de leur superficie moyenne totale arrosée, soit 32,3 hectares, il faut surtout remarquer les écarts très importants séparant les plus petits groupes d'arrosants des plus gros. Il semble aussi que les superficies moyennes arrosées croissent avec l'altitude, les plus importantes concernant des zones de montagnette ou d'alpage, telles celles arrosées par le canal de Vaugellaz et Lancevard, d'après des chiffres de 1893. Peut-on y voir la conséquence de partages successoraux moins poussés en altitude, notamment du fait du maintien fréquent de l'indivision dans les zones non-habitées en permanence ?

Le nombre moyen de parcelles arrosées par adhérent est assez modeste, soit sept pour les 14 associations constituant notre échantillon, avec un écart-type assez faible entre consortages. Entre propriétaires en revanche, les écarts sont bien plus importants : le plus modeste arrosait 90 m2 (le long des canaux du ruisseau de l'Église, à Hauteville-Gondon, en 1857), tandis que le plus important irriguait pas moins de 67 160 m2 (près des canaux de Versoyen, à Bourg-Saint-Maurice, en 1884). Les sex-ratios rencontrés pour les 14 consortages-syndicats varient aussi considérablement : de 100% d'hommes pour le canal des Épines (torrent de l'Arbonne, sur Bourg-Saint-Maurice) en 1894, à 44% de femmes pour le canal de Vaugellaz et Lancevard en 1893. En moyenne, les femmes représentent 13,5 % des adhérents de nos arrosants. Il faut donc conclure que, bien que les hommes aient été les grands bénéficiaires des règles régissant la famille et la propriété avant le milieu du XXe siècle, les femmes n'étaient nullement exclues de la possession et de l'administration des parcelles irriguées par les coutumes en vigueur dans les régions montagneuses de la Savoie (voir surtout Pérouse 1933 : 270).

Les syndics

Pour diriger les affaires du canal-réseau, les deux types d'associations (libre ou autorisée) prévoyaient la mise en place d'un « syndicat », normalement composé de cinq à dix membres non-rémunérés. Par endroit on appelait « commission » et non pas « syndicat » ce groupe de dirigeants, ainsi en 1862 pour la commission de l'Arbonne (ADS 83S10) ou en 1893 pour celle de Versoye (ADS S737), toutes deux à Bourg-Saint-Maurice. Comme nous l'avons vu, entre 1860 et 1865, ces responsables ou « syndics » étaient nommés par le préfet, mais la résistance locale à cette immixtion conduisit probablement à son abandon rapide au profit de la procédure d'élection coutumière. On peut supposer que ces élus, comme les mansiers d'Ancien Régime, devaient avoir la réputation d'être des hommes intelligents, « honnêtes », mais aussi « accoutumés aux affaires hydrauliques ». Par ailleurs, il s'agissait souvent aussi des plus gros propriétaires de prés situés dans le périmètre arrosé en question. À noter qu'en 1882, l'association syndicale libre de Versoye à Bourg-Saint-Maurice ne permettait pas à deux parents proches de siéger en même temps à la commission (*ibid.*).

Sans surprise, on ne relève pas beaucoup de noms de femmes au sein des premières commissions syndicales. En 1905 cependant, deux d'entre elles siègent à celle du Châtelard à Montvalezan, l'une en étant même la présidente (ADS 7M211). À Bourg-Saint-Maurice, sur dix responsables signant le rôle de répartition de l'eau du « Syndicat d'arrosage d'Arbonne » en 1910, on ne note qu'un seul nom de femme (AC 3O12).

Suivant les consignes de la loi du 21 juin 1865, ces dirigeants ou syndics sont élus pour des mandats d'une durée comprise entre trois et six ans. En général, à la fin de deux mandats, chaque syndic devait attendre un an avant de se faire réélire. Le directeur ou président de l'association était choisi parmi les syndics. On désignait souvent aussi un sous-directeur, un secrétaire et un comptable ou trésorier. Le directeur ou président agissait au nom du syndicat et représentait, pour les affaires d'arrosage, l'interlocuteur principal du conseil municipal, du préfet ainsi que des autres agents locaux et organismes d'État ou privés intéressés.

La haute-Maurienne : une irrigation sans consortages ?

Plusieurs cas ont été répertoriés en Vanoise où l'irrigation semble se passer de consortage, d'association syndicale ou d'une quelconque intervention municipale. La plupart ont été rencontrés en haute-Maurienne. *A priori* cette affirmation semble surprenante. On a vu plus haut en effet que le terme « consorts » est explicitement employé dans un texte modanais de 1566 (AC DD1) tandis qu'une série de documents datés du XVe et du XVIe siècle décrit, sans ambiguïté aucune, et de façon fort détaillée, la création, la composition et le fonctionnement des consortages d'irrigation à Termignon. Pourtant, à propos cette fois de l'époque contemporaine, les sources concernant l'irrigation, au demeurant peu abondantes pour ce secteur du massif, ne permettent pas d'établir clairement la présence en haute-Maurienne de groupes d'arrosants auto-organisés, élisant leurs dirigeants et assumant seuls la gérance et l'usage d'un canal.

En l'année 1863, comme nous l'avons vu, les autorités locales s'inquiètent du débordement d'un canal d'irrigation dans la commune d'Aussois. Plusieurs documents émanant tant du Maire que de l'Ingénieur ordinaire du secteur font alors référence à « une répartition des servitudes d'arrosage » en cherchant les responsables pour effectuer la réparation du canal, ce qui semble implicitement faire référence à un consortage ou syndicat. Deux documents plus anciens, datés du 5 avril 1824 et du 15 mai 1830, ressortis à cette occasion, rappellent également que l'entretien de ce canal est bien à la charge des arrosants, mais sans parler non plus clairement de consortage. L'Ingénieur ordinaire expose alors à ses supérieurs « qu'il n'existe pas à Aussois de syndicat, ou tout autre mode quelconque d'administration pour les arrosages [...] et que les arrosants en question n'ont pas de représentants. » Le même signale que :

> « dans certaines communes, il existait comme à Aussois des rôles de prestations ou de servitudes. Dans d'autres le zèle de certains habitants, qui répondaient à l'appel des syndics (communaux), suppléait au défaut de prescriptions formelles pour réaliser des curages ou des réparations » (ADS 84S6).

Que doit-on conclure ? Qu'il existait à Aussois au milieu du XIXe siècle au moins un consortage d'irrigation ou bien que la gestion de l'irrigation y obéissait à des règles moins structurées qu'en Tarentaise ? Plusieurs personnes âgées de haute-Maurienne, interrogées lors de nos enquêtes sur le terrain, nous ont expliqué que les arrosants « s'arrangeaient entre eux » pour la répartition de l'eau, comme pour la réparation des canaux, un témoignage confirmé par celui d'habitants d'Aussois, de Sollières-Sardières, de Bonneval-sur-Arc, de Lanslebourg, de Lanslevillard, de Modane et de Termignon qui se rappelaient avoir irrigué dans leur jeunesse, c'est-à-dire dans la première moitié du XXe siècle. L'existence de pratiques plus souples que celles rencontrées en Tarentaise à la même période semble se confirmer par une enquête faite à propos du curage des canaux du torrent de la Mottaz à Bramans en avril 1884 et signée par 33 intéressés. Le préambule déclarait qu'il « n'y a pas de rôle fixant, entre les divers propriétaires agricoles, le tour périodique pour l'arrosage ... ainsi que la durée pour chacun, du droit à l'eau. » L'Ingénieur ordinaire, là encore appelé à la rescousse, semble conforter ces propos lorsqu'il écrit deux mois plus tard que « l'instruction a montré qu'il n'existait au sujet du curage en question ni anciens règlements ni usages locaux » (ADS 84S8). Ce manque de structures institutionnelles concernant l'irrigation semble être également attesté à Bessans où, en 1885, le maire déclare « qu'il n'existe aux archives communales aucune pièce ou règlement relatifs aux curages [et que] de temps immémorial, les canaux étaient … curés par les propriétaires intéressés sur un simple avis de l'autorité municipale » (ADS 84S7). Encore dans la même commune, en 1904, l'ingénieur ordinaire énonce à nouveau, mais plus généralement, que « jusque vers 1882, ce système d'irrigation a fonctionné régulièrement … et cependant il n'existait aucun règlement ni aucun usages anciens » (ADS 39SPC1).

Encore une fois pourtant, les choses ne sont pas aussi claires. D'autres arrosants âgés interrogés par nous, notamment à Termignon et à Villarodin-Bourget, se souvenaient avoir vu dans leur jeunesse des rôles écrits concernant les canaux. Ces témoignages sont confortés par le géographe Jail qui précise que « les règlements … les plus importants et les plus suivis étaient ceux de Termignon, Bramans, Avrieux et Villarodin » (1977 : 125). De fait, en dehors du partage de 1492 concernant le canal du Mont à Termignon (ADS, AC Termignon, E-sup. DD48, pièce f), le plus ancien rôle de répartition de l'eau retrouvé jusqu'ici en haute-Maurienne est celui de Villarordin-Bourget pour l'année 1853 (AC 3O2 ; voir « XIXe et début du XXe siècle … », chapitre 7). Bien que ce document ne fournisse aucun indice sur la structure du groupe qui l'a dressé, ni sur l'autorité sous laquelle il a été rédigé, pas moins de 37 noms d'arrosants y sont cités. Certes, nous avons vu que la présence d'un rôle d'arrosage ne prouve pas forcément l'existence d'un consortage en bonne et due forme. D'un autre côté, comment expliquer le fonctionnement des canaux d'irrigation pendant des siècles sans un minimum d'organisation ? Comment expliquer surtout la présence, cette fois bien attestée, de consortages à la fin du Moyen Âge, tout au moins à Termignon et à Modane, et leur absence potentielle trois siècles plus tard ? Y-a-t-il eu entre-temps dépérissement des consortages ou bien ceux-ci existaient-ils bel et bien mais faute d'avoir été mis en conformité avec les nouvelles législations, ne subsistaient-ils plus que de façon purement informelle ? Dans son étude sur Bessans (1999 : 145-146), l'anthropologue Bernard Poche offre une autre piste. S'il n'évoque pas du tout l'irrigation, il aborde à plusieurs reprises le cas des « consorties » de village qui, sous l'Ancien Régime, gèrent notamment les chapelles et les fours. En 1791, celle du village du Villaron utilise même ses ressources pour établir une adduction d'eau au moyen de tuyaux de bois. Les canaux n'auraient-ils pas été également pris en charge par ces consorties de village ? Or, si l'on en croit les dires du même Bernard Poche, ces institutions dépérissent à l'époque contemporaine au profit de l'autorité communale. La consortie du Villaron disparaît vers 1910, ses revenus étant partagés entre des personnes du même village qui continuent de façon informelle à assurer collectivement les mêmes services.

Plusieurs syndicats d'arrosage ont été créés en haute-Maurienne après l'annexion de la Savoie par la France, ainsi à Bessans en 1904 (ADS 39SPC1) et à Termignon en 1928 (ADS S914). La lecture de leurs actes de fondation ne révèle aucune information sur l'existence d'anciens consortages ou sur le rôle éventuel des « consorties » de village et guère plus sur le fonctionnement de groupes informels d'arrosants. D'une façon générale, il semblerait qu'en haute-Maurienne les communes se soient davantage impliquées dans la gestion de l'eau que leurs homologues de Tarentaise (Chambre départementale d'agriculture 1937 : 46). Mais il faut aussi rappeler que nous possédons beaucoup moins d'informations sur l'arrosage ancien en haute-Maurienne qu'en Tarentaise, en grande partie du fait de la destruction des archives communales pendant la deuxième guerre mondiale. On doit également se rappeler que la déprise agricole a commencé plus tôt en haute-Maurienne, ce qui a provoqué des mutations significatives et précoces dans l'économie pastorale, notamment dans la structure de l'élevage, l'hivernage du bétail, la fenaison et probablement l'irrigation.

La surveillance des canaux

En Vanoise, des gardes locaux assuraient la surveillance des canaux ou des réseaux durant la période où ils étaient mis en eau. À l'époque contemporaine, ils étaient soit nommés, soit élus, soit choisis à la suite de la mise aux enchères de leurs fonctions. Pour les canaux les plus longs ou les réseaux les plus complexes, deux ou plusieurs personnes pouvaient être retenues. Pour des canaux plus modestes, on se contentait d'un seul garde, parfois membre du conseil municipal ou de la commission syndicale ou du groupe des arrosants. Dans certains secteurs du massif, le gardiennage des canaux incombait tout simplement au garde champêtre qui assumait ce rôle parmi les autres responsabilités communales spécifiées dans les « bans », c'est-à-dire les règlements communaux.

Les fonctions du garde

Les fonctions du garde étaient multiples, depuis la surveillance du canal pour repérer les gros dégâts ou les infractions sur le partage de l'eau, jusqu'à la supervision de la distribution même de l'eau en passant par le nettoyage et les petites réparations. Le garde jouait également un rôle dans l'organisation et le déroulement des corvées et il était souvent convoqué comme expert ou comme témoin dans les procès touchant à l'irrigation. Son travail était souvent, mais pas toujours, rémunéré, en partie pour tenir compte des questions de responsabilité civile qui l'exposaient à d'éventuelles sanctions, notamment d'ordre monétaire. La rémunération des gardes rentrait, selon le cas, dans le budget de la commune ou de l'association syndicale. Elle faisait donc l'objet, lors des conseils municipaux ou lors des assemblées d'arrosants, de délibérations qui touchaient également à leurs missions ainsi qu'à leurs conditions de travail, laissant ainsi de nombreuses traces archivistiques.

En ce qui concerne le vocabulaire, selon les documents, on fait référence aux « gardes », « gardes des canaux », « gardes généraux », « gardes spéciaux », « gardes champêtres », « cantonniers » ou encore « syndics ». Il est parfois difficile d'identifier les fonctions de chacun. Dans certains cas, ces termes étaient employés plus ou moins comme synonymes, dans d'autres, en général plus récents comme nous le verrons, ils désignaient des agents exerçant des responsabilités différentes. Le terme de syndic est le plus susceptible d'entraîner des confusions dans la mesure où il peut désigner le représentant de la communauté paroissiale (sous l'Ancien Régime), l'un des dirigeants d'un consortage ou association syndicale et, plus rarement il est vrai, le garde d'un canal.

L'histoire du gardiennage des canaux en Vanoise

Les gardes sont en place dans le massif depuis au moins la fin du Moyen Âge. À Termignon, à la fin du XVe siècle, comme nous l'avons vu, ils étaient qualifiés de mansiers (*masserios/manserios* en latin), un terme que l'on retrouve dans le Briançonnais (Sclafert 1926 : 131-133) à la même époque et qui dérive sans doute de manse ou mas. Dans l'acte du 21 mai 1492 qui prévoit la réparation et semble-t-il l'extension du canal du Villard, il est rappelé que les consorts ont désigné deux mansiers (*et cumquid consortes ordinaverunt masserios dicti bialerii*), à savoir François Lombard l'Aîné et Pierre fils de Jacques Vernut. À eux revient entre autres la tâche d'organiser les corvées et de convoquer les consorts pour former les équipes de travail (ADS, AC Termignon, E-sup., DD48, pièce c). Deux ans plus tard, le 7 avril 1494, l'acte de fondation du consortage du canal du Suyffet prévoit la désignation de Pierre d'Arvieux, Antoine Varoct, Jean Porte et Antoine Flandin comme *manserios bialerii* (DD48, pièce d). À Valezan, selon les termes d'un règlement d'eau rédigé en 1508, des gardes sont nommés « pour veiller à son exécution » (Pérouse 1911 : 79, citant ADS DD30). À Hauteville-Gondon, en 1566, un acte rédigé en français met en cause les « gardes » du canal de Montrigon (ADS S739, copie 1878). À Valezan à nouveau, en 1639, ce sont les « gardes » qui établissent les heures et les durées des arrosants dans une transaction passée entre les communiers « pour la manutention des heyriels » (ADS DD50). À Valezan toujours, en 1653, les procureurs du village « ont élu, nommé et constitué pour garde général tant des vignobles … propriétés et bieds du quartier » (ADS BB5). À Hauteville-Gondon, on retrouve la première mention d'une rémunération pour « le syndic » d'un réseau d'arrosage (AC DD31) en 1689. Enfin en

1697-98, à Landry, un « garde général [est] nommé » dans les bancs généraux … pour la conservation de tous les biens et propriétés … « tant prés, terres, vignes, eaux, bois, biedz, chemins » (ADS BB6). Il est tenu ainsi à « observer et continuer les anciens coutumes. » Dans ce dernier cas, on remarque que le garde assure une fonction assez large de garde champêtre et n'est donc pas spécialisé dans le seul gardiennage des canaux. Ceci semble être également le cas aux Chapelles en 1768 où le garde champêtre est payé 36 livres par an pour assurer des fonctions parmi lesquelles on note « encore la conduite de l'eau du canal [des Chapelles] pour arroser les prés de la commune » (ADS C983).

De fait, les textes du XVIIIe siècle, plus prolixes, en révèlent davantage sur les fonctions des gardes que ceux des siècles précédents. Aux Chapelles encore, en 1724, à cause « des grands abus » seul le garde a le droit d'ouvrir les « tournes » (voir « Écluses, vannes … tournes », chapitre 3) afin de distribuer l'eau et ce, conformément aux accords établis dans la « transaction » passée à cette date en conformité avec les bans communaux. En 1741 (cité dans un document de 1753, ADS 187^E^ dépôt 21), les conseillers de Séez, irrités par les agissements de « plusieurs particuliers [qui] retiennent indifféremment les dites eaux hors des jours et heures qui sont assignés, » demandent au « sieur juge du Comté de la Val d'Isère » l'autorisation de donner à l'un de leurs membres-conseillers le pouvoir de faire appliquer les contraventions émises par leurs gardes ... « pour le payement des amendes, gardes et frais. » On précise que les gardes recevront une partie des amendes infligées. En 1766 (cité dans un document de 1781, ADS 187^E^ dépôt 218), cette part est précisément fixée : le tiers de l'amende va « au dénonciateur … » qui est en général un garde du canal ou un garde champêtre chargé de la surveillance du réseau.

La supervision de la distribution de l'eau par les gardes perdure encore au XIXe siècle, ainsi aux Chapelles où c'est le « garde du canal » qui assure que « les niveaux … prescrits » de l'eau sont respectés (ADS S745). À cette date (1864), pour cette tâche, chacun des trois « quartiers » des Chapelles possède son propre « garde particulier ». Une division du travail semble même se mettre en place vers la fin du siècle, époque à laquelle apparaît le « garde spécial » chargé de la distribution de l'eau, et le « garde particulier » qui prend en charge la surveillance des infrastructures (ADS S742). À Séez, le garde champêtre devient également en 1869 « garde-canal » pour le canal de Beaupré moyennant une rémunération supplémentaire (ADS 187^E^ dépôt 21). On trouve la même solution pour le quartier de Versoye dans la commune de Bourg-Saint-Maurice en 1888 (ADS S738). En 1897, ce même garde reçoit un salaire fixe mais également la moitié des amendes (ADS S738).

Les documents du XIXe siècle offrent ainsi plus de détails encore que ceux du XVIIIe sur les responsabilités incombant aux personnes désignées pour surveiller les canaux et distribuer l'eau. En 1802 à Séez, lors des réparations du canal du chef-lieu, un syndic est nommé par « l'assemblée sociale » ou « la société » des arrosants pour superviser les réparations aux côtés de l'arpenteur, ce dernier ayant préalablement dressé le plan des travaux (ADS 187^{E} dépôt 218). En 1803, dans la même commune, les gardes contrôlent une corvée de réparation du canal des Villards. Ils sont entre autres chargés de noter les noms de ceux qui viennent travailler ainsi que ceux des absents avec la faculté d'infliger des amendes à ces derniers (*ibid.*). En ce début du XIXe siècle, la police des eaux semble se renforcer en Vanoise, ainsi que l'autorité des gardes. En 1830, le garde champêtre ou garde particulier de Séez confronte plusieurs personnes prises en flagrant délit de détournement de l'eau du canal de Séez, avec pour conséquence la dégradation de la route principale traversant la commune, à la suite de quoi, il rédige un procès-verbal assorti d'une contravention. À cette époque, il n'y a guère de possibilité de recours ou appel des décisions prises par les gardes. Aux Chapelles, les gardes ou syndics infligeant des amendes sont considérés « comme des personnes de bonne foi » et leurs déclarations sont admises par les autorités supérieures « sans qu'il soit besoin d'autre preuve » (Les Chapelles 1860, citant un acte de 1724 ; ADS S745). Pourtant, l'honnêteté des gardes n'est pas au-dessus de tout soupçon puisqu'un autre document municipal des Chapelles de 1864 rappelle que le moindre acte de favoritisme exercé par les gardes sera puni « pour la première fois ... [d'une amende] de dix francs et vingt en cas de récidive, [somme] qu'on lui retiendra sur son salaire » (ADS S745).

À Bozel, en 1885, un conseiller municipal est désigné pour revoir la répartition d'eau entre les arrosants et les usiniers, suite à une dispute entre les deux groupes (ADS 51SPC4). Le plus souvent, cependant, la charge de résoudre les petits litiges autour du partage de l'eau retombe sur les épaules des gardes. C'est le cas aux Chapelles en 1844 (ADS 5FS517). L'année suivante, dans la même commune, le conseil municipal nomme un « garde du canal d'arrosement » ou « gardien du canal » pour le canal des Chapelles qui, rappelle-t-on, « traverse trois communes et des lieux escarpés », moyennant un salaire de 60 livres par an. Ses fonctions sont énumérées de façon exhaustive : 1. Visiter la prise du canal et le parcours du canal tous les jours pour assurer que « l'eau ne soit déviée » (surtout par des membres des communautés voisines), 2. Rester au canal depuis 4 heures (« de relevé », c'est-à-dire de l'après-midi) jusqu'au soir tous les jours, 3. Alerter le syndic en cas de danger ou « menace de rompre », 4. Garder le canal tous les jours depuis sa mise en eau au printemps jusqu'à la fin de mois de septembre (*ibid.*). En 1864, toujours aux Chapelles, il est dit que les gardes particuliers doivent porter les rôles (de répartition de l'eau) et les faire appliquer dans chaque quartier (ADS S745). À Séez, la même année, les gardes doivent assurer l'équité dans les « flux de l'eau » provenant de deux canaux tirés du même torrent (ADS S749). À Versoye enfin, en 1897, les gardes distribuent les convocations pour les réunions d'arrosants et pour les corvées (ADS S738).

La désignation des gardes

Contrairement à ce que laissent penser les exemples précédents, les gardes n'étaient pas toujours nommés ou élus par les conseillers municipaux ou les consorts. À Bourg-Saint-Maurice, entre 1840 et 1848, on a mis tous les ans aux enchères (à la bougie) la « gardiature » d'une partie du canal de l'Arc à Montrigon (ADS 5FS503). La priorité étant de limiter les coûts, le gagnant de l'enchère était toujours le moins disant, c'est-à-dire le candidat qui réclamait pour le poste la rémunération la plus basse. Durant ces années, celle-ci a pu varier de 20 à 33,50 livres. Pour cette somme, l'adjudicataire se voyait imposer un cahier des charges dont le détail est donné par les documents. Ainsi, dans le cas où des dégâts sur le canal pouvaient être attribués à la négligence du gardien, les coûts des réparations et les dédommagements accordés aux propriétaires étaient à la charge de celui-ci. En prévision d'une telle éventualité, l'adjudicataire se voyait imposer, au moment de sa prise de fonction, l'obligation de déposer un gage permettant de garantir sa solvabilité. À Séez en 1869, le nouveau rôle de répartition de l'eau du canal de Beaupré oblige le garde à indemniser les propriétaires des parcelles endommagées de par son inattention ou sa négligence (ADS 187^{E} dépôt 21).

À la seule lecture des textes municipaux, il n'est pas toujours simple de comprendre qui était responsable de la nomination, de l'élection et de l'embauche des gardes après enchères, ni si leur investiture faisait ou non l'objet d'une sorte de confirmation officielle. Les sources semblent désigner la commune plus que les associations syndicales (anciens consortages) comme l'institution de référence. C'était le cas notamment lorsque la surveillance des canaux était confiée aux gardes champêtres dans le contexte de l'application des bans communaux. On a vu toutefois qu'à Termignon, à la fin du XVe siècle, ce sont bien les consortages et non la communauté paroissiale qui désignent les mansiers. Au XIXe siècle, la responsabilité des associations syndicales d'arrosage ou des associations de quartier est également évoquée par certains textes. À Séez en 1802 on voit « l'assemblée sociale » ou « la société des arrosants ayants droit » informer le conseil municipal qu'elle a nommé un syndic pour veiller aux réparations du canal de Séez. À Bourg-Saint-Maurice en 1869, le quartier de Versoye sélectionne lui-même ses gardes mais ils sont officiellement nommés par le conseil municipal (ADS 83S10). Aux Chapelles en 1844, la nomination des gardes échoit, comme nous l'avons vu, au conseil municipal. C'était aussi le cas à Bessans en 1914 (Tracq 2000 : 203, citant E. Goldstern 1987). Cependant, la procédure pouvait varier d'une année à l'autre. À Bourg-Saint-Maurice en 1864 (ADS S737), aux Chapelles en 1864 (ADS S745) et en 1888 (ADS S742), c'est par le syndicat d'arrosage et non plus par le conseil municipal que sont nommés les gardes. Cas unique, en 1862, la commune de Doucy semble être remontée jusqu'au nouveau sous-préfet d'Albertville pour lui demander de nommer (et de rémunérer ?) un cantonnier pour surveiller et entretenir son canal de la Biolène (ADS 39SPC1).

Chapitre 9.
L'irrigation et les autorités supérieures

Si l'irrigation est gérée par les consortages-syndicats d'arrosants ou les communes, de quelle façon les autorités supérieures, celle de la seigneurie, de l'Église ou de l'État interviennent-elles ? En fait, leur implication dans le domaine de l'irrigation a considérablement varié selon les lieux et surtout les époques. Plutôt ponctuelle et relativement lointaine jusqu'au XVIIIe siècle, elle se fait plus pesante au fur et à mesure que s'accroît l'emprise de l'État bureaucratique sur le massif de la Vanoise. Dans ce chapitre, nous présenterons puis retracerons les changements intervenus dans le poids et le contenu des interventions extérieures depuis les premières sources administratives du comté de Savoie, à la fin du XIIIe siècle, jusqu'à l'arrivée de l'État républicain français dans la seconde moitié du XIXe siècle.

Les canaux et le régime féodal

Au Moyen Âge, l'autorité supérieure en Vanoise est représentée soit par le comte puis duc de Savoie, soit par des seigneurs de moindre volée, tels l'archevêque de Tarentaise, les seigneurs de Briançon, de Chevron Villette, de Saint-Maurice ou de la Val d'Isère, pour la Tarentaise, ou bien l'évêque et les chanoines de Saint-Jean-de-Maurienne, l'abbaye Saint-Michel-de-la-Cluse ou encore le seigneur de la Chambre pour la Maurienne. Les documents seigneuriaux sont les plus anciennes sources textuelles évoquant les canaux d'irrigation et ce à partir de la fin du XIIIe siècle. Il s'agit de concessions (albergements) de cours d'eau et de canaux à des communautés ou à des consortages, d'extraits de comptes de châtellenie mentionnant le paiement de droits d'arrosage par ces mêmes communautés ou consortages, ou encore d'aveux ou reconnaissances par les membres de ces communautés ou consortages, des cours d'eau et canaux qu'ils tiennent de leur seigneur. Plus tardivement, aux XVe, XVIe et XVIIe siècles, des terriers seigneuriaux mentionnent les canaux en limite des parcelles recensées.

Le statut de l'eau et des canaux

Dans la pensée juridique médiévale, les eaux font partie des espaces vacants ou si l'on veut du *saltus*, l'espace non cultivé, au même titre que les forêts, les alpages, les marais... Cette vision découle des principes du droit romain qui, en Savoie, forme la base du droit local. Les vacants, en tant que *res nullius*, c'est-à-dire « de choses sans maître », relèvent de l'autorité publique, c'est-à-dire du roi puis, après l'instauration de la société féodale, aux Xe-XIe siècles, du seigneur de ban. En Vanoise, le comte puis duc de Savoie (après l'érection du comté en duché en 1416) est le principal seigneur des eaux, forêts et alpages. Il intervient par l'intermédiaire de ses deux représentants locaux, le châtelain de Maurienne, basé à Hermillon puis La Chambre, et le châtelain de Tarentaise, installé à Salins. Maître des terres vacantes, le seigneur en reconnaît le plus souvent l'usage soit par des particuliers, soit par des groupes d'habitants (communautés) ou groupes d'exploitants (consortages), moyennant le paiement de redevances spécifiques. Dans le domaine des eaux, ces redevances, contreparties du droit d'utiliser l'eau, apparaissent dans les textes sous le nom de *rivagium, bialagium* (du mot béal qui désigne le canal) ou encore d'*aquarum* (arrosage). La plus ancienne mention d'arrosage des prés en Vanoise est un extrait de « l'extente », ou enquête, sur les droits du comte de Savoie dans la châtellenie de Tarentaise, en 1290. Aymonet d'Aigueblanche, chevalier, reconnaît que ses hommes habitant les paroisses de Bellentre et Montvalezan (aujourd'hui Valezan) tiennent du comte et non de lui-même leurs droits et usages de pâturage et d'arrosage (*pascuorum jurum et aquarum*) (ADS SA 3112, peau 12). Le *rivagium* semble, quant à lui, davantage lié à la construction et au fonctionnement des moulins. À partir de l'extrême fin du XIIIe siècle, les droits des seigneurs et des exploitants sur les vacants sont renégociés dans le cadre de véritables concessions sanctionnées par des actes notariés prenant la forme romaine du bail emphytéotique. C'est ce que l'on appelle dans notre région des albergements. En Maurienne et en Tarentaise, le temps des albergements de cours d'eau à des fins d'arrosage s'étend sur le XIVe et le XVe siècle. Dans la plupart des cas, il ne s'agit pas de créer des droits nouveaux mais de clarifier d'anciens droits coutumiers. Ainsi en 1336, l'archevêque de Tarentaise alberge aux syndics de la paroisse de Montfort une portion du torrent (probablement majoritairement un canal) du même nom « depuis le lieu appelé des Quartiers-Dessous jusqu'à l'Isère et par la montagne d'Armenaz » et ce, pour l'arrosage de leurs prés (Million et Miédan-Gros 1866, pièce 4 : 643). En Maurienne, trois ans plus tard, le châtelain comtal alberge aux habitants de Lanslebourg « tous les cours d'eau qui courent dans les monts comme dans le plan, » contre un cens de cinq sous forts. Cela comprend les eaux de l'Arc, les torrents qui s'y jettent ainsi que les rivages et les îles couvertes d'aulnes et de saules. Les habitants pourront en jouir comme ils l'entendent mais si l'un d'eux voulait construire un artifice (un moulin), il devrait solliciter un albergement particulier (Gros 1946 (1) : 226). Par cet acte, les eaux du territoire de Lanslebourg deviennent « la propriété » commune des habitants de la paroisse. De fait, on peut dire que les albergements font passer les eaux de la propriété seigneuriale, avec de simples droits d'exploitation conditionnels pour les paysans, à la propriété communautaire, le seigneur conservant un droit éminent assez vague matérialisé surtout par le paiement du cens, contrepartie de l'albergement.

La seigneurie et la gestion des canaux

Dans le domaine de la gestion des canaux, les seigneurs interviennent à deux niveaux : l'approbation des règlements et des rôles de partage des eaux, encore que cette formalité ait été loin d'être systématique, et en tant que recours lorsque les querelles entre arrosants ou entre communautés ou consortages ne pouvaient pas être réglées à l'amiable. Dans ce cas, soit le litige était traité devant les instances judiciaires régulières de la principauté savoyarde, soit le comte/duc, l'évêque ou un autre seigneur pouvait jouer le rôle d'arbitre ou de médiateur dans une querelle entre deux individus ou groupes. En 1406, un différend opposant les arrosants de Longefoy à ceux d'Aime à propos de l'usage du Bief de Bovet fut renvoyé devant le juge comtal de Maurienne et de Tarentaise qui siégeait alors à Aime. En 1528, la querelle reprit avec une telle violence que les forces seigneuriales durent intervenir pour séparer les parties (Combet et Bouchage 1998 : 9). En 1477, selon Marius Hudry, un litige entre Les Chapelles et Valezan « fut assez sérieux que l'on demande l'arbitrage de l'archevêque de Moûtiers » (Hudry 1985 : 118). À Landry, en 1650, c'est le juge ordinaire du marquisat de Saint-Maurice qui fut amené à trancher un conflit entre particuliers touchant à l'usage de l'eau (ADS DD39). Enfin, deux ans plus tard, une plainte déposée par les syndics de Valezan contre des gens de Montméry (commune de La Côte-d'Aime) fut reçue par le juge-mage de Tarentaise (ADS DD36). Ajoutons qu'à la fin du XVIIe siècle, il arrivait parfois aux autorités supérieures d'intervenir directement dans la gestion des canaux, ce qui de toute évidence n'était jamais le cas au Moyen Âge. À Bourg-Saint-Maurice, en 1673, des représentants du duc de Savoie, en visite aux salines de l'Arbonne, ordonnèrent ainsi à la communauté des Chapelles et au quartier de Vulmix (Bourg-Saint-Maurice) de réparer leur canal — sans doute le canal de Vaugellaz (ADS SA2272 ; Meilleur *et al.* 2012).

L'irrigation sous le régime sarde

Dès la fin du Moyen Âge, les seigneurs locaux, le comte puis le duc de Savoie se métamorphosent collectivement en un véritable État, la principauté savoyarde, qui laisse de moins en moins de prérogatives aux autres seigneurs entrés dans sa vassalité. Après le traité d'Utrecht qui, en 1713, met fin à la guerre de Succession d'Espagne, le duché de Savoie devient le royaume de Sardaigne (appelé souvent de Piémont-Sardaigne). L'autorité des seigneurs locaux continue de décliner jusqu'aux affranchissements de la fin du XVIIIe siècle. Les communautés et dans une moindre mesure les consortages, restent seules face à l'administration monarchique (Devos et Grosperrin 1985 : 422-425). Celle-ci est installée à Turin mais délègue une partie de ses attributions judicaires au sénat de Savoie basé à Chambéry. Au niveau local, l'autorité supérieure agit par le biais de deux agents principaux, le châtelain et l'intendant. Le châtelain, en fait un notaire royal ou bien seigneurial voit son rôle largement diminuer depuis le XVe siècle. Après la réforme de 1738, il se réduit à celui de juge de paix. L'intendant, créé sur le modèle français, représente l'œil et le bras du monarque dans les provinces. Celles de Tarentaise et de Maurienne disposent chacune de leur propre intendant, basé respectivement à Moûtiers et à Saint-Jean-de-Maurienne (*ibid.*, p. 419-420). À l'échelon des communautés, l'assemblée des chefs de famille se réunit de moins en moins souvent. Les conseillers communaux et les syndics qui constituent le gouvernement municipal sont désormais sous la coupe du secrétaire, un notaire local aux ordres de l'intendant. La communauté jadis autonome tend à se transformer en un rouage de l'État sarde. Dans les affaires liées à l'irrigation, l'administration seigneuriale, là où elle subsiste, conserve un droit de regard jusqu'à la fin du XVIIIe siècle, spécialement en haute et moyenne-Tarentaise où se perpétuent deux importantes seigneuries : le marquisat de Saint-Maurice et le comté de la Val d'Isère. Ainsi en 1724, la transaction sur le partage de l'eau passé aux Chapelles est effectuée non seulement en présence du « notaire royal collégié » mais aussi du curial (notaire) du marquisat de Saint-Maurice (ADS S745). Quarante ans plus tard, en 1766, le règlement d'irrigation pour le canal du Breuil et des Villards à Séez est encore approuvé par le lieutenant du « châtelain … du comté de la Val d'Isère ». En 1781, il l'est par le seul sénat de Savoie (ADS DD187E dépôt 218). Néanmoins, toujours à Séez, en 1780, plusieurs documents appelant à la réparation du canal de Séez sont encore signés par le châtelain du comte de la Val d'Isère. Ils mentionnent également le juge seigneurial ainsi que le « fermier » à qui le comte a délégué la gestion de sa seigneurie (ADS 187^E^ dépôt 21). La seigneurie sombre définitivement avec le rattachement de la Savoie à la France révolutionnaire en 1792. En corollaire de l'assujettissement de la communauté à l'État, on note, tout au long du XVIIIe siècle, l'engagement croissant de l'administration sarde dans l'approbation des projets touchant à l'irrigation, l'échelon seigneurial n'étant plus guère consulté que pour la forme. À Landry en 1771, un projet de construction d'un nouveau canal est envoyé pour autorisation à l'intendant de Moûtiers (ADS DD40). À Séez en 1775, c'est encore l'intendant qui ordonne la réparation du canal du Breuil qui avait provoqué des dégâts à la route menant au col du Petit Saint-Bernard (ADS DD187E dépôt 21).

Après l'intermède français, entre 1792 et 1814, le royaume sarde renaît de ses cendres lors du congrès de Vienne sous le nom de royaume de Piémont-Sardaigne. L'administration d'Ancien Régime est alors *grosso modo* remise en place. En 1826, le nouveau rôle de répartition des eaux des

Chapelles est porté à l'approbation du vice-intendant de Tarentaise (ADS 5FS517), alors qu'en 1834 une requête pour entamer les réparations du canal de Séez est envoyée à l'intendant lui-même (ADS DD187E dépôt 218). À côté de sa fonction classique de police et de justice, consistant à approuver les règlements locaux et à ordonner l'accomplissement des travaux d'utilité publique, l'administration sarde reprend son rôle d'arbitrage et de médiation entre les groupes d'arrosants qui était déjà celui de l'administration savoyarde médiévale. En 1833, aux Chapelles, une plainte est adressée directement à l'intendant de Tarentaise par le « quartier de Fendailles », mécontent du rôle de répartition communal récemment approuvé par lui (ADS 5FS517). En 1849, ces mêmes arrosants renouvellent leur plainte mais cette fois auprès de l'intendant général, à Chambéry (*ibid.*).

Après 1814 surtout, l'administration commence à apporter une aide concrète aux projets d'irrigation sous la forme de services en ingénierie et en arpentage par le bais des géomètres, voire mais dans une bien moindre mesure, de distribution de subventions. En 1834, la requête des habitants de Séez auprès de l'intendant de Tarentaise pour réparer leur canal, s'assortit par exemple d'une demande de subside dont on ne sait si elle a abouti (ADS DD187E dépôt 218). Beaucoup plus courante, l'intervention des géomètres a pour effet en retour d'impliquer l'administration dans les conflits les opposant aux arrosants ou à une partie d'entre eux. Elle retrouve alors son antique fonction de médiation. C'est le cas pour l'intendant de Tarentaise en 1839-1840 puis encore en 1844, qui doit intervenir dans le conflit opposant certains arrosants utilisateurs du ruisseau de Saint-Pantaléon et du ruisseau de l'Église à Hauteville-Gondon et les géomètres chargés de dresser leurs rôles de répartition (AF LC-S). À la fin de la période administrative sarde, la fonction du géomètre semble rentrée dans les mœurs tandis que se profile celle de l'ingénieur. En 1859, l'Ingénieur de la province de Tarentaise, membre du corps royal du Génie Civil, est depuis plusieurs années engagé dans la planification et la construction d'un nouvel « aqueduc pour dessèchement des marais » à Longefoy, le futur canal de Longefoy (ADS 5FS519). Il s'agit semble-t-il d'une première.

La gestion de l'eau et l'État français

La première période française, entre 1792 et 1814, ne provoque pas de modifications importantes, si ce n'est ponctuellement dans la dénomination des groupes d'arrosants (voir « Les consortages », chapitre 8). Cependant, à partir de l'annexion de la Savoie par la France en 1860, les changements, entamés lors de la restauration sarde, s'accélèrent. Les communes et les consortages, maintenant appelés « associations syndicales d'arrosage », font de plus en plus systématiquement appel à l'aide technique apportée par les agents de l'État et aux aides financières proposées par l'administration pour entretenir et rénover les canaux. Dans le même temps, les charges et formalités administratives s'alourdissent et se complexifient.

Nous ne reviendrons pas ici sur l'instauration du nouveau statut d'association syndicale d'arrosage en Vanoise, déjà exposée plus haut. Il faut préciser néanmoins que l'application de la loi du 21 juin 1865 entraîna des charges administratives significatives pour les consortages et les communes qui avaient, jusqu'alors, bénéficié dans les affaires hydrauliques, d'une relative indépendance. En pratique, ni l'organisation ni le fonctionnement de l'irrigation ne changèrent vraiment, au moins pendant les premières décennies du nouveau régime. Les consortages, nouvellement baptisés associations syndicales ou syndicats, sollicitaient l'approbation des préfets et des sous-préfets, comme jadis celle des intendants sardes, pour les nouveaux rôles de répartition et/ou les règlements, ainsi que pour les travaux importants envisagés sur les canaux. De même sollicitaient-ils davantage la médiation de ces fonctionnaires pour résoudre les petits litiges internes aux consortages. Quelques documents de la fin du XIXe siècle témoignent de l'évolution des relations entre l'autorité supérieure et les arrosants. En 1865 l'Ingénieur ordinaire des Ponts et Chaussées était sollicité par les arrosants de trois communes du Versant du Soleil (Valezan, La Côte-d'Aime, Bellentre) pour les piloter dans la formation d'une nouvelle association syndicale (ADS 83S16). En 1894 le maire des Chapelles demandait l'aide du sous-préfet de Moûtiers pour contrôler « un demi-fou » issu d'une commune voisine qui endommageait constamment les canaux (ADS S743). En 1913, à Séez, le vice-président du syndicat d'arrosage de Noyerai envoyait une lettre au préfet de Savoie lui demandant de forcer le président du syndicat à faire son travail (ADS S740), la mésentente régnant visiblement au sein de l'association.

Les plus grands changements par rapport au passé concernaient donc la fréquence beaucoup plus élevée des interventions des ingénieurs et le nombre ainsi que l'importance des subsides accordés par l'État. Une nouveauté fut la banalisation des « enquêtes publiques », réalisées sous la direction des ingénieurs locaux et destinées à fournir des données objectives sur les projets de travaux, les demandes de subventions ou les contentieux à propos de l'emploi de l'eau. Les résultats de ces enquêtes permettaient à l'administration de décider en toute connaissance de cause. À cette époque, l'avis des enquêteurs semble avoir été souvent favorable, notamment en matière de demande de subventions souvent accordées. Ainsi en 1866, la commune haute-mauriennaise de Bramans se voyait attribuer une subvention pour réparer un barrage de prise d'eau sur l'Arc (ADS 84S8), « sous la surveillance des ingénieurs » de l'État (ADS 51SPC4).

Le poids administratif

Une certaine lourdeur administrative était déjà parfois reprochée au régime sarde. Une enquête de 1817 à propos de modifications apportées à un canal de Saint-Bon, en Tarentaise, aurait ainsi produit plus de cinquante pages de témoignages, rapports, contre-expertises ... (ADS 5FS844). Même remarque à propos des mémoires envoyés à l'intendant de Tarentaise pendant les années 1830 et 1840, alors que ce fonctionnaire tentait de résoudre une querelle entre deux groupes d'arrosants d'Hauteville-Gondon (AF LC-S). Ceci dit, le poids bureaucratique semble s'être encore accru sous le régime français, donnant lieu à la production de centaines de documents précieux aujourd'hui pour qui s'intéresse à l'histoire des systèmes hydrauliques en Vanoise. Ainsi, à Avrieux pendant les années 1860 et 1870, éclatait un désaccord entre la garnison de la Redoute Marie-Thérèse, le génie militaire de l'armée et un certain S. Vigliano sur le canal duquel les soldats prenaient l'eau pour arroser leur jardin potager. La querelle dura une bonne dizaine d'années, généra plus qu'une cinquantaine de pages d'enquête ainsi que deux plans en couleur d'échelles différentes. Y prirent part le service des Ponts et Chaussées, son sous-service Hydraulique-Irrigation, l'ingénieur ordinaire du secteur et l'ingénieur en chef du département, le commandant des forts de L'Esseillon, le commandant du génie militaire de Chambéry, le maire d'Avrieux, le sous-préfet de Saint-Jean-de-Maurienne, le secrétaire général de la préfecture, le préfet de la Savoie, plusieurs juges ainsi que, pour finir, le ministère des Armées (ADS 51SPS3 ; ADS 84S7). L'engagement du maire d'Avrieux illustre un autre changement apporté par le régime français, à savoir la sollicitation croissante des maires dans les affaires d'irrigation touchant à leur juridiction. Bien qu'après 1860, les syndicats d'arrosage discutassent directement avec les ingénieurs de l'État il revenait aux maires de garantir la conformité administrative et juridique des règlements et rôles d'irrigation. De leur côté, les agents de l'État avaient également un rapport privilégié avec les maires dont les informations et les initiatives leur semblaient plus fiables que celles des associations syndicales et surtout garanties par le sceau de la puissance publique.

Les fonctionnaires locaux — les ingénieurs ordinaires surtout — continuèrent d'être largement impliqués dans les affaires hydrauliques du massif, notamment pour faciliter les demandes de subvention émanant des communes et des associations syndicales et ce, jusqu'au milieu du XXe siècle au moins. Le grand projet de drainage de la zone centrale de Sainte-Foy, dont il a été plusieurs fois question, fut ainsi financé et supervisé par la Direction des Eaux et Forêts (Coanus 1995). Plus tard, à Bourg-Saint-Maurice, pour le canal de Vaugellaz en 1946 (ADS S785), à Aussois en 1947 (ADS 84S6), et à Bramans en 1958-59, les ingénieurs de l'État intervinrent dans la mise en place d'un système d'arrosage par aspersion (AC SO3°). Le rôle financier de l'État était devenu essentiel après 1860. En règle générale, il subventionnait les travaux à hauteur de 30 à 60%, les communes et les syndicats prenant le reste à leur charge. En 1996 encore, Bonneval-sur-Arc en haute-Maurienne envisageait une subvention du Fonds de Gestion de l'Espace Rural, dépendant du ministère de l'Environnement, pour réparer certains canaux de drainage qui n'étaient autres que d'anciens canaux d'arrosage (AC Bonneval-sur-Arc). En revanche en 2011, à Bourg-Saint-Maurice, les travaux de rénovation du canal des Veis-d'en-Haut furent payés par la commune, les membres du syndicat d'arrosage fournissant une partie de la main-d'œuvre.

Chapitre 10.
Questions de droit : à qui la « propriété » ?

La notion de propriété privée s'applique de manière très imparfaite aux canaux et aux réseaux d'irrigation en Vanoise. Certes, bon nombre des canaux d'alpage ainsi que beaucoup des canaux d'amenée des moulins étaient sous le régime de la propriété privée. Cependant, même dans ces deux cas, il existait de nombreuses exceptions à la règle. D'une façon générale, nous préférons employer les notions de « contrôle collectif », de « jouissance conjointe », ou encore de « faisceaux de droits » sur des ressources communes plutôt que de parler de propriété des canaux. La notion de droit a été développée par Elinor Ostrom et ses collaborateurs à propos des ressources communes (voir « Elinor Ostrom … », chapitre 14). Elle regroupe le droit d'accès à la ressource (ici l'accès à l'eau), le droit de prélèvement (c'est-à-dire ici principalement d'irriguer ses parcelles), le droit de participer à la gestion (ici par le biais des consortages-syndicats ou communes), le droit d'exclusivité (c'est-à-dire celui d'exclure de l'accès à la ressource ceux qui n'appartiennent pas au consortage ou à la commune), enfin le droit d'aliéner (le droit de vendre sa part de la ressource ou de vendre collectivement l'ensemble de celle-ci … Ostrom 2010 ; voir aussi Orsi 2015 : 59). L'exception confirmant, dit-on, la règle, nous avons identifié dans le massif un seul exemple de canal désigné comme canal « d'arrosage » ou « d'irrigation » appartenant sans ambiguïté à un particulier. En réalité, en Maurienne et en Tarentaise comme dans de très nombreuses régions du monde, les canaux d'arrosage fonctionnaient très majoritairement sous des régimes locaux de contrôle collectif, souvent à plusieurs niveaux de complexité. Leur gestion était confiée soit aux élus communaux soit à ceux du consortage réunissant les propriétaires des parcelles irriguées. Leur entretien était assuré par les corvées des usagers et financé par ces derniers, le plus souvent au prorata des superficies arrosées. Le tout était orienté vers un usage individuel de l'eau strictement codifié par les usagers eux-mêmes sous forme de règlements, toute transgression sérieuse à ceux-ci étant sanctionnée par des amendes ou d'autres punitions. À ces deux niveaux de gestion communautaire, par le biais des consortages ou des communes, pouvaient s'ajouter celui des interventions des autorités supérieures, seigneuriales, ducales, royales puis républicaines d'intensité variable suivant les époques.

Posséder les canaux ou contrôler leur usage ?

Les anciens documents d'archives précisent rarement en Vanoise qui était le « propriétaire » d'un canal d'arrosage, d'un réseau d'irrigation, d'un cours d'eau les alimentant, ou de l'eau elle-même. En réalité, avant la fin de l'Ancien Régime, la notion elle-même de propriété diffère de celle qui est devenue la nôtre. Il faut distinguer la propriété éminente du seigneur et celle dite utile du tenancier emphytéote ou du groupe de tenanciers à qui les droits d'usage sur la terre ou sur la ressource collective ont été concédés. Depuis les environs de l'an mille, le seigneur de ban, celui qui détient les droits de justice, est réputé être le maître des eaux comme il l'est des forêts ou des alpages. La propriété utile est, quant à elle, partagée entre les communautés d'habitants ou les consortages. Après 1792 et la fin du régime seigneurial en Savoie, les deux niveaux de propriété n'en forment plus qu'un seul. De toute façon, la plupart des textes concernant l'irrigation ancienne, qu'il s'agisse des rôles de répartition de l'eau, des actes établissant des consortages ou des associations syndicales ou encore des documents judiciaires concernant les conflits autour de l'eau ou ceux touchant aux travaux sur les canaux, illustrent le caractère collectif tant de l'accès à l'eau que de la construction, de l'entretien et de la gestion des canaux. Ceux qui possédaient les parcelles intéressées par l'arrosage mais aussi les propriétaires de moulins, de chalets d'alpages ou de montagnettes constituaient ensemble le groupe des ayants droit à l'eau d'un canal-réseau donné.

Si les textes anciens n'emploient jamais les termes de « propriété » ou « propriétaire » à propos des canaux d'irrigation, à partir du XIXe siècle, à une époque où la propriété privée moderne devient centrale en matière de droit foncier, la notion de propriété des canaux commence à se préciser, notamment au travers des documents cadastraux. Ainsi, au contraire de la Mappe Sarde du XVIIIe siècle, les plans du Premier Cadastre Français (1862-1945) figurent parfois en Vanoise des numéros sur les canaux d'irrigation, comme pour le reste des parcelles privées cadastrées (figures 62 et 63), nous offrant ainsi la ressource de nous tourner vers les matrices cadastrales pour connaître leurs propriétaires. Or, à l'exception de l'unique canal « privé » évoqué plus haut, l'examen de celles-ci confirme le caractère collectif de la propriété des canaux (voir p. ex. en 1870, La Côte-d'Aime comme « propriétaire » des numéros 506, 1147, 1338, 1370 et 1715 affichés sur le « Bief de Pierrolaz » dans les plans du Premier Cadastre Français, ADS 3P 7342, et dans le « Tableau Indicatif des Propriétés Foncières ... » pour cette commune, ADS 3P 1297). Pour autant, ces notions de propriété collective ou plutôt de contrôle collectif sont plus complexes qu'il n'y paraît, juxtaposant plusieurs types de droit et plusieurs niveaux de contrôle communautaire.

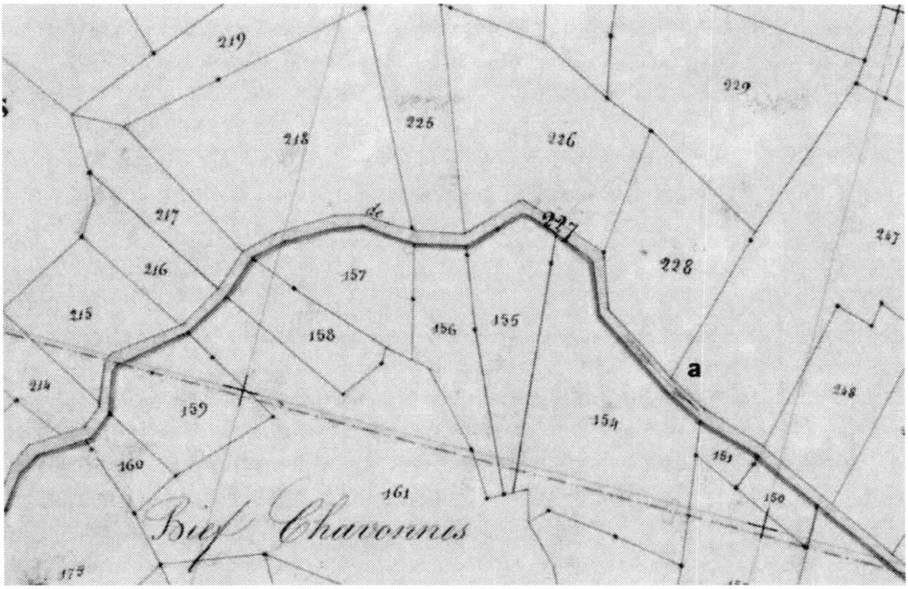

Figure 62. « Bief de Montvalezan » (**a**) numéroté 227 (La Côte-d'Aime 1870). ADS PCF 3P 7342, B1.

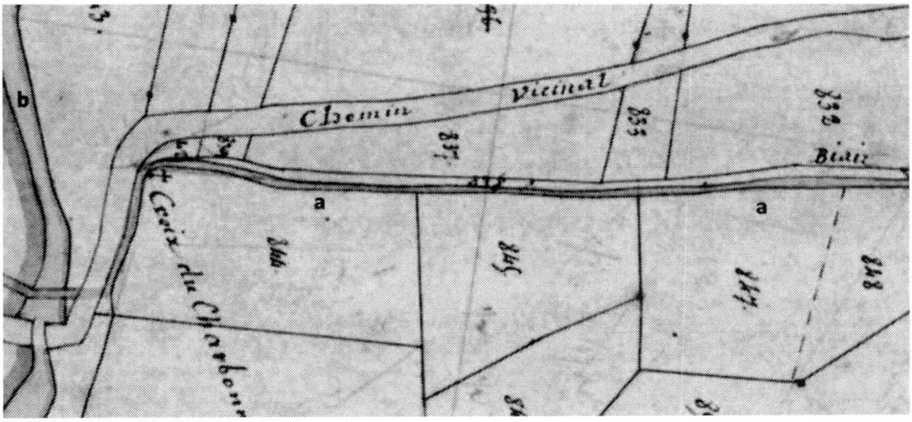

Figure 63. « Biaiz de St. Michel » (**a**) numéroté 838 (Landry 1869). ADS PCF 3P 7351, H2.

La possession des canaux et de leurs eaux, c'est-à-dire l'exercice du « faisceau de droits » évoqué plus haut, peut relever de plusieurs formules que nous appelons ici des types de contrôle des systèmes d'arrosage. Les deux types les plus couramment rencontrés concernent la situation la plus courante dans laquelle les eaux d'un canal se trouvaient exclusivement employées à l'intérieur des limites d'une même commune ou paroisse. Ici, le contrôle était assuré, soit par un ou plusieurs groupes d'ayants droit, soit par la communauté elle-même, c'est-à-dire, aux époques moderne et contemporaine, par la commune. Dans le premier cas, le ou les groupes d'ayants droit formaient ce que l'on appelle des consortages et plus tard, des syndicats d'arrosage dans lesquels se regroupaient les seuls membres du groupe intéressés par l'usage du canal. Dans le second cas, le contrôle des canaux et de leurs eaux relevait de la commune et, plus concrètement, de la municipalité. Dans une commune où le réseau d'irrigation était peu étendu, il pouvait être géré par un seul consortage mais il arrivait fréquemment que plusieurs syndicats se partagent un réseau plus important, certains canaux pouvant en outre être gérés directement par l'instance communale (voir l'exemple de Séez ci-dessous). La bonne gestion de l'eau sur l'ensemble du territoire supposait alors une cohabitation et une concertation parfois difficiles entre ces différentes instances de contrôle, notamment lorsque plusieurs canaux ou réseaux s'alimentaient sur un même cours d'eau.

Là où un canal traversait deux ou plusieurs communes, d'autres formules de contrôle de l'eau, parfois encore plus complexes, étaient en vigueur. Celles-ci allaient du contrôle par l'une des communes ou consortages, celui-ci étant caractérisé par la coopération entre plusieurs consortages et/ou municipalités au moyen d'accords de partage régulièrement renégociés, jusqu'au contrôle par un consortage unique, transcendant les limites communales et sans recours à un partage des eaux. Ces troisième et quatrième types correspondent au cas de figure assez fréquent où un même cours d'eau naturel alimentait un ou parfois plusieurs canaux situés dans deux ou plusieurs communes. Dans une des variantes possibles, ce cours d'eau servait de délimitation entre deux communes, tel le torrent de Bonnenuit entre Termignon et Sollières, en haute-Maurienne. Dans ce cas, le contrôle supérieur était assuré par accord entre les deux entités sur le partage de l'eau, accord devant être ensuite appliqué par les différents consortages. Le cinquième et dernier niveau de contrôle de l'eau en Vanoise, rarissime celui-ci, nous ramène au cas de l'unique canal privé mentionné dans notre corpus. Évoqué dans un document datant du début de la déprise agricole dans le massif, il constitue peut être un exemple concret d'un mouvement, limité et mal connu, de construction de canaux d'arrosage privés durant cette période.

Contrôle collectif et contrôle communautaire

En Vanoise, nous l'avons vu, le groupe d'exploitants d'un canal ou d'un réseau de canaux s'appelait un consortage, terme qui s'appliquait aussi aux usagers de certains alpages. Après l'annexion de la Savoie par la France, les consortages devinrent des « associations syndicales d'arrosage » ou, plus simplement, des syndicats. Les documents anciens font moins référence au consortage en tant que tel, qui ne semble pas avoir joui d'une véritable personnalité juridique, qu'à ses membres : on parle alors de « groupes d'arrosants », « d'arrosants », « d'ayants droit » ou parfois simplement de

« pariers », « consorts » ou « consortes », mais jamais de « propriétaires » de canaux. Tous ces termes désignaient la même chose, c'est-à-dire un ensemble de chefs de famille, souvent mais pas toujours, issus du même village, quartier ou de la même commune ou paroisse. D'une part, ces individus étaient les seuls à avoir accès à l'eau du canal (droit d'exclusivité), de l'autre, ils étaient responsables de sa maintenance ainsi que de l'élaboration et du respect des règles d'utilisation de ce canal et de son eau (droit de gestion). Ces personnes faisaient partie du consortage en raison de leur détention de droits d'eau, c'est-à-dire de parts de l'eau du canal, droits liés à la possession de parcelles arrosables dans ce que les documents nomment le « périmètre d'arrosement » ou le « périmètre arrosable » du canal (ADS S739 ; S752) et par leur participation active à l'entretien et à la gérance du canal. Par endroits, des propriétaires de moulins et des particuliers utilisant l'eau pour des besoins domestiques (bassins et/ou abreuvoirs, etc.) se joignaient au consortage, le groupe des arrosants restant toujours majoritaire. À Séez, en 1811, les arrosants devaient fournir les ¾ des fonds nécessaires pour réparer le canal de Séez, alors que les usiniers devaient apporter le quart restant (AF J-LP).

Ce collectif d'ayants droit se réunissait en assemblée générale pour élire un « syndicat » (voir « Comment fonctionnaient les consortages ? », chapitre 8), c'est-à-dire un nombre restreint de responsables du canal, appelé le plus souvent sous l'Ancien Régime une « commission » ; elle était chargée d'établir les règles de partage de l'eau et de l'entretien dudit canal. Ce mode de gestion se retrouvait un peu partout en Vanoise, notamment dans les communes assez vastes équipées de plusieurs réseaux de canaux et englobant tout un bassin-versant voire plusieurs. On le retrouve aussi dans de nombreuses autres régions de montagne où se pratiquait l'irrigation traditionnelle, notamment le Valais, le Val d'Aoste et les Alpes françaises du Sud.

La typologie abstraite des modes de possession et de gestion des canaux décrits ci-dessus ne peut se comprendre vraiment sans référence à des exemples concrets, tirés de notre corpus de documents et de témoignages.

Canaux d'exploitants

Comme le révèle l'examen des plans du Premier Cadastre Français, la majorité des réseaux d'irrigation en Vanoise se déployait à l'intérieur des limites d'une seule commune tandis que les plus étendues d'entre elles comprenaient plusieurs réseaux plus ou moins complexes correspondant *grosso modo* à autant de consortages-syndicats. Pour l'essentiel, les membres d'un consortage-syndicat donné appartenaient aux seuls villages ou quartiers desservis par un canal. Ainsi, six réseaux d'arrosage principaux gérés par au moins six consortages-syndicats parcouraient l'ancienne et très vaste commune de Bourg-Saint-Maurice (Meilleur *et al.* 2012 ; ADS 3O11) dont quatre étaient implantés entièrement à l'intérieur du territoire de cette commune. Les trois canaux des Veis-d'en-haut, des Veis-du-milieu et des Veis-d'en-bas (anciennement désignés comme le Grand, le Petit et le Neuf), situés sur la rive droite du torrent du Versoyen, relèvent de ce qu'un document de 1882 désigne comme « l'association syndicale libre du quartier de Versoye » (ADS S738), version moderne de l'ancien consortage. Les autres canaux d'irrigation alimentés par les ruisseaux de l'Arbonne, du Charbonnet et du Nantet avaient de même leur propre consortage-syndicat.

On retrouve cette même formule gérant plusieurs canaux, appliquée au réseau du ruisseau de l'Église dans l'ancienne commune d'Hauteville-Gondon (aujourd'hui intégrée à Bourg-Saint-Maurice) en 1857 (AF LC-S), mais aussi à Aussois ou encore à Villarodin-Bourget en haute-Maurienne. En ordonnant en 1824 la réparation des canaux d'irrigation, le maire d'Aussois précise que « d'après l'usage immémorial l'entretien et le curage de ces canaux [dérivés du torrent de Saint-Benoît] incombent aux ayants droit et non à la commune » (ADS 84S6). À Villarodin-Bourget, le rôle d'arrosage, c'est-à-dire le règlement pour le partage des eaux entre les ayants droit, promulgué en 1853 pour le canal du Villaret aux Combes (Meilleur *et al.* 2012), est signé uniquement par les 38 arrosants formant le consortage. Non seulement ceux-ci représentent les seuls usagers du canal mais ils sont également seuls habilités à en définir les règles d'utilisation (AC Villarodin-Bourget 3O2).

Canaux municipaux

Dans la paroisse des Chapelles, en 1724, on explique que les décisions touchant les canaux sont prises par « l'assemblée générale [de] tous les communiers » (ADS S745). Ce type de gestion communautaire se rencontre souvent en haute-Maurienne ainsi que dans quelques communes de Tarentaise. À Modane, à l'époque moderne, la réglementation sur l'irrigation est incluse dans « les bamps généraux » de la paroisse promulgués en 1566. « Tous les consorts des bialliages », se voient imposés de « contribuer à la réparation d'iceux bialliages … à faire leur journée. Le jour ... assigné par déclaration publique » (AC DD1). Même chose à Landry, en Tarentaise, où c'est la commune qui, en 1697, est déclarée responsable de « la conservation de touz les biens et propriétés … tant prés, terres, vignes, eaux, bois, *biez*, chemins » (ADS 39SPC1). À Montvalezan, la municipalité contrôle un réseau d'irrigation particulièrement complexe, comptant au moins une vingtaine de canaux, établi sur un seul bassin-versant (Meilleur *et al.* 2012). Or, dès le XIVe siècle, son contrôle semble avoir été confié à la communauté d'habitants, chapeautant les consortages exploitant des sections particulières (Gaide-Chevronnay1931). C'est encore le cas en 1766, lors de la confection du nouveau règlement « concernant les eaux à distribuer pour les arrosemens », celui-ci étant « … dressé par le conseil » (AC I-Archives Anciennes).

Ainsi des communes possédant plusieurs réseaux de canaux distincts n'en ont pas moins parfois pris en charge la gestion de ceux-ci, en lieu et place des consortages que l'on s'attendrait à trouver à cet endroit, sans doute au gré de circonstances dont nous ignorons tout. Cela semble avoir été le cas à Bramans en 1844 où « la biallière [canal] dit du Verney », qui tirait son eau de la rivière de l'Arc sur la commune voisine de Sollières-Sardières, est réparée sous la supervision et aux frais de la commune. Possédant une quinzaine de canaux d'arrosage (Meilleur *et al.* 2012), Bramans est encore citée comme « propriétaire » du canal de Verney et du canal du Plan des Colombières vers la fin du XIXe siècle. C'est également le « conseil communal » de Macôt, en moyenne-Tarentaise, qui ordonne la confection d'un « rôle nouveau pour la répartition équitable [des eaux d'arrosage] basée sur la contenance des terrains, » ceci en 1851 et encore en 1877 (ADS 83S20). Pour Bessans, Eugénie Goldstern signale en 1914 (1987) que les canaux d'irrigation sont gérés par le conseil municipal. Aucune trace de consortage ou de syndicat n'apparaît ici (cité par Tracq 2000 : 203).

Ceci dit, le droit de gestion ne se résume pas à celui de possession et il ne faudrait pas croire que les décisions concernant l'emploi de l'eau aient été prises sans négociation avec les arrosants eux-mêmes. Dans tous les cas où la municipalité semble avoir assuré l'administration d'un canal-réseau, les intéressés directs ont toujours estimé avoir leur mot à dire, s'estimant sans doute autant « propriétaires » des canaux et de l'eau transportée que la commune elle-même. En cas de désaccord, ils n'hésitaient pas à se plaindre directement aux autorités supérieures, comme à Montvalezan en 1854 où des « suppléants » écrivent à l'intendant de Tarentaise afin de lui faire part de leur mécontentement à l'égard des administrateurs de cette commune à propos d'un nouveau rôle de répartition (AC I-Archives Modernes).

Responsabilité partagée

Nos documents renferment plusieurs exemples de partage de responsabilité entre consortages et communes au sujet de canaux. Dans le cas de réparations à mener suite à des dégâts importants, les deux entités pouvaient être amenées à travailler ensemble pour redresser la situation. C'est le cas à Séez en 1802 où les dirigeants du consortage du canal de Séez et le maire de la commune se concertent à propos des travaux de réparation du canal (ADS 187^E^ dépôt 218). À l'inverse, en 1854, à Montvalezan, le consortage des arrosants de l'Airel Noua d'Aval (« le canal neuf d'aval ») déplorent que les administrateurs de la commune n'aient rien fait pour corriger les débordements et les dégâts ainsi provoqués sur leurs propriétés (AC II-Archives Modernes). Dans ces deux situations, l'intervention de la commune est certainement liée à l'importance des dégâts et au coût des réparations qui doit excéder les moyens du consortage. Elle n'en montre pas moins les limites de l'autonomie du consortage et de la plénitude de son droit de propriété sur les canaux dont il a la charge. De plus en plus, cette souveraineté tend à s'effacer au profit de ce que l'on peut appeler une délégation de gestion du domaine communal dont les eaux font évidemment partie.

Les canaux partagés

Qu'en était-il de la possession des canaux lorsque ceux-ci traversaient deux ou plusieurs communes ? Les textes anciens sont peu explicites sur cette question, préférant s'étendre sur les problèmes plus concrets à l'origine des litiges, prétextes à leur rédaction tels que les parts d'eau attribuées aux différents groupes d'utilisateurs ou le partage des coûts de gestion, d'entretien et de réparation des canaux. Il semble malgré tout que plusieurs situations aient été possibles : depuis le partage égal entre deux ou plusieurs communautés pour l'accès à l'eau et aux droits de possession du canal donc aux devoirs inhérents à celui-ci, jusqu'au contrôle exclusif du réseau par l'une des communautés ou l'un des consortages, alors même que le canal passe sur le territoire de ses voisins. C'est vraisemblablement le fait d'avoir, par le passé, construit le canal et avoir bénéficié pour ce faire d'une concession seigneuriale, qui justifie un monopole à première vue étonnant.

Contrôle partagé et jouissance conjointe

À Bourg-Saint-Maurice, le canal dit de Vaugellaz, situé sur la rive droite de l'Isère, sur le « Versant du Soleil », long de huit à dix kilomètres, « appartient depuis une époque déjà reculée aux hameaux de la Thuile et de Vulmix » qui forment la section ou le quartier de Vulmix (AF SA). Malgré ce témoignage apparemment sans ambiguïté de 1870, nous apprenons aussi, par un texte contemporain, « qu'en vertu d'anciens règlements … les eaux de ce canal sont … réparties par moitié entre les [deux] hameaux d'une part et la commune des Chapelles d'autre part » (ADS 83S10). Qu'en était-il en réalité ? Le partage des eaux impliquait-il celui de la possession, c'est-à-dire du contrôle du canal ? Émergeant du ruisseau du Nant Blanc sur la commune de Bourg-Saint-Maurice, le canal passait ensuite sur la commune des Chapelles puis rentrait de nouveau sur Bourg-Saint-Maurice dans le quartier de Vulmix. De là, après utilisation, une partie de son débit revenait au canal des Chapelles pour retourner sur cette dernière commune (Meilleur *et al.* 2012). Cette complexité explique la fréquence des litiges dont, dès la fin du Moyen Âge, le canal de Vaugellaz a été l'enjeu (Hudry 1985 : 118), ainsi que la difficulté de déterminer à qui en revenait « la propriété », pour autant que la question ait eu un sens pour ses usagers.

Un exemple similaire se rencontre sur la rive gauche de l'Isère, côté ubac, dans une zone de confins entre Bourg-Saint-Maurice et Hauteville-Gondon. Le canal de l'Arc, qui se déploie sur dix à douze kilomètres de long, desservait plusieurs villages dont certains formaient le quartier de Montrigon dans la commune de Bourg-Saint-Maurice, et les autres le quartier du Tiers dans la commune d'Hauteville-Gondon. Ce canal avait la particularité de naître sur les hauteurs d'Hauteville-Gondon, de passer ensuite sur le territoire d'une troisième commune, celle de Villaroger, qui n'avait aucun droit, ni sur le canal ni sur l'eau qu'il transportait, avant d'entrer sur Bourg-Saint-Maurice puis de-nouveau sur Hauteville-Gondon. Par un agrément de 1566, qui ne fait sans doute que reprendre un usage plus ancien, nous savons que l'eau du canal était partagée à raison de deux tiers pour le quartier de Montrigon et un tiers pour le quartier du Tiers (AF HB), la répartition étant assurée par une grosse vanne située sur le territoire de Montrigon. En lien avec la part léonine de l'eau dont ils étaient crédités, les Montrigonnais possédaient également des droits de gestion supérieurs à ceux de leurs voisins, tout au moins sur la partie amont du canal considérée comme indivise entre les deux quartiers. Ils avaient notamment la préférence pour désigner tous les ans le garde commun du canal et pouvaient s'opposer à l'établissement d'un garde particulier par le quartier du Tiers (document d'Hauteville-Gondon, 1847 ; ADS 5FS503). En contrepartie, ils apportaient les deux tiers de la main d'œuvre et des financements requis pour la maintenance de la partie commune du canal. Comme dans le cas du canal de Vaugellaz, l'usage commun du canal de l'Arc engendrait de nombreuses frictions entre les deux quartiers.

Le partage inégalitaire des droits de possession d'un canal commun entre deux communautés semble avoir été relativement courant en Vanoise, découlant sans doute des conditions d'établissement du réseau ainsi que d'une suite de conflits et d'accords dont nous ne connaissons que la partie émergée. Un texte, il est vrai peu explicite de 1654 (Hudry 1985 : 119) qui en fait ne dit rien sur le partage égalitaire ou non de l'eau, expose le contenu d'un tel accord intervenu entre La Côte-d'Aime et Valezan pour le contrôle de deux canaux :

> « un arrangement a lieu entre les habitants de la Côte d'Aime et ceux de Montvalezan [Valezan actuel] et plan de Bellentre pour entretenir et pour réparer à commun frais un canal soit biez appelé biez richel (t ?) tombant au canal appelé biez nuaz … les deux biez … seront *possédés* en commun comme a este faict cy devant. »

Possession communautaire, canaux transcommunaux

Le canal de Montfort traversait plusieurs communes dans les cantons de Bozel et de Moûtiers, dans le secteur appelé par des géographes « l'X Tarin » ou encore « la Région des Dorons » (Onde 1938). Né peut-être en partie sur la commune de Notre-Dame-du-Pré dans le canton de Moûtiers, long de cinq à six kilomètres, il passait ensuite sur les communes de Montagny et Feissons-sur-Salins, toutes deux situées dans le canton de Bozel, pour arriver aux alentours du village de Montfort, dépendant de la commune de Saint-Marcel (à nouveau dans le canton de Moûtiers), avant de se jeter plus bas dans l'Isère. Signalé sur plusieurs cartes du Premier Cadastre Français (Saint-Marcel 1888, ADS 3P 7371 ; Montagny 1911, ADS 3P 7354) comme « canal de Montfort » ou « Ruisseau de Montfort », il semble déjà en place au début du XIVe siècle et appartenait à la communauté d'habitants de Montfort. Une source de 1336 (Mouthon 2010 : 103) rappelle l'albergement consenti par l'archevêque de Tarentaise concédant aux syndics de Montfort, paroisse de Saint-Marcel, « du cours d'eau descendant de Montfort, depuis le lieu appelé des quartiers-dessous, jusqu'à l'Isère et par la montagne d'Armenaz … afin qu'ils puissent arroser leurs prés. » De toute évidence, au moins depuis cette époque, le consortage formé par les habitants de ce seul village contrôlait l'eau de ce canal et prenait en charge son entretien et ses réparations. Aucune source ne vient appuyer l'idée que les autres secteurs traversés, sur les communes de Montagny et Feissons, et même peut-être Notre-Dame-du-Pré, il est vrai surtout forestiers, aient joui du moindre droit d'eau ou aient exercé la moindre responsabilité sur ce canal.

Long d'environ six kilomètres, le canal Neuf d'en Bas (ou l'Airel Noua d'Aval), qui avait sa prise sur la rive droite du torrent des Moulins dans la commune de Montvalezan, traversait vers l'aval le quartier de Longefoy sur Séez, avant de se jeter dans l'Isère. À plusieurs reprises, cette dernière communauté tenta de négocier avec les Montvalezanais pour pouvoir utiliser les eaux de ce canal, sans aucun succès semble-t-il. Montvalezan parvint à conserver seule le contrôle du canal, au point que le maire se refusa à accorder l'usage de son eau aux habitants de Longefoy, même sur la fin de son parcours, là où l'impact de ce prélèvement pour les Montvalezanais aurait été négligeable (ADS S749).

Troisième exemple de canal traversant plusieurs communes, le canal des Chapelles, fort de ses quatorze kilomètres s'étirait sur le « Versant du Soleil » de moyenne-Tarentaise, en aval de Bourg-Saint-Maurice. Section principale d'un réseau particulièrement complexe, le canal des Chapelles desservait un ensemble de zones arrosables situées sur Les Chapelles et sur trois autres communes (La Côte-d'Aime, Valezan, Bellentre … Meilleur *et al.* 2012). Or, la gestion du canal revenait aux Chapelles seule qui décidait notamment du partage des eaux avec les autres communes. En 1854, son conseil municipal accordait ainsi quatre jours d'utilisation de l'eau du canal aux habitants de Valezan « pour arroser leurs prairies » (ADS 5FS517), de même qu'il l'avait déjà fait en 1679 (voir « D'autres utilisateurs d'un canal … », ci-dessous). La commune des Chapelles était également responsable de l'entretien et des réparations du canal, non seulement sur son propre territoire, mais aussi sur celui des autres communes (ADS 5FS517). Cette disposition exceptionnelle en Vanoise semble avoir daté au moins de 1724 (ADS 5FS517) et avoir duré jusqu'à l'annexion de la Savoie par la France et à la création d'une association syndicale pour ce canal. Comme dans le cas des deux canaux précédents, ce type de situation n'était pas sans troubler l'harmonie intercommunale.

Aussi curieux que cela puisse paraître de prime abord, plusieurs canaux parmi les plus importants et les plus longs du massif naissaient ainsi sur le territoire d'une commune qui néanmoins n'en avait aucun contrôle. Celle-ci pouvait certes se voir accorder une partie de l'usage de l'eau, par l'entité (consortage ou commune) « propriétaire » du canal, mais ce n'était pas toujours le cas tel qu'on vient de le constater pour le canal de Montfort ou celui du canal Neuf d'En Bas. Comme l'illustre l'exemple de Montfort, c'est bien l'histoire du canal, et notamment l'identité de ceux qui, dans un lointain passé, avaient probablement pris l'initiative de sa construction, négociant pour cela avec le seigneur maître des eaux, qui est à l'origine de ce type de situation de monopole. En conséquence le fait de partager une ressource *a priori* collective, telle que l'eau, ne conduisait pas nécessairement les communautés concernées à mettre en place une coopération de forme égalitaire. En Vanoise, comme ailleurs, l'idéal d'une juste répartition de l'eau ne valait, et encore, qu'à l'intérieur d'une communauté d'usagers où chacun possédait les mêmes droits.

Le contrôle des cours d'eau naturels et des sources

Nous venons de voir qu'une communauté pouvait contrôler la prise et l'embouchure d'un canal même si celles-ci ne se trouvaient pas sur son propre territoire.

Au Moyen Âge

Le Moyen Âge on l'a dit, hérite de la conception romaine de la propriété. Les cours d'eau sont considérés comme des *res nullius*, des « choses de personne », qui relèvent de la chose publique, c'est-à-dire de l'autorité royale. Après l'an mille, celle-ci est concrètement exercée par les seigneurs de ban dont nous avons donné plus haut une liste non exhaustive; les seigneurs sont donc les maîtres des eaux, comme du reste des forêts et des alpages (Caponera 2009 : 93-98).

La propriété médiévale se définit comme un ensemble de droits plus que comme un bloc monolithique, droits qui peuvent être concédés de façon séparée. Un seigneur peut notamment concéder sur un bien, contre le paiement de redevances, l'exercice de ce que l'on appelle « les droits utiles », se réservant la propriété éminente ou directe. Ces droits utiles ne se confondent qu'en partie avec notre droit de jouissance dans la mesure où, au contraire de celui-ci, ils peuvent être aliénés en faveur de tiers, moyennant le versement d'une partie du prix de vente au seigneur.

L'utilisation de l'eau et des rives d'un cours d'eau pour bâtir un moulin, alimenter un canal d'irrigation, prélever du gravier ou les branches des saules ou aulnes donne ainsi lieu au paiement d'un droit appelé le plus souvent *rivagium* ou *aquagium*. En 1429, le châtelain de Maurienne pour le duc de Savoie reçoit ainsi d'un groupe d'habitants de la paroisse de Fourneaux deux sous forts en échange du droit d'utiliser l'eau des cours d'eau naturels et des canaux (*pro usibus suis aquaris, rivoris et rivulloris existentie in parrochia Fornelloris*) sous-entendu pour actionner des moulins ou irriguer leurs possessions. La même année, le même personnage perçoit onze sous forts sur un important consortage en échange du *rivagium* sur la moitié du torrent de Bonnenuit et sur les autres cours d'eaux de la paroisse de Sollières (Couvin-Wlosek 2007 : 48 citant ADS SA 16084).

D'un point de vue juridique, les plus anciennes mentions de l'irrigation dans le massif font presque toujours référence à l'albergement, c'est-à-dire à la concession d'un cours d'eau par un seigneur en faveur soit d'une communauté d'habitants, soit d'un consortage soit, plus rarement, de particuliers.

Ce type de contrat inclut le plus souvent le droit de construire des canaux à des fins d'arrosage mais aussi d'alimentation du bief d'un moulin. À Termignon en haute-Maurienne, le châtelain du comte de Savoie avait albergé en 1394 aux habitants de Termignon le droit d'utiliser l'eau du ruisseau de Bonnenuit à des fins d'irrigation, avant d'accorder le même droit en 1402 à ceux de Sollières (Pérouse 1915 : 42). Bien souvent ces albergements écrits ne faisaient que reprendre le contenu de droits coutumiers plus anciens. Ainsi les gens d'Hauteville-Gondon en Tarentaise jouissent des mêmes droits sur leurs cours d'eau que ceux de Termignon, ce depuis un acte de 1340 qui confirme des droits plus anciens. Pour plus de sûreté, la communauté ne réclama pas davantage, plusieurs siècles durant, que la confirmation périodique de l'albergement originel (AC DD 17). Avant l'époque moderne, les droits des seigneurs sur les eaux semblent n'avoir impliqué aucune intervention directe de leur part, ni dans la construction de canaux, ni dans la gestion de ceux-ci, en particulier dans le partage des eaux. Tout juste les ayants droit avaient-ils recours à la justice du seigneur ou à son arbitrage pour mettre fin aux conflits touchant à leur usage des eaux (voir « L'irrigation et les autorités supérieures », chapitre 9).

Le rôle produit pour Montvalezan en 1374, par exemple, n'impliquait que des hommes des juridictions des seigneurs régionaux (Gaide-Chevronnay 1931 : 146) ; ceux-ci ne sont pas leurs représentants, mais des délégués probables des villages ou quartiers se servant des eaux. Quant aux « curiaux » ou notaires seigneuriaux qui, comme à Montvalezan, rédigent les rôles pour le compte de consorts le plus souvent illettrés, ils ne font que donner au document la garantie de l'autorité publique, de même que pour n'importe quel acte authentique de nature privée (vente, mariage, testament …). Or, à partir du 17e siècle, on retrouve des curiaux (clercs) des seigneurs locaux engagés aussi dans la confection des rôles. C'est le cas à Hauteville-Gondon en 1692 où un nouveau rôle était « rédigé par … moy curial du Marquisat de St. Maurice » (AF LC-S). Mais leur intervention n'implique aucune immixtion seigneuriale dans la gestion des consortages.

Du XVIIe siècle à 1860 : la disparition des droits seigneuriaux et l'affermissement de la propriété communale

Les droits des seigneurs sur les eaux ne disparaissent pas avec la Renaissance. Au-dessus de la propriété collective utile des cours d'eau, obtenue au Moyen Âge par les communes et les consortages, demeure toujours la propriété éminente du seigneur sur les *res nullius*. En 1660 encore, Landry et Peisey-Nancroix doivent faire reconnaissance envers le marquis de Saint-Maurice et le duc de Savoie Emmanuel Philibert pour « chacune fontaine, nants, rieux et ruisseau de toute la paroisse … et ycelles eaux prendre et conduire par acqueducs, allouds (?), et conduits tant vieux que nouveaux pour toutes leurs possessions … » (ADS DD33).

Au XVIIe et surtout au XVIIIe siècle, le mouvement des affranchissements sonne, en Maurienne et en Tarentaise, la fin du système seigneurial, définitivement aboli en 1792. Dans les sources de la fin de l'époque moderne et du début du XIXe siècle, les communes sont le plus souvent présentées comme étant les propriétaires des cours d'eau, sous le contrôle plus ou moins lâche, non plus des seigneurs, mais de l'administration ducale puis royale. Il est notamment fréquent, mais pas systématique non plus, pour les communes d'envoyer pour approbation les documents de gestion des canaux aux intendants, au sénat de Savoie ou encore au conseil de l'Intendance Générale de la Savoie, à Chambéry. C'est le cas à Hauteville-Gondon en 1566 (AF HB), aux Chapelles en 1831 (ADS 5FS517) et à Macôt en 1851 (ADS 83S20).

En 1833, alors qu'un conflit divise les arrosants d'Hauteville-Gondon à propos du renouvellement du rôle de répartition des eaux de 1692, le vice-intendant de Tarentaise déclare le ruisseau de Saint Pantaléon, objet du litige, comme étant « une propriété communale et non celle des particuliers … puisqu'il n'y existe aucuns travaux d'art, le lit qu'elles [les eaux] se font [étant] naturellement creusé. » Autrement dit, si les consortages peuvent avoir la « propriété » des canaux, ceux construits par leurs membres fondateurs, celle des cours d'eau naturels revient de droit aux communes.

L'intendant ordonne alors la confection d'un nouveau rôle par la commune, en demandant aux utilisateurs des canaux alimentés par le ruisseau de fournir leurs superficies arrosables aux responsables communaux (AC 3O12). Confrontés à cette tentative de la part du représentant de l'État piémontais de rompre l'équilibre institutionnel au profit de la commune, les membres du consortage tentent de défendre leur autonomie, de toute évidence sans grand succès (voir « Contre les agents de l'État », chapitre 12).

Perte supplémentaire d'autonomie

Après 1860 et l'annexion de la Savoie par la France, l'administration française intervient très rapidement dans les affaires hydrauliques du massif. Les ingénieurs des Ponts et Chaussées puis ceux des Eaux et Forêts aident les anciens consortages, nouvellement baptisés « associations syndicales d'arrosage », à se conformer aux lois françaises, aussi bien quant à leurs formes légales, que sur les aspects techniques de l'irrigation. Plus grave sans doute, l'administration n'hésite pas non plus à intervenir dans les affaires internes des consortages, notamment dans la détermination des tours d'arrosage, sujet de nombreuses discordes, ceci, comme il est dit aux Chapelles en 1888, afin de « mettre le partage de l'eau sur un pied de justice et en harmonie avec la civilisation actuelle » (ADS S742). Ce faisant, c'est le vieux principe d'autonomie des consortages et donc leur degré de contrôle réel sur les canaux dont ils ont la charge qui est alors remis en cause. D'autant que la mise en place du droit français amène aussi le renforcement des liens entre les communes et les consortages devenus associations syndicales d'arrosage. En réalité, c'est bien souvent à une entreprise de mise sous tutelle de ces dernières que l'on assiste. À Montrigon, en 1883, la commune s'octroie d'autorité la confection du nouveau rôle du canal de l'Arc (ADS S739). À Bourg-Saint-Maurice, en 1882, le receveur municipal prend en charge la gestion financière du syndicat d'arrosage du quartier du Châtelard et des Échines (ADS S785). Parfois, la prise de pouvoir des communes sur les canaux va encore plus loin, comme à Sollières-Sardières en haute-Maurienne. À partir de 1895, la municipalité réaffirme son contrôle sur l'eau des ruisseaux de Villeneuve et de Bonneuit, ce en quoi elle est pleinement dans son droit nonobstant le fait que ce dernier cours d'eau fait limite avec la commune voisine de Termignon. Mais elle prétend également étendre ce contrôle sur l'utilisation de l'eau circulant dans les canaux alimentés par ces cours d'eau, notamment par le biais des règlements. Or l'élaboration et l'application de ceux-ci représentaient jusque-là l'une des prérogatives principales de la commission syndicale dirigeant l'ancien consortage (ADS 39SPC1). Dépouillée de son pouvoir règlementaire en plusieurs lieux, l'association syndicale perdait le contrôle effectif des canaux dont elle avait la charge.

Néanmoins, au milieu du XIXe siècle, les consortages conservent toujours une part de leur autonomie ancienne vis-à-vis des communes et de l'État, négociant ensemble des accords de coopération ou le règlement de conflits d'usage. Ainsi, en 1864, donc quelques années après l'annexion, un différend entre deux consortages tirant de l'eau du torrent de Reclus, dans la commune de Séez, semble avoir été résolu par une négociation entre les consortages concernés, sans aucune intervention ni des autorités communales ni des autorités supérieures (ADS S749). Dans les décennies suivantes cependant, la multiplication des usages de l'eau, notamment avec les chantiers du chemin de fer puis l'implantation d'usines électrochimiques, électrométallurgiques et hydro-électriques, notamment en Maurienne, renforce le pouvoir décisionnel des communes. C'est en effet aux conseils municipaux, propriétaires des cours d'eau, que les compagnies étrangères à la région doivent s'adresser pour obtenir le droit de détourner l'eau des torrents à des fins industrielles. Dans la plupart des cas, des demandes sont acceptées sous réserve du respect des anciens usages de l'eau, le plus souvent liés à l'irrigation. Pour autant, les consortages, rebaptisés associations syndicales, n'ont pas vraiment leur mot à dire, conservant seulement la possibilité de se plaindre après coup des nuisances apportées à leurs activités (voir plusieurs demandes de l'eau pour l'usage industriel à Villarodin-Bourget en 1863, ADS 84S19 ; à Saint-André entre 1886 et 1929, ADS 84S33).

L'eau privée ? : le cas des sources

Au moins pour les périodes récentes, les sources et résurgences étaient considérées comme appartenant aux propriétaires des parcelles sur lesquelles elles surgissaient. La plupart des sources servant à l'alimentation d'un canal important prenaient en réalité naissance sur l'espace communal, leur captage à des fins d'irrigation nécessitant, en cas de besoin, un simple accord entre le quartier en question ou la municipalité et les consortages. Il n'en reste pas moins que certaines sources privées ont pu également faire l'objet de captage afin d'accroître le débit d'un canal passant à proximité. C'était le cas par exemple pour le canal des Chapelles en 1864 (ADS S742) et pour le canal de l'Arc à Montrigon en 1902 (ADS S739). Dans ce cas, il semble bien qu'au moins dans certaines communes, les consortages aient eu un droit de regard et de préemption sur l'utilisation des sources situées dans le bassin d'alimentation du réseau d'irrigation qu'ils géraient, ceci, même si leurs propriétaires n'étaient pas membres du consortage. À Séez un texte de 1882 rappelle que « tout associé propriétaire de terrain nécessaire à l'établissement des canaux, qu'il s'agisse de conduits, fontaines [sources] et abreuvoirs, devra le céder gratuitement à l'association » [syndicale d'arrosage] (ADS S741). La documentation n'a guère conservé de traces de litiges entre propriétaires de sources et consortages, ce qui peut vouloir dire que les choses se passaient de façon plutôt consensuelle, mais nous prive presque totalement de données sur le sujet.

Des cours d'eau comme limites intercommunales

Le cas n'est pas si rare dans le massif de la Vanoise où un cours d'eau naturel fait limite entre deux communes. Dans ce cas se posait la question de la gestion conjointe de celui-ci, notamment lorsque ses eaux alimentaient plusieurs réseaux d'irrigation.

Un accord fut passé en 1402 entre deux communautés paroissiales à propos des eaux du torrent qui leur servait de limite. Comme nous l'avons vu, Termignon et Sollières en haute-Maurienne (ADS 3G Maurienne 67, pièce 3) venaient toutes deux de bénéficier d'un albergement de la part du châtelain du comte de Savoie les autorisant à utiliser l'eau du torrent de Bonnenuit. Restait à fixer entre elles les modalités de cet usage commun. L'accord négocié spécifie que chacune des deux communautés pouvait détourner l'eau de façon alternative une semaine sur deux, Termignon commençant le cycle la semaine suivant le premier avril de chaque année. Ce qui est à retenir, c'est que l'accord est bien conclu par les deux communautés (*comunitates*), c'est à-dire sans doute par leurs syndics, avant d'être ratifié par l'assemblée des chefs de famille, mais qu'il l'est au nom des consortages regroupant les propriétaires de terrains situés de part et d'autre de la limite. Ces derniers n'étaient visiblement pas qualifiés pour négocier directement par delà la limite communale. Comme en témoigne un texte de 1895, cet accord, somme toute équitable, fonctionnait encore à la fin du XIXe siècle (ADS 39SPC1). D'autres situations similaires semblent avoir donné lieu à des relations plus conflictuelles. Ainsi en moyenne-Tarentaise, les communes de Tessens et de Villette se sont violemment et régulièrement affrontées pour le contrôle et la jouissance des eaux du torrent de la Tour, ainsi qu'en témoignent plusieurs procès du milieu du XIXe siècle (voir « Partage des eaux et querelles des clochers », chapitre 12).

La « propriété » des canaux d'irrigation et le Premier Cadastre Fraçais

Sur les plans cadastraux, chaque parcelle est dotée d'un numéro qui, par renvoi aux « matrices », permet d'en retrouver le propriétaire. Or, on l'a dit, la très grande majorité des canaux d'arrosage figurés sur les plans du Premier Cadastre Français ne porte aucune numérotation, au contraire des parcelles privées ou de certaines parcelles communes, qu'elles soient bâties ou non bâties. À l'inverse, la plupart des canaux d'amenée des moulins possèdent un numéro qui correspond à celui du propriétaire de l'artifice qu'ils desservent. Seule une dizaine d'entre eux, sur environ 350 canaux d'arrosage, possèdent leur propre numéro cadastral. Manifestement, au-delà des différences de pratique des géomètres ayant levé les plans cadastraux, il semble que l'absence de numérotation des canaux soit liée à leur statut nonimposable. Reste le cas de la dizaine de canaux d'arrosage qui portent bel et bien un numéro cadastral. La solution à cette énigme se trouve dans les « Tableaux Indicatifs des Propriétés Foncières » associés aux plans cadastraux. Ceux-ci reprennent, numéro par numéro, toutes les parcelles recensées, rangées par section de commune, avec le nom et le prénom des propriétaires, la nature des propriétés et le revenu produit. De l'examen de ces tableaux, il résulte que ces propriétaires de canaux d'arrosage numérotés ne sont autres que sept communes du massif (La Côte-d'Aime, Valezan, Les Chapelles, Landry et Peisey en moyenne-Tarentaise, et Bramans et Sollières-Sardières en haute-Maurienne) ainsi que deux villages.

Parmi ce petit groupe de communes et de villages singularisés par le cadastre, La Côte-d'Aime est citée comme propriétaire du « Bief de Pierrolaz », situé sur son propre territoire. Sa voisine, Valezan, est notée comme propriétaire de la moitié du « Bief de Montvalezan » pour la partie qui transite sur le territoire de La Côte-d'Aime, ainsi que d'une partie indivise du « bief ou canal des Chapelles », cette fois sur son propre territoire. La commune des Chapelles est citée, quant à elle, comme propriétaire du « Bief des Chapelles », figuré sur le territoire de La Côte-d'Aime et de la section de ce même canal qui traverse Valezan, mais ici en indivision avec cette dernière commune, alors même que les textes plus anciens lui en attribuent la totalité (voir ci-dessus). Sans plus d'explication, ces trois canaux sont classés comme imposables dans les tableaux indicatifs, ce qui justifie leur enregistrement.

À Landry, une section du « biez » ou canal de Saint-Michel est notée comme étant une propriété imposable de la commune. Une autre section, figurant sur un autre plan du cadastre, appartient, elle, en commun à Landry et à sa voisine Peisey. Détail curieux, le cours de ce même canal se situe entièrement dans les limites de Landry, alors même que le ruisseau du Ponturin qui l'alimente prend sa source sur Peisey, commune sur laquelle nous n'avons pu inventorier aucun canal d'irrigation (Meilleur *et al.* 2012). Sans doute, les deux communes, qui ont longtemps été en indivision pour une partie de leurs forêts et de leurs alpages (d'où d'interminables procès dès le Moyen Âge), avaient-elles formé avant le XIIe siècle, une seule et même paroisse (Hudry 1982 : 126, 136). Cette étrange configuration suggère que la construction du canal Saint-Michel ait pu être antérieure à la partition entre Peisey et Landry, partition probablement à l'origine de l'indivision des forêts, des alpages et du canal.

À Bramans, en haute-Maurienne, seuls quatre canaux sur dix-huit identifiés ont été numérotés sur les plans cadastraux de 1894 (ADS 3P 7408). L'un d'entre eux, le canal du Moulin, qui desservait des prés de fauche et plusieurs artifices dans la partie aval de la commune, est classé propriété communale non imposable dans le tableau indicatif. Ce canal, dont la prise se trouvait sur l'Arc, arrivait de la commune de Sollières-Sardières où il était également numéroté et classé comme bien communal (ADS 3P 2336).

À côté des huit canaux numérotés comme propriétés communales, un seul est classé comme appartenant à deux villages dont la particularité est d'être située sur deux communes. Le canal du Biollay desservait à la fois les villages du Biollay sur la commune des Allues et celui des Chavonnes sur la commune limitrophe de La Perrière. Toutefois la classification de ce canal par le géomètre pose d'autres problèmes. En effet en 1882 ce canal a été noté comme étant la propriété pour la moitié des « habitants du hameau du Biollay » et pour l'autre moitié des « habitants du hameau des Chavonnes » (ADS 3P 1126, Les Allues), alors qu'en 1876, citant « une transaction » datée du 25 juillet 1760, il était attribué pour 1/3 au Biollay et pour les 2/3 aux Chavonnes (AF FF). Enfin, le tableau indicatif le classe comme « bois », sans explication, peut être parce qu'il traversait un bois à l'endroit du plan où figure la numérotation du canal. Encore une fois, il faut remarquer que les deux communes des Allues et de La Perrière ont dû former, avant le XIIIe siècle, une seule paroisse et qu'elles continuent, au XIVe siècle, de former une seule et même communauté (Hudry 1982 : 227). Aussi, comme dans le cas du canal de Saint-Michel à Landry et peut-être le canal de Montfort à Saint-Marcel, peut-on penser que le canal du Biollay a dû être creusé avant la séparation des deux paroisses ?

Parmi les canaux d'irrigation numérotés sur les plans du Premier Cadastre Français, trois paraissent appartenir à des particuliers. Deux d'entre eux, qui partaient de la rive gauche du ruisseau de l'Étache à Bramans (Meilleur *et al.* 2012), ne semblent avoir été, d'après le plan de 1894, que de modestes canaux ou rigoles d'alpage. De fait, à Bramans, comme partout ailleurs en Vanoise, les canaux et rigoles d'alpage qui desservaient surtout des prés de fauche ou des prairies proches des chalets étaient majoritairement la propriété d'une seule famille ou d'un petit groupe d'usagers. Comme nous l'avons vu, un canal d'arrosage privé, appartenant à un habitant d'Avrieux, en haute-Maurienne, a pu ainsi faire l'objet, dans les années 1860-70, de dizaines de pages d'enquête, des soldats de la garnison du fort de l'Esseillon se permettant d'y prendre de l'eau pour leur jardin (ADS 51SPC3). Mais il ne figure toutefois pas sur le plan cadastral de cette commune. Ce n'est pas le cas d'un canal situé sur la commune de Saint-Marcel, dûment numéroté par le cadastre de 1888 et porté au crédit d'un propriétaire unique (ADS 3P 1634). Nous l'avons dit, la plupart des canaux privés sont des canaux d'amenée relativement courts, desservant des moulins ou d'autres types d'installation industrielle (voir p. ex. canal numéroté D93 à Bonneval-sur-Arc, ADS 3P 1976 ; canaux A813, A821 et A823 à Saint-Martin-de-Belleville, ADS 3P 1642 ; ou canal D281 à Pralognan ADS 3P 1581). Pourtant, la fin du XIXe siècle semble avoir été le témoin d'un modeste mouvement de construction de petits canaux privés. Ainsi en 1878, un dénommé Maurice Pivot, de Séez, envisageait la construction d'un nouveau canal tiré du ruisseau des Écudays, afin de conduire l'eau sur ses propriétés (ADS 51SPC10).

Pour expliquer l'émergence de canaux d'irrigation privés à cette période, une hypothèse serait de faire le lien avec le développement de la culture de la pomme de terre. Introduit dans le massif depuis le début du XVIIIe siècle, le tubercule n'y prend toute son importance que dans le courant du XIXe siècle (Meilleur 2012 : 88+). Nous savons par ailleurs qu'il était courant, durant les étés secs, d'arroser les « triffolières » au moyen de rigoles creusées pour l'occasion. C'est pourquoi, lorsque cela était possible, les nouveaux champs de pomme de terre étaient aménagés à proximité des cours d'eau, comme par exemple à Termignon (Meilleur 1985 : 40) ou aux Allues (Meilleur 2008 : 89). Il est possible que, çà et là, l'extension de cette culture ait donné lieu au creusement de petits canaux, plus ou moins permanents par des particuliers. Avouons que nous n'avons guère trouvé de trace de ces micro-entreprises.

La possession de l'eau et la propriété de la terre

À la fin du Moyen Âge, les communautés d'habitants de la Vanoise se sont vu reconnaître la propriété utile de l'eau dont la possession éminente restait néanmoins au seigneur. De leur côté, nous l'avons dit, les consortages revendiquaient la propriété des canaux dont ils avaient assumé la construction et dont ils assuraient la gestion et la maintenance. À l'époque moderne et jusqu'au milieu du XIXe siècle, on peut considérer que la propriété de l'eau est partagée entre l'État et les communes, tandis que, dans la majorité des cas, celle des canaux reste aux consortages. Voilà pour les principes, la réalité étant parfois plus complexe. Ainsi, les consortages contrôlaient ordinairement la distribution de l'eau circulant dans leurs canaux même si, parfois, droits de contrôle des canaux et droits de jouissance des eaux pouvaient prendre des trajectoires différentes. Ainsi, le fait de bénéficier d'un droit à l'eau n'impliquait pas forcément la propriété des canaux. Plusieurs quartiers bien desservis par un réseau complexe d'irrigation, comme à Valezan ou à La Côte-d'Aime, ne disposaient d'aucun droit décisionnel sur au moins l'un des canaux qui le constituaient, quant aux Chapelles, comme nous l'avons vu, des quartiers irrigués par le canal des Chapelles et d'autres canaux voyaient leurs droits restreints par ceux de la commune. En revanche, sur une zone spécifique d'arrosage, désignée ordinairement sous le terme de mas, le droit à l'eau dépendait sans équivoque de la possession de parcelles arrosables ainsi que de la place de la famille dans l'histoire du consortage.

L'accès à l'eau devenait même, au moins ainsi en partie, un appendice de la propriété de la terre. À propos de l'eau du bié Richel (Richet ?), sur La Côte-d'Aime, l'abbé Marius Hudry cite l'exemple d'une pièce de terre achetée en 1541 par un particulier « avec les droits d'arrosage » (1985 : 118). Ces mêmes droits d'arrosage pouvaient également être aliénés de façon indépendante, avec l'accord toutefois des autres membres du consortage ; une clause que l'on retrouve également dans la cession des droits d'alpage (Carrier et Mouthon 2010 : 231-235). Ainsi encore à Montrigon, dans la commune de Bourg-Saint-Maurice, un édit municipal de 1883 précise que « nul ne pourra négocier, vendre ou échanger son débit à l'eau du canal de l'Arc sans une entente préalable avec ses coassociés ... [puisque celui-ci] appartient de droits à ses co-partageants » (ADS S739). La cession des droits d'accès à l'eau pouvait aussi concerner les propriétés communales. Selon Gabriel Pérouse (1911 : 78), qui cite des documents anciens tirés des archives communales de Valezan, une commune qui louait et acensait des prés et des prairies lui appartenant, pouvait céder aussi son « droit d'aigage ». En 1492, c'est un pré qui est acensé avec « le droit de prendre le quart de l'eau circulant in *alveo Montevallesani,* tous les vendredi, de semaine en semaine. » Même si aux dires des témoins actuels cette pratique s'avérait exceptionnelle en Vanoise, il pouvait arriver que, tout comme un particulier, une commune concède son propre droit à l'eau annexé aux propriétés communales. En 1533, Valezan louait ainsi, pour trois ans, à raison de six deniers gros par an, un jour d'arrosage tous les deux lundis avec l'eau tirée du bié de Bovet (AC Valezan, DD39, pièce 10). Il ne semble pas, en revanche, que pour mener à bien cette opération, la commune ait eu besoin d'obtenir l'accord des autres ayants droit du canal comme un particulier aurait dû le faire.

Au même titre que certaines parcelles de forêt et d'alpage, l'eau est un bien commun en Vanoise pour lequel la conception traditionnelle de la propriété privée ne constitue pas le concept le plus adapté. Jusqu'au début de l'époque moderne, la question de la jouissance des eaux se pose dans le contexte du régime seigneurial. La fin du Moyen Âge voit la propriété des eaux partagée entre les seigneurs et les communautés, les secondes obtenant des premiers des actes d'albergement sur les eaux comme elles en obtiennent sur certains alpages et forêts. À aucun degré cependant, les seigneurs ne s'impliquent dans la gestion des eaux ni dans l'extension des canaux d'irrigation. De leur côté, les consortages affirment généralement leurs droits sur les infrastructures, c'est-à-dire sur les canaux eux-mêmes, même si dans certains cas, les communes sont amenées à prendre en charge la gestion et l'entretien des canaux ou réseaux. À l'époque moderne, la propriété seigneuriale des eaux disparaît peu à peu, laissant les communes et les consortages maîtres du jeu sous la surveillance croissante des agents de l'État, ducal puis royal. À partir de 1860, l'annexion de la Savoie par la France et l'instauration du nouveau régime des associations syndicales d'arrosage modifient l'administration et le contrôle des canaux-réseaux. Malgré tout, les éléments fondamentaux du droit coutumier, notamment le partage du contrôle de l'eau entre la commune, les associations et les propriétaires de parcelles, restent en place jusqu'à l'effondrement de l'économie traditionnelle.

Sans doute, une meilleure compréhension de l'histoire des canaux d'arrosage, des conditions de leur construction et de l'évolution des rapports entre les divers ayants droit aiderait à mieux comprendre la question du contrôle des canaux et de la jouissance de l'eau. Incontestablement, celle-ci ne se pose pas partout et pour toutes les époques de la même façon. Comment expliquer le fait que la communauté des Chapelles soit seule en charge du canal du même nom alors même que celui-ci traverse plusieurs communes ? En-a-t-il été toujours ainsi ? Même chose pour le monopole exclusif du quartier de Montfort, à Saint-Marcel, sur un canal qui lui aussi traverse au moins deux autres communes. Comment expliquer enfin l'évolution des rapports entre la commune des Chapelles et le quartier de Vulmix à Bourg-Saint-Maurice concernant l'usage du canal de Vaugellaz ? On le voit, de nombreuses pistes de recherche restent ouvertes.

Chapitre 11.
Biens communs et pouvoir de décision

L'eau étant un bien commun, dont la possession sinon la propriété relevait d'une paroisse-commune, n'importe quel membre de cette communauté aurait dû avoir accès à part égale avec les autres et avoir un droit de regard sur son utilisation. La réalité était évidemment moins simple. Avoir l'usage de l'eau à des fins d'irrigation supposait de pouvoir utiliser les conduites qui la transportait et donc, comme nous l'avons vu, de faire partie du consortage qui, le plus souvent, possédait le canal ou au moins une partie. Or tout le monde ne pouvait pas remplir cette condition.

Critères d'appartenance

Rappelons d'abord qu'en Maurienne et en Tarentaise les anciennes paroisses devenues communes regroupent habituellement plusieurs villages (appelés couramment hameaux aujourd'hui), souvent regroupés en « quartiers » (Meilleur 1985 : 52 ; Pérouse 1911). Or, certains types de biens communs étaient contrôlés exclusivement par les habitants de ces villages ou de ces quartiers et non par la commune toute entière. C'est ce que l'on appelle dans certaines régions françaises « des communaux de section ». Sans hésitation, on peut ranger sous cette désignation les fours à pain, les communaux entourant le village ou le quartier, les fontaines ou bassins du village, certains alpages, et même parfois des moulins, encore que, pour ces derniers, ce ne soit pas le cas le plus courant en Vanoise, au contraire du Massif Central (Couturier 2000). Les canaux d'arrosage constituaient des biens communs un peu particuliers dans la mesure où la résidence dans une commune, un quartier ou un village ne conférait pas automatiquement l'accès à l'eau du réseau en question.

Pour pouvoir jouir de l'eau d'un canal, il fallait répondre idéalement à trois critères principaux. D'abord et avant tout, être propriétaire d'une ou plusieurs parcelles irriguées dans la zone arrosable, ce qui n'impliquait pas forcément de résider dans le quartier ou le village dont dépendait le canal. À l'inverse, un habitant du quartier ou du village qui n'était pas propriétaire de prés (de prés-vergers, de jardins, de chènevières) dans la zone arrosée n'avait pas accès à l'eau. Ensuite, et encore idéalement, l'ayant droit devait descendre d'une lignée d'arrosants remontant à la création du canal sinon sa famille devait au moins avoir régulièrement et activement participé à l'entretien et aux réparations du canal ou des canaux. Ajoutons que les propriétaires des parcelles non fauchées ou non arrosées coutumièrement mais enclavées à l'intérieur d'une zone arrosée (surtout champs, mais aussi bois, forêts, broussailles, etc.) n'avaient pas le droit à l'eau pour ces propriétés. Cependant, cette dernière limitation fut modifiée à partir du XVIIIe siècle pour accompagner l'extension de la culture de la pomme de terre (et au XIXe, parfois aussi pour certaines légumineuses fourragères) qui, comme on l'a vu, nécessitaient l'arrosage au moins durant les étés secs (voir aussi Meilleur 2008 : 88-92, 96-97). Les nouveaux venus dans un consortage d'arrosants, suite à un achat ou à une succession, avaient naturellement accès à l'eau à condition de respecter les règles du groupe. En revanche, ceux qui changeaient la nature d'une parcelle, transformant par exemple un champ en pré de fauche, pouvaient voir leur demande d'accès à l'eau refusée par les autres ayants droit (voir « D'autres formes de conflits », chapitre 12).

Une lecture des documents anciens révèle peu d'informations spécifiques sur les critères conférant l'appartenance d'un individu aux groupes d'arrosants ou aux consortages. À défaut, trois actes notariés datés respectivement de mai 1486, mai 1492 et avril 1494, tirés des archives communales de Termignon, nous donnent à voir le moment de la constitution de consortages. Le préambule des deux premiers actes rappelle que trois personnes sont à l'origine du projet de construction d'un nouveau canal. Celui-ci est ensuite exposé à l'ensemble de la communauté au sortir de la messe dominicale. Tous ceux qui sont intéressés sont alors invités à se manifester lors de la rédaction de l'acte quelques jours plus tard (ADS, AC Termignon E-Supp DD48, pièce c et g). Aucun critère n'est donc demandé pour faire partie du consortage autre que « l'intérêt » pour le projet de canal. Le troisième texte est un peu différent. Le consortage naît de l'accord entre les propriétaires de prés de deux quartiers ou mas distincts : celui de la Chalanche et du Suyffet que doit traverser le nouveau canal et celui de Cuynes où il doit aboutir. Pour chacun d'entre eux, le nom des consorts est donné ainsi que le nombre de sétérées de prés qu'il possède dans le mas (ADS, AC Termignon DD48, pièce d). C'est donc ici la possession de prés dans un mas desservi par le futur canal qui donne le droit potentiel d'adhérer au consortage.

Les femmes

La situation des femmes et leur accès à l'eau et aux consortages sont peu documentés en Vanoise. Il se peut que dans certains secteurs du massif leur droit à l'eau comme leur droit à la terre ait été anciennement lié à leur situation d'épouse, de veuve ou de mère. Par contre, ailleurs et probablement surtout dans certaines communes de Tarentaise, « des femmes mariées, ou des veuves … ont leur patrimoine personnel » comme disait Pérouse, citant des documents du XVe siècle (1933 : 51 ; voir aussi Meilleur 1985 : 51). Le texte le plus ancien qui semble intégrer les femmes parmi les ayants droit à l'eau des canaux est encore celui de 1374 à Montvalezan dans lequel on note que les arrosants du premier samedi incluaient non seulement « le dit Anselme et sa femme chacun par moitié » mais aussi « Jeannette Gaidoz » (Gaide-Chevronnay 1931 : 148). Le « roolle » de 1692 à Hauteville-Gondon (AF LC-S) semble trancher le sujet un peu plus nettement. Pour le premier lundi des arrosages on note le droit à l'eau alloué à « Jean Cohendoz pour la piece provenue d'Agathe Romanet » ainsi qu'à « Michelette et Françoise Noerey sœurs ». Le mercredi, deux jours plus tard, alors que l'on relève l'eau accordée au « dit Me Noerey soit honnorable Margueritte Guignet sa femme pour ses droits doctaulx » (probablement droits d'octroi), on note que le jeudi suivant, ce sont « les hoirs d'Andreez fille de feu Michel Flandin » qui reçoivent leur quote-part. Ces exemples, encore plus que la mention de Montvalezan en 1374, et malgré leur référence aux droits d'octroi, semblent confirmer que des femmes, au moins dans certaines communes de Tarentaise, jouissaient des droits entiers à l'eau ainsi que du droit de vote au sein des assemblées générales des consortages. Plus tard, en 1882 par exemple, les informations sont encore plus claires. Les actes établissant l'association syndicale libre des arrosants de Versoye, à Bourg-Saint-Maurice, précisent que « chaque associé [le nouveau terme pour consorts] fait partie de l'assemblée générale, même les femmes » (ADS S738). Un document de la même année établissant la liste des associés du réseau des canaux des Échines-Le Châtelard, cite douze femmes parmi 84 noms (ADS 7M211). Toujours à Versoye, en 1889, le règlement pour les corvées à entreprendre sur les canaux, les cotisations et le paiement des journées manquées doit s'appliquer aux femmes comme aux hommes (ADS S738). Enfin en 1905, à Montvalezan, deux des cinq membres de la commission syndicale du Châtelard étaient des femmes. L'une d'entre elle, qu'on aimerait connaître davantage, était la présidente du syndicat (ADS 7M211).

Participer aux décisions

Comme nous l'avons vu, le droit de participer à la règlementation et au management des canaux relève tantôt des consortages, tantôt de la communauté. À Montvalezan en 1374, les détails du réseau d'irrigation qui relie plusieurs canaux et dessert plusieurs quartiers et villages, ainsi que ceux des ayants droit à l'eau, sont expliqués dans le règlement spécifiquement dressé pour le partage de l'eau rédigé à l'échelon de la paroisse (Gaide-Chevronnay 1931). Dans d'autres cas anciens, des articles concernant ces droits sont souvent inclus dans les règlements ou bans communautaires. À Hauteville-Gondon, le règlement général de la paroisse de 1563 comprend huit articles à propos des canaux. Par exemple, au folio 28 : « Item, que chescung des communiers soyt tenu et doibve réparer tous et chescung les heyrieuls cordiers par lesquelz l'on conduyt l'eau l'yver et ese chescung contre soy à peyne de six solz fors pour ung chescung et pour chescune foye applicable comme dessus » (AC Hauteville-Gondon/Bourg-Saint-Maurice, HH12). Trois ans plus tard cependant, le consortage des utilisateurs de l'eau du torrent de Saint-Pantaléon, dans la même paroisse d'Hauteville, réalise indépendamment de la paroisse son propre rôle de partage de l'eau sans que la communauté ne s'en mêle. La même année 1566, un accord de partage de l'eau entre Hauteville et le village et quartier de Montrigon, dans la paroisse de Bourg-Saint-Maurice, est conclu par les seuls consorts de Montrigon et les communiers et consorts d'Hauteville (AF HB). En 1612, à Tessens en moyenne-Tarentaise, une paroisse relativement petite et aujourd'hui incluse dans la commune d'Aime, mais où nous avons recensé une douzaine de canaux, c'est la communauté qui semblait-il décidait des questions de gérance et de contrôle d'accès aux canaux. « Un ban général » précise qu'il est « interdit aux non-communiers d'y prendre de l'eau, comme de se servir des canaux d'irrigation » (Pérouse 1911 : 74 ; ADS DD14). Aux Chapelles, en 1724, ce sont là encore « les communiers » qui établissent le règlement de l'eau pour la communauté (ADS S745), alors que dans la même commune en 1833, on en réfère au conseil municipal en tant qu'entité décisionnelle dans le dressage et l'application du règlement. Pareillement, à Séez en 1753, ce sont « les conseillers » qui sont responsables pour les « distributions [d'eau] pour l'arrosement des prés » (ADS 187^{E} dépôt 21), alors qu'en 1801, c'est « l'assemblée sociale » des ayants droit sur le canal de Séez qui est la seule instance compétente pour ce réseau, sous la présidence du maire toutefois (ADS L2215). On constate donc trois niveaux anciens de droits de gestion des canaux : celui des consortages, celui des quartiers ou villages et celui de la communauté paroissiale. L'imbrication des différents échelons de compétence semble donc la norme. En cas de besoin, des rapports collaboratifs entre consortages et communautés entières semblent avoir été également typiques de la gérance des bisses en Valais au XVe siècle (Reynard 2001 : 25).

Après l'annexion de la Savoie par la France en 1860, le partage de compétence devient plus net. Par exemple, à Montrigon à Bourg-Saint-Maurice en 1883 c'est bien « l'association syndicale du canal de l'Arc », qui reprend le rôle de répartition de l'année, en précisant « qu'il est absolument interdit d'utiliser … d'eau au profit de propriétés qui ne font pas parties de la section de Montrigon » (ADS S739). L'association gère donc le canal et seuls les propriétaires ayant des biens dans la section y sont admis. Pour autant, tout n'est pas toujours parfaitement clair. En 1894 « tout propriétaire intéressé … est admis, » sans plus de précision, à l'association libre de l'Arbonne de Bourg-Saint-Maurice (ADS 3O12). Même chose en 1922 pour le syndicat d'arrosage du canal des Villards-Breuil à Séez (ADS 187^{E} dépôt

218). On y retrouve mot pour mot les termes employés dans l'acte de constitution des consortages de Termignon en 1486 et 1492 ...

Biens communs et utilisateurs multiples

Le cas le plus simple était celui d'un canal géré par et pour les propriétaires de prés d'une seule zone irrigable, mas ou village (= hameau). En réalité, de nombreux canaux de la Vanoise desservaient plusieurs groupes d'utilisateurs habitant la même commune. Un autre cas de figure était celui où un canal naissait sur le territoire d'une commune pour passer sur le territoire d'une autre, parfois même plusieurs autres. Dans une troisième configuration, des propriétaires résidants d'une commune possédaient des prés dans une commune voisine dans laquelle se posait le problème de leurs droits à l'eau. Dans tous ces cas, divers accords, parfois très anciennement établis, tentaient d'harmoniser l'emploi de l'eau entre les divers ayants droit. Si la plupart du temps, ceux-ci étaient respectés, les conflits semblent, comme on s'en doute, avoir été monnaie courante.

Nous avons vu que nombreuses étaient les situations où les propriétaires de parcelles irriguées partageaient l'eau d'un canal, soit avec les « usiniers », c'est-à-dire les propriétaires ou exploitants de moulins, soit avec ceux qui se servaient de l'eau pour leur bétail et/ou les usages domestiques. Il était plus courant encore de partager l'eau avec les arrosants d'un autre village, d'un autre quartier ou avec les usagers d'un alpage ou de montagnettes de la même commune. Avec les usiniers, la situation ne posait *a priori* pas de problème dans la mesure où, lorsque l'on partageait l'eau d'un même canal, l'irrigation avait normalement lieu pendant la journée tandis que les moulins tournaient la nuit. Par exemple, bien que les conditions de partage n'en soient pas explicitées, les usages de l'eau du « Bief de la Scie », entre une scierie et des arrosants, établis en 1865 pour Saint-André en haute-Maurienne, semblaient provoquer peu de difficultés (ADS 84S33). Par contre, nous évoquerons ci-dessous la querelle qui opposait les arrosants et les usiniers de Bozel à propos de l'usage de l'eau du ruisseau de Bonrieux (voir « Usage des eaux et Révolution Industrielle », chapitre 12). À Séez on finit, en 1802, par se mettre d'accord sur un partage complexe : les moulins implantés sur le canal de Séez recevaient en principe l'eau durant la nuit ainsi « qu'un jour de plus sur chaque tournée de trois semaines, » alors que l'arrosage se pratiquait dans la journée (ADS 187^{E} dépôt 218). Un siècle plus tard, la règle était toujours respectée mais la querelle s'était déplacée du partage de l'eau vers la question de la participation aux frais de maintenance, les usiniers étant tenus d'en supporter le quart. Or, pendant la deuxième moitié du XIXe siècle, ces derniers n'ont eu de cesse de réduire leur quote-part, cette demande de réduction étant constamment dénoncée par les arrosants majoritaires (ADS S749). Par contre, à Bourg-Saint-Maurice, les trois canaux des Veis du quartier de Versoye desservaient, de toute évidence sans trop de problèmes, à la fois les prairies d'altitude, les chalets, les bassins des alpages, les montagnettes intermédiaires et les prés de fauche des secteurs inférieurs du quartier. Il est vrai que les mêmes personnes pouvaient figurer parmi les ayants droit des trois étages desservis.

En revanche, les rapports semblent avoir été parfois plus tendus lorsque deux ou plusieurs groupes distincts d'arrosants tiraient l'eau d'un même canal ou cours d'eau. Nous allons voir le cas de l'eau du ruisseau de l'Arbonne en 1859, au sujet duquel deux consortages se querellaient, notamment sur les quotas attribués à l'un et à l'autre. Une pareille situation se rencontre à Séez en 1864 entre deux groupes d'arrosants tirant l'eau du torrent du Reclus (ADS S749). À Hauteville-Gondon, un plan levé en 1840 figure quinze canaux courts d'irrigation partant du seul ruisseau de l'Église (voir figure 4 ci-dessus). En 1844, les propriétaires des canaux inférieurs du ruisseau se plaignirent du comportement des propriétaires des canaux supérieurs qui, d'après eux, ne leur laissaient pas suffisamment d'eau pour leurs arrosages (AF LC-S). Sur la même commune, le ruisseau de Saint-Pantaléon donnait naissance à au moins six canaux (Meilleur *et al.* 2012) mais, en 1837, son débit, supérieur semble-t-il à celui du ruisseau de l'Église, était jugé suffisant pour les alimenter simultanément sans que cela ne pose de problème (AC 3O12).

Cogestion de l'eau entre communes

Le partage de l'eau pouvait également mettre face à face, non plus des consortages ou des villages, mais bien des communautés de paroisse ou des communes utilisant le même torrent. En 1871, le partage de l'eau du canal de Vaugellaz entre les villages de la Thuile et Vulmix à Bourg-Saint-Maurice d'une part, et la commune des Chapelles d'autre part, semblait se passer convenablement et ce « en vertu d'anciens règlements » (ADS 83S10). En Maurienne, semblablement, un accord passé en 1402, et toujours en vigueur au XXe siècle, comme nous l'avons vu déjà, partageait l'eau du ruisseau de Bonnenuit dont le cours sépare Termignon de Sollières-Sardières (ADS, 3G Maurienne 67, pièce 3, ADS 39SPC1 ; Mouthon 2010 : 144). Par contre, comme nous allons le voir, les usiniers de Villette et de Tessens se battaient en 1866 pour l'eau du ruisseau de la Tour qui, là aussi, séparait le territoire des deux communes (voir « Partages des eaux et querelles de clochers », chapitre 12).

Une autre configuration, différente de celle du torrent mitoyen entre deux communes et alimentant des canaux desservant chacun des deux territoires, se présentait également. Nous avons déjà évoqué des canaux dont la prise se trouvait sur une commune et poursuivaient leur cours sur une, voire deux ou plusieurs autres. C'est donc le canal et non plus le cours d'eau qui se trouvait commun. Plusieurs grands canaux du « Versant du Soleil », en moyenne-

Tarentaise, correspondaient à ce type. Sur la commune de La Côte-d'Aime, le torrent de l'Ormente donnait naissance à trois canaux dont deux desservaient également des communes voisines. L'un d'entre eux était le canal des Chapelles, long d'environ 12 km. Prenant sa source sur La Côte-d'Aime, il traversait Valezan et Les Chapelles pour se joindre au canal de Vaugellaz sur les confins de Bourg-Saint-Maurice (Meilleur *et al.* 2012). La plus grosse part des parcelles arrosées se trouvait dans la commune des Chapelles, Valezan n'ayant droit qu'à quatre jours d'eau par an, précisément « les 10, 11, 12 et 13 de chaque mois de juin, » ceci en vertu d'un acte passé en 1679 (Hudry 1985 : 119). Le canal lui-même appartenait à la commune des Chapelles à qui revenait le droit de réglementer son usage. Partant également de l'Ormente sur La Côte-d'Aime, le canal de (Mont) Valezan irriguait principalement la commune de Valezan, mais aussi, par le biais de plusieurs cours d'eau connecteurs, des parcelles situées sur la commune voisine de Bellentre, ainsi, très probablement que des propriétés plus proches de la prise d'eau située sur La Côte-d'Aime (ADS S742, 1864-65 ; 39SPC1, 1884-85 ; 83S16 ; Meilleur *et al.* 2012). Le canal de Vaugellaz, dont la prise se trouvait sur le torrent du Nant Blanc dans la commune de Bourg-Saint-Maurice, descendait ensuite par Les Chapelles pour rentrer de nouveau sur le territoire de Bourg-Saint-Maurice. En 1871, son eau avait la particularité d'être partagée entre les villages de la Thuile et Vulmix (sur Bourg-Saint-Maurice) d'une part, et la commune des Chapelles d'autre part, ce, « en vertu d'anciens règlements » (ADS 83S10). En 1831, plusieurs propriétaires des villages de Vulmix et la Thuile possédaient aussi aux Chapelles des parcelles qu'ils arrosaient là aussi, avec l'eau du canal de Vaugellaz (ADS 5FS517).

Les exemples de canaux intercommunaux sont finalement assez nombreux. Le Premier Cadastre Français de 1868 figure ainsi un « canal d'irrigation » qui, partant du Nant Agot sur la commune de Villette, entrait sur la commune de Montgirod où il prenait le nom de « rigole du Carroz » (ADS 3P 7383 et 3P 7355). Toujours en moyenne-Tarentaise, mais du côté « ubac » cette fois-ci, le canal de l'Arc à Montrigon, dont il a souvent été question, naissait du ruisseau de l'Arc (ou de Pissevieille) sur la commune d'Hauteville-Gondon, passait sur les hauteurs de Villaroger, pour entrer dans la commune de Bourg-Saint-Maurice. Là, il était divisé en deux branches majeures, une partie continuant sur Bourg-Saint-Maurice pour arroser le finage du quartier de Montrigon, alors que l'autre descendait sur Hauteville-Gondon pour y arroser le quartier du Tiers. Les deux embranchements finissaient dans l'Isère.

Le bied de Saint-Michel, qui partait de la rive droite du ruisseau du Ponturin sur la commune de Landry, voisine d'Hauteville-Gondon, traversait le ruisseau du Charbonnet puis celui du Villard pour entrer sur cette dernière commune afin de desservir un secteur autour du village de Gondon (ADS S914). Comme nous l'avons vu, en haute-Maurienne, plusieurs canaux débutaient aussi sur le territoire d'une commune pour entrer et se terminer sur le territoire d'une autre. À Sollières-Sardières, un « canal d'arrosage », tel que le désigne le Premier Cadastre Français (ADS 3P 7534) après sa prise sur la rive gauche de la rivière Arc, prenait le nom de « canal du Moulin » sur la commune de Bramans, puis de « canal du Verney ». Il fournissait de l'eau permettant aussi bien d'irriguer les prairies que de faire fonctionner les moulins sur les deux communes (Meilleur *et al.* 2012 ; Bramans AC SO 3°). Non loin de là, le canal de Sainte-Anne, par ailleurs peu connu, semble avoir quitté la rive gauche du « ruisseau de Sainte-Anne » (désigné aussi localement le ruisseau du Nant ?) sur la commune d'Avrieux, pour entrer dans le territoire de Villarodin-Bourget où il irriguait les prés et « triffouillières » (Meilleur *et al.* 2012).

Deux canaux du massif avaient même la particularité de prendre naissance sur le versant d'une montagne pour passer sur un autre versant. Comme déjà évoqué, le canal de Montfort, débutant sur les hauteurs, peut-être d'une part de Notre-Dame-du-Pré sur le canton de Moûtiers, d'autre part de Montagny sur le bassin-versant du Doron de Bozel dans le canton de Bozel, traversait ensuite la commune de Feissons-sur-Salins toujours dans le canton de Bozel, puis entrait sur celle de Saint-Marcel, située dans le canton de Moûtiers, mais sur le bassin-versant de l'Isère et non plus du Doron de Bozel. Il arrosait ensuite le quartier de Montfort avant de se jeter dans l'Isère. Comme nous l'avons vu, le canal du Biollay prenant son eau sur la rive droite du torrent des Allues, passait non loin des villages du Petit et du Grand Biollay dans la commune des Allues, puis entrait sur le territoire de La Perrière afin d'irriguer le secteur des Chavonnes dans le bassin-versant du torrent de Bozel. Bien évidemment, ces canaux intercommunaux représentaient, plus encore que les autres, un enjeu de conflits et une cause de désaccords. Ce sont ces tensions qu'il faut à présent examiner.

Chapitre 12.
L'irrigation… source de conflits

N'en déplaise aux nostalgiques des mondes anciens, la gestion de l'eau, comme des autres biens communs, s'est rarement déroulée dans l'harmonie communautaire. L'eau d'arrosage était considérée autrefois dans certaines régions de la Vanoise comme un élément essentiel pour la réussite économique. Le nombre et la diversité des conflits qui éclataient autour de sa gestion et sa distribution ne doivent donc pas nous surprendre. Les conflits pour l'eau sont aussi fréquents que ceux portant sur les bois ou les alpages. Les premiers de ces conflits qui nous soient documentés remontent au Moyen Âge, les derniers ont perduré jusqu'au déclin de l'irrigation.

Pour la seule année 1402, les sources écrites évoquent la résolution de deux conflits portant sur l'eau. En haute-Maurienne, comme nous l'avons vu, le torrent de Bonnenuit sépare les deux paroisses de Termignon et de Sollières et l'utilisation de ses eaux par les deux communautés devait depuis longtemps déjà poser des problèmes de voisinage. En 1394, la communauté de Termignon avait réussi une belle opération en obtenant l'albergement du cours d'eau par le châtelain du comte de Savoie. En 1401, ceux de Sollières obtinrent le même privilège. L'année suivante, un accord à l'amiable fut conclu entre les deux communautés (*inter omnium homines de Termignonii et de Soleriis*) sous les auspices du métral de Termignon, subordonné du châtelain. Chacune des deux communautés jouira alternativement de toute l'eau du torrent de Bonnenuit durant une semaine. Termignon aura chaque année l'usage de la première semaine qui commencera le premier lundi d'avril, date d'ouverture de la saison d'irrigation. Approuvée et garantie par les communautés, cette transaction a en réalité été négociée par les consortages, c'est-à-dire, d'un côté, par le groupe restreint formé par les habitants de Termignon ayant des possessions aux confins de Sollières (*consortum de Termignone possidentum super fine Termignonis*) et de l'autre, par le groupe des habitants de Sollières propriétaires aux confins de Termignon (*consortum de Solieris possidentum super eodem fine*). Le compromis trouvé s'est avéré solide dans la mesure où ses modalités de partage étaient encore respectées au milieu du XXe siècle, alors même que le souvenir de l'accord s'était effacé depuis longtemps de la mémoire populaire (ADS, 3G Maurienne 67, pièce 3).

La même année, en juin 1402, mais en Tarentaise cette fois, un différend faisait l'objet d'un arbitrage assuré par deux prud'hommes de Bourg-Saint-

Maurice. Il opposait, *cum maxime vigore*, des nobles de la bourgade de Bourg-Saint-Maurice aux habitants de Vulmix, village situé dans la même paroisse, l'enjeu étant constitué ici par les eaux du torrent de l'Arbonne. Là encore, à la suite d'un albergement en bonne et due forme par le vice-châtelain de Tarentaise, les nobles venaient de former un consortage pour construire un canal d'amenée destiné à alimenter plusieurs moulins et ateliers qu'ils projetaient de construire. Le problème venait de ce que les gens de Vulmix utilisaient déjà l'Arbonne pour arroser leurs possessions et que la prise du canal projeté devait se trouver en amont de celle d'au moins un de leurs canaux. L'arbitrage rendu par deux notables de Bourg-Saint-Maurice, qualifiés ici de prud'hommes, tentait d'instituer un partage équitable de la ressource : le canal des nobles devait être limité en débit, par sa largeur, sa profondeur ainsi que ses aménagements et son ouverture limitée dans le temps. Les canaux d'arrosage de Vulmix devaient quant à eux se brancher sur l'Arbonne par une seule prise et les gens du village ne devaient pas prendre d'eau au-dessus du Roc Noir (AC Bourg-Saint-Maurice, document non-classé aimablement communiqué par l'archiviste).

Sur ce même « Versant du Soleil », l'abbé Marius Hudry a relevé plusieurs querelles opposant des communautés : entre Les Chapelles et le quartier de Vulmix à Bourg-Saint-Maurice en 1341, 1567 et 1658 au sujet de la distribution de l'eau du canal de Vaugellaz ; entre Les Chapelles et Bellentre en 1477 ; entre Valezan et Bellentre en 1652 (Hudry 1985 : 118). En 1652, un nouveau désaccord entre Les Chapelles et Valezan, au sujet du bié nuaz, concernait des dégâts causés au canal par des personnes qui « firent rouller une grosse pierre de la longueur d'environ cinq pieds pour empêcher l'eau de passer » (ADS DD36, E-suppl.). Sur le versant opposé, dans la même vallée, en 1566, l'accord conclu entre le quartier du Tiers, à Hauteville-Gondon et le quartier de Montrigon, à Bourg-Saint-Maurice (copie 1851, AF HB), à propos du partage de l'eau du canal de l'Arc à Montrigon, spécifiait que « les gens de Villaroger (sur le territoire desquels transitait le canal) ou d'ailleurs [ne pouvaient pas] troubler ou empêcher le cours du dit erriel. »

Il est probable que tous ces incidents et les transactions auxquelles ils ont donné lieu ont contribué à bâtir un droit local de l'irrigation ainsi que nous avons pu le constater pour Termignon et Sollières.

Acteurs et motifs des conflits

Les exemples de désaccords à propos de l'eau ne manquent pas, nous venons d'en avoir un aperçu. Ils pouvaient impliquer de nombreux acteurs : communes, communautés paroissiales ou villageoises, quartiers, consortages (ou syndicats), individus ou petits groupes appartenant ou non au même consortage, membres des commissions syndicales, arrosants contre nonarrosants, usiniers ou autres entrepreneurs, géomètres et autres experts, administrateurs seigneuriaux, intendants sardes puis sous-préfets et préfets de l'État français, divers autres agents de l'État, etc. Les plaintes, les réponses, les accusations, les contre-accusations, les enquêtes, les avis d'experts, ceux des témoins, les jugements, les appels, ont engendré une quantité de papier quelquefois stupéfiante. Parfois des conflits apparemment mineurs et faciles à résoudre ont perduré pendant des années ou des décennies.

Les problèmes peut-être les plus fréquents tournaient autour de la répartition de l'eau entre individus. Les dépassements du temps, autrement dit le non-respect du rôle de répartition, provoquaient parfois des querelles entre arrosants et ceci probablement depuis la création des canaux d'arrosage jusqu'au déclin de l'irrigation au début du XXe siècle. Ces dépassements étaient assimilés à des vols d'eau et aboutissaient parfois à des manifestations de violence. Une majorité des témoins âgés que nous avons interrogés ont déclaré avoir fait l'expérience du vol. D'après eux cependant, ces délits n'étaient en général ni d'une gravité ni d'une fréquence à provoquer l'intervention de l'autorité supérieure. C'est peut-être pour cette raison que les archives ne rendent compte de ce genre d'abus qu'à partir du XVIIIe siècle dans le massif, alors que l'ingérence de l'État dans les affaires locales se fait plus insistante. Auparavant, il est probable que les communautés aient lavé leur linge sale en famille en évitant autant que possible, selon des experts locaux âgés, des contacts toujours plus longs et plus compliqués avec l'administration bureaucratique.

À Séez néanmoins, le vol de l'eau était devenu un problème suffisamment général pour qu'il soit évoqué dans un compte rendu du conseil paroissial de 1741. En examinant le règlement adopté deux ans auparavant en 1739, les conseillers exposent franchement « les abus qui se commettent [du fait de] plusieurs particuliers qui retiennent les dites eaux et arrosent leurs prés pendant que les autres ont leurs possessions entièrement privées ... » Pour remédier à ces indélicatesses, ils débattent de plusieurs dispositions susceptibles de ramener le calme (ADS 187[E] dépôt 21). Sans guère de succès semble-t-il, puisque douze ans plus tard, en 1753, « nonobstant diverses publications, plusieurs particuliers ne lassent pas d'y contrevenir et retiennent indifféremment les dites eaux hors des jours et heures qui sont assignés. » Les conseillers se voient donc obligés d'établir « des gardes pour veiller aux dites contreventions, » sous l'autorité confiée par le « chattelain et secretaire » du comté de la Val d'Isère. La situation semble ne s'être toujours pas améliorée en 1802 puisque, malgré l'établissement en 1780 d'un nouveau rôle de partage, les conflits sont toujours d'actualité. Les arrosants du canal de Séez se rendent alors au « point de dérivation avec plusieurs jours d'avance [sur leurs jours d'arrosage désignés par le rôle], se querellent sur la primauté, se battent même souvent ... » (ADS 187[E] dépôt 218). La même anarchie chronique semble avoir existé aux Chapelles dans la première moitié du XIXe siècle.

En 1844, « les querelles, les disputes et les batailles sont encore plus fréquentes et plus sérieuses dans les moments d'arrosement. Alors la force seule domine, le faible, la veuve et l'orphelin sont souvent obligés de céder leur eau … » (ADS 5FS517).

D'autres formes de conflit

Les documents d'archives révèlent d'autres motifs de litiges, qu'ils portent sur la répartition de l'eau ou sur d'autres sujets liés de plus ou moins loin à celle-ci, comme la composition des commissions ou des syndicats. Il n'était pas rare non plus de retrouver des plaintes émises par des groupes minoritaires d'arrosants contre les administrateurs des canaux, les communes ou les commissions syndicales, ou bien à l'inverse, des plaintes de ces administrateurs contre des groupes d'arrosants. En réalité, la plupart de ces querelles trouvaient leur origine dans l'appréciation différente que les uns et les autres pouvaient porter sur la juste répartition de l'eau. À Hauteville-Gondon, en 1844, un groupe d'arrosants propriétaires des parcelles situées sur la partie basse d'un canal tirant de l'eau du ruisseau de l'Église, se plaignait des propriétaires de la partie haute du même canal, accusant ceux-ci d'accaparer la plus grande partie de l'eau. Si l'on en croit la lettre qu'ils ont adressée à l'intendant de la Tarentaise, « le premier arrivé est le premier servi, ce qui a occasionné et occasionne des disputes, des querelles, des abus » (AF LC-S). En 1866, toujours à Hauteville-Gondon, la commission syndicale du ruisseau de la Ravoire, suite à une série de plaintes, cherchait à établir « un règlement d'arrosage de nature à donner satisfaction à tous les intéressés … » (ADS 9O73). En 1885, la violente dispute opposant les dirigeants nouvellement élus du canal des Chapelles à un groupe acharné d'opposants a forcé « trois membres de la commission, intimidés par les menaces, [à donner] leur démission » (ADS S742). La même année, le conseil municipal, par ailleurs en conflit avec la commission syndicale, soutient l'opposition en rapportant avoir reçu une plainte « signée par un grand nombre de sociétaires » concernant « le rôle de partage des eaux élaboré par la commission [qui] n'a été ni publié, ni affiché, ni approuvé » (ADS S742). Toujours aux Chapelles, le même groupe d'opposants a continué plusieurs années durant à semer la discorde, se plaignant en 1890 de la composition de la commission syndicale. Selon lui, celle-ci souffrait d'une surreprésentation de l'un des trois quartiers de la paroisse tirant l'eau du canal (ADS S743). En 1904, l'ancien directeur du syndicat s'affrontait au nouvel élu, refusant « à remettre au nouveau directeur les clefs et les documents intéressants cette association » (ADS S744). À Montvalezan, en 1854, un groupe d'arrosants déplorait que les administrateurs de cette commune persistent à ignorer leurs préoccupations concernant des débordements de « l'airel noua d'aval » ainsi que les dégâts provoqués sur leurs propriétés (AC II-Archives Modernes).

Les désaccords entre des groupes d'arrosants, des consortages ou des syndicats tirant l'eau d'un même cours d'eau étaient particulièrement fréquents. Par exemple, à Bourg-Saint-Maurice, en 1859, deux groupes de propriétaires, chacun tirant de l'eau d'une rive opposée du torrent de l'Arbonne, entrent en conflit. Dans une lettre à l'intendant, celui de la rive droite expose que « les propriétaires de la rive opposée ... veulent les contraindre à diviser l'eau ... par égale part ..., » alors que leurs « prés [du premier groupe étaient] ... beaucoup plus étendus » (ADS 83S10). À Séez, en 1864, deux syndicats d'arrosants prenant l'eau du torrent du Reclus essayaient de se mettre d'accord pour « établir une répartition plus équitable [l'un souhaitant ainsi] régler l'eau en proportion [des] contenances de chaque section » (ADS S749). À Bellentre en 1871 un « refus par les arrosants de coopérer aux travaux d'entretien des canaux » résultait d'un désaccord sur le partage de l'eau (ADS 39SPC1).

La croissance démographique ainsi que les transformations économiques du XIXe siècle avaient pour résultat d'exacerber les conflits sur l'eau. Le développement des prés de fauche aux dépens des terres labourables exigeait notamment des demandes croissantes en eau. En plusieurs occasions, des litiges ont opposé ceux qui utilisaient l'eau pour leurs prés « depuis les temps immémoriaux » à ceux qui désiraient désormais bénéficier de l'eau pour des parcelles naguère labourées mais nouvellement transformées en prés. Cette situation apparaît clairement à Hauteville-Gondon en 1833 à propos de l'eau du ruisseau de Saint-Pantaléon. Le débat, intense et complexe, partageait les propriétaires intéressés en trois camps principaux et neuf factions secondaires (AC 3O12 et 3O13). Le même type de conflit opposant anciens et nouveaux arrosants, qui se prolonge à Hauteville-Gondon jusqu'en 1862 au moins (AC 3O13), touche également la commune de Landry en 1864 (ADS 83S19). Ici, le désir d'éviter les frais et les complications à propos de la confection d'un nouveau rôle de partage semble avoir été au cœur de l'opposition des anciens arrosants. En 1895, une querelle similaire éclate à Sollières-Sardières autour du partage de l'eau des ruisseaux de Villeneuve et de Bonnenuit. Elle oppose cette fois les anciens arrosants à ceux qui ont récemment défriché des terrains incultes, pour les transformer en prés (ADS 39SPC1).

Usagers contre experts

La lecture des archives révèle aussi l'existence de nombreuses disputes portant sur le contenu même des rôles de partage. Elles opposaient souvent les communes ou les consortages et ceux qu'ils avaient chargés de dresser ces rôles. Les premiers partages ont été produits par des « ordonnateurs » désignés par assemblée de communiers ou de consorts. Il s'agissait probablement de ce que l'on appelle alors des « prud'hommes », c'est-à-dire des notables locaux, membres de familles en vue, réputés pour leur compétence et leur honnêteté, mais aussi représentants des différents villages concernés par l'emploi de l'eau. Ainsi ont été identifiés Etienne Possoz, Jean Lombard, Michel Vellus et Antoine Pascalis, auteurs du rôle de partage de Montvalezan en 1374 (Gaide-Chevronnay 1931 : 146).

À la fin du XVIIIe et au début du XIXe siècle, ce même travail est désormais attribué par les documents à « l'assemblée » ou à « la société » des intéressés, sans plus de précision. Ainsi était-ce le cas à Séez en 1802 (ADS 187^E, dépôt 218). Mais dans le courant du XIXe siècle on fit de plus en plus appel à de vrais spécialistes dénommés « experts », voire à des géomètres (voir « Qui dressait les rôles ? », chapitre 7), c'est -à-dire parfois des étrangers à la commune. Leur travail, loin d'être toujours considéré comme neutre et au-dessus des différends locaux, était souvent jugé avec méfiance au moins par une partie des arrosants. Fréquemment, une commune, un quartier, un village, un consortage ou un groupe d'arrosants rejetait le travail de l'expert accusé de ne pas respecter les anciens usages ou de léser tels ou tels intérêts. La fronde se manifestait parfois de façon concrète par le refus de participer aux frais de réfection du rôle ou plus souvent au refus de payer l'expert. À Hauteville-Gondon, par exemple, une série de textes des années 1830 et 1840 révèle de sérieuses oppositions aux rôles de répartition des eaux de plusieurs réseaux d'arrosage, tous réalisés par les « experts » ou « géomètres » Tresal, Richermoz et Baudin. Les habitants, avec semble-t-il l'appui des autorités communales, ont trouvé les rôles confectionnés par ces derniers « d'une telle absurdité » qu'ils réclament une somme importante de l'intendant pour pouvoir faire rectifier ces erreurs (AF LC-S ; AC 3O12). Dans la même commune, en 1843, une lettre de l'un des géomètres à l'intendant explique que, depuis dix ans qu'il a dressé le tableau de répartition pour le ruisseau de Saint-Pantaléon, il n'a toujours pas été payé. De fait, un groupe d'arrosants demeuré mécontent de son travail, estime ses exigences financières exagérées. Il sera finalement rétribué 60 livres au lieu des 80 facturées (AC 3O12). À Bourg-Saint-Maurice, en 1862, une querelle éclate entre deux groupes d'arrosants au sujet d'un rôle récemment complété pour les eaux du ruisseau de l'Arbonne. Pris entre les parties adverses, le géomètre chargé de la confection du rôle se retrouve là encore privé de ses honoraires et réduit à demander au sous-préfet de Moûtiers de forcer « les membres de la commission » ou « l'administration communale » à les lui payer. La même année, le géomètre Trésallet envoie une lettre similaire au même sous-préfet. Ses « études de répartition des eaux » du canal Saint-Michel, réalisées en 1856 pour la commune de Landry, n'avaient toujours pas été réglées par celle-ci (ADS 83S19).

Partage des eaux et querelles de clochers

Au XIXe siècle comme au Moyen Âge, les querelles entre communes étaient monnaie courante. Au Chapelles en 1882, la cible des plaintes se déplace des experts vers les gens de Valezan, commune voisine, accusés d'avoir détourné « dans le ruisseau de Montvalezan les eaux destinées au canal Chapellaz » (ADS S742). En 1894, le maire des Chapelles s'adresse au sous-préfet à propos « d'un vol d'eau par un homme redouté de Valezan. » Celui-ci ayant insulté et menacé le garde du canal, le maire demande que soit fait le nécessaire pour mettre fin à ces « actes de violence et de maraudage » (ADS S743). Mais les désaccords entre communes ne se limitaient pas aux accusations de détournement de l'eau par des particuliers. Il arrivait que les gens d'une commune s'en prennent directement aux infrastructures hydrauliques de leurs voisins, parfois pour des raisons sans rapport avec les questions d'arrosage. Ainsi, dans une lettre de 1882 adressée au sous-préfet, le directeur de la commission syndicale des Chapelles expose qu'à cause des problèmes liés à la « mensuration (la délimitation, apparemment conflictuelle) des communaux » entre Les Chapelles et Valezan, ils n'ont pas pu entretenir la section du canal des Chapelles passant sur le territoire de Valezan. Les habitants de cette dernière commune en effet, avaient « continuellement renversé et mis en pièces l'aqueduc du passage » (ADS S742).

Lorsque des canaux transitaient sur le territoire de deux ou de plusieurs communes, il en résultait presque obligatoirement des litiges, que ceux-ci aient eu pour cause la manière de partager l'eau, la gestion des infrastructures, les modalités d'entretien du canal, ou encore le respect des accords passés. Par exemple, en 1809, la commune d'Avrieux en haute-Maurienne se plaignait des inondations provoquées par le « canal qui conduit les eaux du Villaret aux Combes, » canal qui débutait sur la commune voisine de Villarodin-Bourget pour pénétrer ensuite sur le territoire d'Avrieux. Pour Villarodin-Bourget, la faute en revenait à ceux d'Avrieux qui n'avaient pas correctement curé la partie aval du canal (AC Villarodin-Bourget 3O). En 1824, les gens de Valezan et des Chapelles en moyenne-Tarentaise se disputaient encore sur un projet de réfection d'une partie du canal des Chapelles détenue par les seconds sur le territoire des premiers (ADS 5FS576). En 1876, dans le canton de Bozel, les gens des Chavonnes (dans la commune de La Perrière), exprimaient une plainte contre les arrosants du Biollay (dans la commune des Allues) pour ne pas avoir fourni la main-d'œuvre convenue lors des corvées d'entretien du canal du Biollay. Pour manifester leur ressentiment, les arrosants du Biollay n'ont rien trouvé de mieux que d'aggraver la situation en dégradant le canal (AF FF). D'après Combet et Bouchage (1998 : 3), un désaccord entre Aime et Longefoy (aujourd'hui fusionnée avec Aime) au sujet de la distribution des eaux du

Bief de Bovet aurait duré plusieurs siècles avant de se retrouver devant la cours administrative de Chambéry en 1876 (ADS 1Fi219).

Les différends intercommunaux sur les questions d'eau ne concernaient d'ailleurs pas uniquement la question de l'arrosage. Gabriel Pérouse (1911 : 79) explique, par exemple, que les paroisses de Villette et Montgirod se sont disputées dès 1407 « au sujet des ruisseaux dont on se sert soit pour arroser, soit pour abreuver le bétail. » Tessens et Villette, deux anciennes communes fusionnées aujourd'hui avec celle d'Aime, se sont engagées dans les années 1860-1870 dans une longue dispute à propos du timing de leurs emplois d'eau respectifs situés sur les rives du torrent de la Tour. Or le désaccord, dans lequel les deux communes se sont affrontées « par violences à mains armées, » semble avoir surtout porté sur l'eau utilisée pour alimenter les moulins et les fontaines d'eau potable, beaucoup moins sur la question de l'arrosage des jardins, des prés et des vergers. Même l'installation en 1875 d'un « régulateur » destiné à partager l'eau ne semblait guère améliorer la situation, le dispositif ayant rapidement été dégradé (ADS 39SPC1).

Des conflits se produisaient non seulement entre quartiers de différentes communes mais au sein d'une même commune. En 1814 le quartier du Tiers d'Hauteville-Gondon et la commune elle-même entraient en procès au sujet des coûts d'entretien payés par celle-ci pour une partie du canal de l'Arc desservant le quartier en question. D'après les autorités communales, le quartier n'avait pas versé sa quote-part des frais des travaux d'entretien entrepris par la commune sur le canal. Le litige a duré environ 20 ans, montant jusqu'au tribunal de première instance puis à la cour d'appel, pour se régler finalement en faveur du quartier du Tiers (ADS 5FS503).

Usage des eaux et Révolution Industrielle

Les désaccords entre arrosants et « usiniers » (notamment les propriétaires des moulins et autres artifices) étaient tout aussi fréquents et anciens. On l'a vu déjà avec le conflit de 1402 à propos du ruisseau de l'Arbonne destiné à alimenter les nouveaux moulins des nobles de Bourg-Saint-Maurice. Gabriel Pérouse (ADS AC DD35 … écrit de sa main) signale qu'en 1597 le propriétaire de trois moulins sis à La Côte-d'Aime initie un procès contre la communauté pour avoir construit son propre moulin sur « le byé de Berne », dont il revendique l'usage exclusif en vertu d'un acte d'albergement. Inversement, en 1650-51, la commune de Landry, représentée par ses syndics, se retournait contre le propriétaire d'une tannerie (« addouboz ») installée, illégalement d'après elle, sur un cours d'eau donnant naissance à un canal (ADS AC DD39). En 1817, la communauté de Saint-Bon, dans le canton de Bozel, entamait une procédure contre un usinier accusé d'avoir élargi le canal d'amenée de son moulin sans en avoir demandé l'autorisation. Il en était résulté des dégâts importants, par débordement, aux propriétés riveraines. L'intendant finit par ordonner au coupable de remettre son canal dans son état primitif (ADS 5FS844).

Mais c'est véritablement avec l'arrivée d'un nouveau type d'entrepreneurs dans le massif, au cours des XIXe et XXe siècles que ce type de querelle a explosé. L'entrée de la Maurienne et de la Tarentaise dans la Révolution Industrielle a en effet commencé à modifier les rapports de force réglant jusqu'alors les usages de l'eau. Les différends les plus nombreux ont désormais mis en concurrence nouveaux et anciens utilisateurs. Ainsi un conflit opposa, vers 1885, les arrosants et les usiniers à Bozel, les deux groupes souhaitant pouvoir utiliser la totalité de l'eau du ruisseau de Bonrieux pendant la journée (ADS 51SPC4). À Séez, en 1802, c'est la question du partage du coût de l'entretien du grand canal qui opposait les usiniers à l'assemblée générale du consortage des arrosants (ADS L2215). Le même sujet fut soulevé encore en 1866 (ADS S749). Par ailleurs, loin d'être unis face aux arrosants, les usiniers se disputaient aussi entre eux au sujet de ces mêmes coûts d'entretien.

À la fin du XIXe siècle, les projets de constructions militaires, tunnels routiers, gares et lignes ferroviaires, et surtout des usines hydro-électriques, n'ont fait qu'aviver encore les tensions autour de la question de l'eau. À Modane, une série de documents de la fin des années 1880 expose le mécontentement des usiniers du village de Loutraz et des arrosants du Replaton contre le génie militaire qui prélevait de l'eau de plusieurs ruisseaux pour les chantiers des forts situés à l'entrée de la haute-Maurienne, ceci sans les avoir informés préalablement (ADS 51SPC7). À Villarodin-Bourget, en 1888, un litige oppose l'entrepreneur Thibon et les utilisateurs traditionnels des eaux du ruisseau de Plan-Verset au sujet d'une dérivation construite pour le lavage du sable destiné à l'édification des forts de Modane (ADS 51SPC10). En 1927, un problème similaire justifie l'envoi d'une lettre au préfet par un arrosant. Il s'agit de contrer l'initiative d'un entrepreneur d'utiliser le ruisseau du Claret pour transporter du sable. Ce dernier, au moment des arrosages, étalait sur les propriétés du cultivateur une « quantité de sable [amaigrissant ses] terrains. » Un arrangement semble avoir été trouvé assez rapidement (ADS 84S20).

Contre les agents de l'État

Enfin, les litiges concernant les usages de l'eau pouvaient même opposer les collectivités locales aux instances administratives supérieures ... à l'occasion d'accrochages entre des arrosants du massif et des représentants de l'État. L'affaire Vigliano exposée ci-dessus, au sujet du jardin potager de la Redoute Marie-Thérèse, au 19e siècle, n'est qu'un exemple des difficultés soulevées par la présence de l'armée. À Bourg-Saint-Maurice, en 1914, le syndicat de Montrigon (canal de l'Arc) transmit une plainte au sous-préfet de Moûtiers concernant des aqueducs construits par l'armée sous une route militaire (ADS S739) et en 1935, le syndicat d'arrosage de l'Arbonne se plaignit auprès de l'entreprise construisant « un bâtiment militaire » ayant causé des dégâts à son canal (AC 3O13).

Mais ces exemples de mécontentement envers l'armée sont modestes en comparaison de la réaction des arrosants utilisateurs du ruisseau de Saint-Pantaléon à Hauteville-Gondon à l'encontre de l'intendant de Tarentaise en 1839. Il fut sollicité pour résoudre un conflit autour du rôle de répartition de l'eau de ce ruisseau. Le problème était complexe et on se référa tour à tour aux rôles de 1692 et de 1821 pour soutenir les positions des différents groupes d'arrosants. Le juge « du mandement de Bourg St. Maurice » puis l'intendance de Moûtiers furent saisis pour tenter de résoudre le conflit. Finalement, suite à la confection d'un nouveau rôle qui semblait ne convenir à personne, les usagers du ruisseau envoyèrent une lettre à l'intendance où ils déclaraient que :

> « leurs procureurs spéciaux ... acceptent la charge ... de contredire et contester le droit de tout novateur ; répliquer à toutes ordonnances émanées et qui pourraient émaner du Bureau de l'Intendance ... encore former opposition à leur exécution, faire, dire, exciper et décliner au besoin la compétence de M. l'Intendant ... Intenter, poursuivre et défendre ... relativement à la conservation du dit droit d'arrosement en faveur des dits sociétaires ... tant en première instance qu'en appel » (AF LC-S).

Sanctionner la délinquance

Comme nous l'avons vu, les premiers textes touchant à l'irrigation en Vanoise mentionnent déjà des sanctions imposées à ceux qui contreviendraient aux règles de gestion des canaux et de l'usage de l'eau. Ces sanctions ont été imposées par les consortages ou les communes, plus rarement par les autorités supérieures. La plupart concernent le vol d'eau, le refus des corvées, les dégâts causés par inattention ou par malveillance.

Le rôle de Montvalezan de 1374, exposé plus amplement ci-dessus (voir « Les premiers rôles de partage ... », chapitre 7), prévoit déjà des amendes pour le vol d'eau : « personne ne présumera de prendre l'eau des dits nants sinon à l'heure ordonnée et si quelqu'un fait le contraire il payera pour chaque fois cinq sols forts ... au seigneur de la Juridiction [et] il fera rémission et amendera le domage à celuy à qui aura levé l'eau. » À Valezan en 1639, celui qui vole l'eau d'autrui ou arrose en dehors de son tour encourt une amende « de cinquante sous forts » (ADS DD50).

À Hauteville-Gondon, en 1563, le règlement communautaire prévoit une amende de dix livres si, après une chute de pierres dans un canal secondaire ou une rigole, les réparations ne sont pas entreprises dans les trois jours suivants (AC HH12). À Modane, en 1566, celui qui déroge à sa « journée ... de ... travail ... assigné par déclaration publique ... à la réparation des bialliages, » ne peut se « servir de la ditte eau » avant d'avoir payé un gros de Savoye de pénalité (AC DD1). En 1652, à La Côte-d'Aime, on sollicite l'aide du « greffier ducal du mandement d'Ayme » et du notaire curial « du Marquisat du Sainct Mauris » pour obtenir le paiement des dommages et intérêts liés à la réparation des dégâts causés par les gens de Montméry (actuellement sur la commune de La Côte-d'Aime ... ADS DD36). À Séez en 1741, le règlement pour l'usage de l'eau, intégré aux « Bamps » de la commune, précise que toutes contraventions aux règles soient punies d'une amende de 5 sous forts (ADS 187^{E} dépôt 21). Enfin à Tessens en 1774, si quelqu'un laisse « couler [l'eau] par les chemins et sentiers » pendant ses arrosages, il est sanctionné d'une amende de dix livres (Gontharet 1927 : 84).

En 1775, l'intendant de la Tarentaise ordonne la réparation immédiate des dégâts causés par la rupture du canal du Villard à la grande route allant de Séez au col du Petit Saint-Bernard. Ces réparations sont « à la charge des habitants ... et les propriétaires des moulins ... en proportion ... sous la peine de trente livres d'amende » (ADS 187^{E} dépôt 21). Dans la même commune, en 1803, « ceux qui y manqueront [de venir aux corvées de travail sur le canal des Villards et du Breuil] seront contrains par voye subite de garnisaire [saisie] sans qu'il leur soit diminué de journées [de travail] qu'ils seront contraints de faire après avoir payé » (ADS 187^{E} dépôt 218). À Bessans, en 1914, ceux qui ne fermeraient pas « à temps » les canaux secondaires ou rigoles traversant leurs propriétés, se verront condamnés à une amende de deux francs (Tracq 2000 : 203, citant Goldstern 1987). Enfin à Versoye, en 1919, ceux qui ne paraîtraient pas à la corvée seront mis à l'amende de cinq francs par jour d'astreinte. Cette somme est portée à dix francs l'année suivante (AF PG).

Sous l'Ancien Régime, les amendes payées par les contrevenants pouvaient aller dans les caisses des seigneurs, dans celles des communes ou des consortages et servaient à rémunérer les gardes (classiquement un tiers des amendes leur revenait). À Séez en 1753, les contrevenants payaient l'amende au comte de la Val d'Isère ainsi qu'au garde et réglaient tous les frais inhérents à l'infraction, notamment le remboursement des dommages causés. Dans la même commune, mais en 1869, les délinquants payaient toujours « les dommages à celui qui en avait le droit, et un franc cinquante centimes au garde canal » (ADS 187^{E} dépôt 21). Par contre, aux Chapelles, en 1724, les amendes allaient « aux œuvres pies de la paroisse » (ADS S745). Aux Allues en 1876 l'individu qui avait bloqué le canal du Biollay se vit intimer l'ordre par le Tribunal Civil de Moûtiers de dégager le conduit et de payer l'huissier venu pour constater les dégâts. Â Séez en 1864 les amendes soulevées pour les infractions du règlement pour le canal de Séez servaient à « l'entretien et aux réparations les plus urgentes du canal » (ADS S749).

D'une façon générale, les gardes champêtres, plus récemment les gardes canaux, dressaient les procès-verbaux et levaient les amendes. Aux Chapelles, en 1864, « le règlement pour la police des eaux » spécifiait que les amendes pouvaient être levées par « les gardes du canal, les gardes champêtres, les conducteurs des travaux, les ingénieurs des Ponts et Chaussées et tous autres agents ayant qualité à cet effet » (ADS S745). En contrepartie, les gardes pouvaient eux-mêmes être mis à l'amende s'ils faisaient preuve de laxisme ou du moindre favoritisme et ce, toujours aux Chapelles, à raison de dix francs de retenue de salaire pour la première fois et vingt en cas de récidive (ADS S745).

La mise à l'amende n'était pas la seule méthode pour sanctionner les contrevenants. Si l'on en croit Gabriel Pérouse (1911 : 79), les communiers de Valezan font publier en 1508 par le châtelain de Tarentaise un règlement contre ceux qui prennent frauduleusement l'eau des canaux. Ils obtiennent même un monitoire et des menaces d'excommunication contre « le 'déchargeur' de certain bief. » À Tessens en 1774, « tous les particuliers et habitants » sont tenus de « rétablir les chemins publics et de traverse … accommoder les aqueducs et biés … dans cinq jours sous peine de brigade … en se servant du soldat … » (Gontharet 1927 : 88). La menace de « brigade » est également évoquée à Séez en 1776, pour ceux qui se soustrairaient à la corvée de réparation du canal du Villard (ADS 187^{E} dépôt 21). En 1839, à Hauteville-Gondon, une lettre de l'intendant explique que ceux qui ne donneraient pas l'information demandée pour établir le rôle seraient obligés « de supporter tous les frais des opérations qui devaient être refaites par suite du silence. » Aux Chapelles en 1860, un ayant droit qui ne transmettrait pas les numéros cadastraux de ses parcelles arrosables dans les huit jours après avoir été sollicité, « sera considéré comme renonçant à tous ses droits sur les eaux … et ne sera point porté dans le rôle de répartition. » La même année, si les habitants d'une « section » de la commune ne viennent pas aux corvées organisées par d'autres sections, les habitants de ces dernières pourront user des droits d'eau des premiers pendant un certain temps. Quatre ans plus tard, toujours aux Chapelles, « la police des eaux » de la commune expose que si quelqu'un manque son tour, tel qu'il est spécifié dans le rôle, il devra attendre le tour suivant pour arroser (ADS S745). Dans cette commune, d'une façon générale, celui qui n'obéissait pas aux injonctions et désobéissait au règlement risquait de voir le garde fermer sa prise d'eau (ADS S745). Dans un registre différent, à Séez en 1864, au cas où quelqu'un ne mettrait pas ses rigoles d'arrosage aux dimensions spécifiées, la commission syndicale le ferait faire elle-même avant de lui envoyer la facture (ADS S749). À Versoye, dans la commune de Bourg-Saint-Maurice, en 1882, on menaçait ceux qui refusaient de s'intégrer à l'association syndicale d'arrosage nouvellement formée, d'être exclus du rôle qui se mettait en place (ADS S738). À Sollières-Sardières, en 1895, le propriétaire d'un pré abandonné pendant quatre ans perdait son droit d'arrosage pour la parcelle en question (ADS 39SPC1). En 1951 encore, aux Échines-Le Châtelard dans la commune de Bourg-Saint-Maurice, ceux qui arroseraient le dimanche ou durant la nuit seraient exclus de la société d'arrosage (ADS S785).

Chapitre 13.
L'ethnoécologie de l'irrigation

L'ethnoécologie étudie les rapports existant entre l'homme et son environnement (naturel et domestiqué), notamment dans les sociétés traditionnelles ou coutumières. On peut la considérer comme une branche de l'anthropologie sociale ou de l'ethnologie, bien qu'elle soit également l'affaire des archéologues, écologues, géographes, historiens et biologistes. L'ethnoécologie s'intéresse essentiellement aux différents aspects de la représentation et de l'exploitation d'un terroir donné par un groupe humain. Elle recouvre l'identification, la classification et l'utilisation des plantes, des animaux ou de leurs habitats et cela, théoriquement, depuis les premières occupations du territoire par l'homme jusqu'au présent. Certains ethnoécologues mais surtout des archéologues s'intéressent spécialement aux activités humaines liées à la colonisation, à la modification et la mise en valeur des milieux, notamment les premières interventions sur l'environnement sauvage, telles que les prélèvements opérés sur la faune ou la flore, la domestication des plantes ou des animaux, la déforestation, la construction d'abris ou d'habitations, de chemins et d'autres structures à valeur socio-économique ou même rituelle. Les canaux font partie de ces structures. Or nous avons vu que plusieurs découvertes archéologiques permettent de suspecter très fortement la présence de canalisations dans des Alpes du Nord dès l'Antiquité et que rien n'empêche de penser que l'irrigation ait pu y voir le jour dès les premiers siècles de la présence sédentaire de l'homme.

Savoir populaire et traditions agropastorales

Dans deux précédents ouvrages, nous avons eu l'occasion d'aborder les corrélations entre les connaissances botaniques, écologiques, topographiques et hydrauliques des populations contemporaines en Vanoise (Meilleur 1986, 2008), ainsi que les origines de la civilisation agropastorale alpine (Carrier et Mouthon 2010). Il s'agit ici de reprendre cette question en nous interrogeant sur les liens pouvant exister entre les savoirs empiriques des populations de la Vanoise concernant les milieux naturels et la construction et la gestion des canaux d'irrigation par ces mêmes populations. Comme pour les précédents chapitres, nous avons utilisé à la fois la documentation d'archives mais cette fois peut-être davantage encore les données recueillies, principalement en

2011 et 2012, dans les interviews qui nous ont été accordées par des personnes âgées ayant pratiqué l'irrigation dans leur jeune âge. De fait, puisque nous avions déjà constaté qu'un bon nombre de ces personnes possédaient une connaissance empirique significative de la biologie et de l'écologie de leur territoire, il paraissait naturel de vouloir faire le lien entre ces savoirs environnementaux et l'arrosage traditionnel. Cette question étant à la fois périphérique à notre sujet principal d'étude et relativement nouvelle, la présentation qui va suivre se veut surtout un bref survol d'un sujet en l'attente de recherches à venir.

Les anciens agro-pasteurs de la Vanoise avaient su élaborer des corpus de savoirs cognitivement bien structurés concernant leur milieu naturel, c'est ce que l'on appelle aujourd'hui des « savoirs écologiques populaires ». Pendant au moins deux millénaires d'interactions avec des biotopes naturels, des générations de montagnards ont progressivement humanisé une grande partie de cet environnement et ont fini par développer des connaissances suffisamment fines pour permettre une implantation humaine dense et pérenne basée sur la culture des céréales, l'élevage du bétail et la confection des produits laitiers. Nous avons abordé dans d'autres publications certains aspects de ces connaissances coutumières liées à l'économie agropastorale traditionnelle en Vanoise touchant aux domaines de la botanique et de l'écologie (Meilleur 1982, 1984, 1985, 1986, 1990, 2008). Il s'agit ici de reprendre les données mettant en relation la géologie et la qualité des sols, la disponibilité de l'eau, la topographie, l'insolation enfin dans le contexte des activités d'arrosage. Comment ces éléments ont-ils été intégrés par les arrosants dans le processus de décision touchant le fonctionnement des canaux mais aussi l'appréciation des bénéfices que l'on pouvait en attendre, notamment en termes de production de foin ?

Connaissance des sols

Sans pouvoir aller aussi loin que des géologues ou des pédologues contemporains, les anciennes populations du massif étaient capables de distinguer plusieurs qualités de sols et d'utiliser ces connaissances pratiques lors des prises de décision concernant l'irrigation. Des sols trop humides, par exemple, surtout ceux se trouvant sur les pentes, étaient connus non seulement pour favoriser des espèces herbagères indésirables (surtout des laiches [*Carex* spp.], des joncs [*Juncus* spp.] et plusieurs espèces dans la famille des renoncules), mais représentaient un réel danger pour les terrains localisés en aval. Un document rédigé par le conseil municipal de Villarodin-Bourget en 1809 fait ainsi référence à une zone drainée par le canal du Villaret aux Combes :

> « parce que le sol qui est entre le Villaret et le pont de la Combette étant extrêmement rapide et où il y a quantité de petites fontaines [sources] qui rendent ce terrain mouvant et engloutirait les maisons qui sont au-dessous … ce sont ces besoins … qui sans nul doute [ont] forcé nos ancêtres à construire ce canal pour préserver leurs habitations et leurs fonds » (AC 3O).

De plus, dans le chapitre sur l'infrastructure physique (chapitre 3), nous avons montré l'intérêt du captage des sources et des eaux de ruissellement dans les zones humides. Des témoins âgés ont souvent évoqué devant nous le double avantage qu'il y avait à assainir ces zones, d'une part une meilleure qualité et productivité herbagère et d'autre part une augmentation du débit de l'eau d'arrosage par la construction de petits canaux de drainage. Au niveau du parcours lui-même, là où un canal traversait une zone marécageuse importante, on plaçait communément des aqueducs creusés dans des troncs d'arbre directement dans le sol, récupérant ainsi une eau qui sinon aurait été perdue dans le marais (voir la figure 41 ci-dessus).

À l'inverse, on admettait que la présence de terrains secs ou friables dans certaines zones fauchées nécessitait l'arrosage si l'on voulait produire une herbe plus abondante et de meilleure qualité. La nature aride de certains sols rendait aléatoire l'obtention de regain après la première coupe d'herbe, du moins sans un amendement par l'irrigation. Une lettre adressée par deux arrosants de Séez à l'intendant de Tarentaise en 1842 demandait ainsi l'autorisation de construire un canal vers le mas des Écudays pour arroser leurs propriétés. L'argument principal était que les prés … « se trouvent sur un sol aride et sans eau » (ADS 5FS569). De la même façon, en 1854, le conseil communal des Chapelles justifie le projet de restauration d'un canal en expliquant qu'il est indispensable … « pour arroser ses prairies qui sont sur un terrain sec et sableux » (ADS 5FS517). Comme nous l'avons déjà exposé ci-dessus (voir « Interconnexions », chapitre 3), la perméabilité différentielle du sol, constituait aussi, à côté de la déclivité, un facteur pris en considération lorsqu'il s'agissait de placer des canaux secondaires ou tertiaires sur des versants fauchés. Enfin, là où la dureté de la roche ou le caractère excessivement rocailleux du sol rendait difficile le passage des canaux, nous avons vu que les constructeurs de canaux avaient recours à des aqueducs aériens ou, au contraire, au creusement de véritables tranchées (voir les figures 16 et 17 ci-dessus).

Par endroits, la présence ou la qualité de la roche mère compliquait le passage. Considérant que des pendages de 1 à 3% (voir « Aménagements … », chapitre 3) pour nombre de tracés pouvaient être relativement inflexibles, des parcours choisis pour l'irrigation de certaines zones rencontraient parfois des obstacles à franchir, tels que des roches, des pierres de talus, ou des sols très rocailleux. Plusieurs canaux ont été abandonnés pendant la période contemporaine probablement en raison de telles conditions difficiles. Peut-être le mieux connu en Tarentaise fut-il le canal de Beaupré à Séez, appelé aussi le canal du Pain Perdu à cause de l'effort de construction considéré comme gâché. Il fut abandonné vers la fin du 19e siècle en raison d'éboulements et de difficultés récurrentes pour en maintenir le parcours. Selon le Syndicat du Quartier du Mont et l'ingénieur ordinaire du secteur, il avait été creusé dans un « sol, de nature schisteuse [qui] se prête mal à l'établissement des canaux » (ADS S741). De toute évidence, au moins trois autres canaux du massif ont été abandonnés plus anciennement encore, peut-être pour des raisons semblables ou d'autres causes liées à la rudesse des milieux. Le bied Mort, qui partait des hauteurs du ruisseau de l'Ormente sur La Côte-d'Aime en moyenne-Tarentaise, coulait au-dessus du canal des Chapelles pour arriver jusqu'au territoire de la commune de Bourg-Saint-Maurice. Un second canal, sans nom pour le moment, semblait partir du ruisseau de la Marquise ou du Chardonnet (ou de Bellecombe ?) à Séez pour descendre sur la Rosière à Montvalezan (voir Meilleur *et al.* 2012). Il était aussi désigné localement le canal du Pain Perdu (Gaide-Chevronnay 1931 : 145). Un troisième canal, dont le nom s'est perdu aussi, semblait quitter les hauteurs de la rive droite du ruisseau de Pissevieille sur Hauteville-Gondon pour irriguer une partie de la commune de Villaroger (Meilleur *et al.* 2012). Les informations sur ces trois derniers canaux résident aujourd'hui à la limite de la mémoire locale.

Connaissance de l'eau

Les arrosants du massif observaient de notables différences dans la qualité des eaux jusqu'à décréter certaines d'entre-elles impropres à l'irrigation. Par exemple, les utilisateurs de l'Arbonne à Bourg-Saint-Maurice fermaient les prises en voyant arriver l'eau « blanchie » par la présence de la chaux, due probablement à l'affaissement périodique des abords du torrent plus en amont, là où il traversait un sol fortement calcaire et gypseux. Selon eux, l'eau de chaux « brulerait » l'herbe, la rendant inutilisable pour les foins ou pour le pâturage. Aux Chapelles ainsi qu'à Valezan, deux canaux partant de la rive gauche de l'Ormente sur La Côte-d'Aime, passaient au-dessus du « Nant de Combefort » près du lieu-dit le Forand sans prélever son eau. Plusieurs arrosants âgés ont expliqué cette particularité en signalant que l'eau de ce ruisseau n'était pas intéressante de par sa « qualité inférieure ». Nous avons évoqué ailleurs (voir « Canaux traditionnels et modernité », chapitre 3) le ruisseau de Claret à Modane, dont en 1927, les propriétaires-arrosants déclaraient les eaux trop chargées de sable, attribuant la faute à l'activité d'un entrepreneur. À l'inverse, à Lanslebourg, un expert local nous a décrit comme étant « excellente » l'eau du ruisseau de Burel, expliquant sa qualité par sa richesse en « terre glaise », l'argile étant un amendement naturel recherché et réputé favoriser la poussée de l'herbe.

Les connaissances populaires concernant la disponibilité de l'eau, évoquées par les témoins, touchent de nombreux domaines : la localisation, la température et le débit des sources, la variabilité saisonnière de l'abondance des cours d'eau permanents, notamment en rapport avec les glaciers et la fonte des neiges, la perte de l'eau dans les canaux liée à l'évaporation, la corrélation entre l'arrosage « en amont » et la disponibilité de l'eau « en aval », enfin les connexions entre le débit des canaux et celui des cours d'eau naturels. L'importance de certaines sources pour l'irrigation a déjà été évoquée. Des témoins nous ont également expliqué que des sources alimentant des lieux habités ou des abreuvoirs à bétail pouvaient voir leur volume fortement réduit suite aux dégâts subis par un canal de proximité situé en amont. Certaines se sont même taries à la suite de l'abandon définitif d'un canal. Cette relation « invisible » entre des canaux et des sources ainsi qu'avec d'autres disponibilités de l'eau, évoquées plusieurs fois par des personnes âgées du massif, est également abordée dans les documents d'archives. En 1885, le maire de Bessans signale qu'une baisse du niveau de l'eau des puits de certains quartiers de la commune a été remarquée lors de la cessation progressive de l'arrosage pendant la deuxième moitié du 19e siècle (ADS 84S7). Aux Chapelles en 1887, le directeur du syndicat d'arrosage note que pendant les étés chauds et secs beaucoup de sources tariraient « si elles n'étaient maintenues par l'infiltration des eaux provenant de l'arrosage des terrains supérieurs » (ADS S742). De tels rapports entre la disponibilité accrue de l'eau dans des zones inférieures et l'irrigation coutumière des zones supérieures par le biais des canaux d'arrosage se recoupent avec la polémique ancienne entourant la « théorie de la reproduction des eaux par les arrosages », introduite au milieu du 18e siècle par M. Félips dans les Pyrénées Orientales, et récemment résumée par J. Riaux (2007). En somme, il semble que des rapports entre l'arrosage pratiqué « en amont » et la disponibilité augmentée de l'eau « en aval », au moins sur la rivière de la Têt pendant plusieurs saisons de l'année, n'est plus à mettre en question, de même que les connaissances écologiques populaires qui ont attiré l'attention sur ce phénomène.

Ce type de connaissance des ressources hydrauliques locales se retrouve aussi parfois dans les règlements d'irrigation. Ainsi à Bozel, le nouveau calendrier d'utilisation de l'eau du ruisseau de Bonrieu, établi en 1885-87, place la fin de la saison d'arrosage le premier septembre, date précoce, à cause de la baisse bien connue du débit de ce ruisseau à la fin de l'été (ADS 51SPC4). Le même phénomène a été décrit pour Sollières-Sardières au début du XXe siècle. Il y était de notoriété que l'arrosage de plusieurs secteurs du versant « envers » de la commune devenait impossible dès la fin juillet ou le début août, à cause du retrait des névés qui alimentaient les torrents. L'irrigation se poursuivait néanmoins dans les autres secteurs, là où les glaciers continuaient à alimenter les cours d'eau.

À plusieurs reprises les témoins nous ont dit avoir remarqué une nette baisse du débit de certains canaux entre le matin et le soir pendant la belle saison. On l'attribuait à l'évaporation des eaux pendant les journées chaudes.

C'est pour cette raison qu'à Hauteville-Gondon, le canal de Fontari irriguait les parcelles les plus éloignées pendant la nuit. Quelques personnes âgées nous ont enfin déclaré avoir noté des changements dans la végétation et dans la fréquentation des animaux aux environs des canaux abandonnés.

Du savoir populaire à la gestion globale de la ressource en eau

Les témoins interrogés, anciens pratiquants de l'arrosage, font de l'interconnexion entre cours d'eau naturels, sources et canaux d'arrosage un facteur fondamental de la réussite du processus d'irrigation. Localement, la densité et la complexité des raccordements étaient remarquables en Vanoise, témoignant à la fois de la somme de connaissances accumulées par les populations traditionnelles sur l'environnement hydraulique naturel du massif et leur capacité pluriséculaire à l'utiliser. Le principe caché derrière la complexité des réseaux résidait dans la nécessité de fournir une quantité d'eau régulée aux zones arrosées et ce, non seulement en période normale (tel qu'envisagé dans les rôles de répartition), mais également en période de sécheresse ou, au contraire, lors des fortes pluies d'orage. Dans les moments où l'eau arrivait en excès, les interconnexions permettaient de rediriger le flux afin de limiter autant que possible les dégâts aux canaux et aux propriétés. Dans le cas d'une pénurie locale, au contraire, la mise en réseau facilitait le détournement de l'eau des secteurs bien alimentés vers les lieux où elle venait à manquer. Cette maîtrise des flux supposait une connaissance approfondie du réseau hydrographique tant naturel qu'humanisé ainsi que des phénomènes micro-météorologiques.

Bon nombre de systèmes d'irrigation en Vanoise se caractérisent ainsi par une grande complexité et un haut niveau d'interconnexion. Certains d'entre eux ont été représentés de façon assez précise sur les plans du Premier Cadastre Français du XIXe siècle (ADS PCF) ou sur d'autres documents de la même époque, permettant en conséquence une lecture fine de l'environnement hydrographique. Cependant, non complétée par une recherche de terrain, devenue aujourd'hui difficile, la consultation de ces plans ne permet pas toujours de distinguer avec précision la jonction de certains canaux avec des cours d'eau naturels. Parfois un canal désigné « d'arrosage » ou « d'irrigation » sur une des cartes du PCF est dénommé « ruisseau », « nant » ou « torrent » sur une autre. On repère ainsi un « canal de Montfort » et un « ruisseau de Montfort », sur le cadastre de Saint-Marcel dressé en 1888 (ADS PCF 3P 7371). Même chose pour le « ruisseau ou canal Valezan » sur le plan de 1868 (ADS PCF 3P 7379). De toute évidence, au moment où ils ont effectué leurs relevés, les géomètres ont eu quelques difficultés à se faire une opinion.

Quelquefois ces cartes ou plans anciens présentent des sources comme étant les points d'origine des canaux. C'est en partie le cas des sources aux Envers pour le Bief de Bovet à Aime (Longefoy) sur un plan de 1868 (voir figure 3 ci-dessus), ou pour les sources du Get du Villaret pour le canal du Villaret aux Combes, dans la commune de Villarodin-Bourget en 1810 (AC 3O1), ou encore pour le canal de la Biolène à Doucy qui, d'après des documents de 1862 et de 1866, prendrait son eau des sources du Riondet (voir figure 2 ci-dessus). De même les plans anciens représentent-ils parfois de façon schématique un chapelet de petites sources qui alimentent à mi-parcours tel ou tel canal d'arrosage. La figuration des sources sur les douze canaux du ruisseau de l'Église à Hauteville-Gondon, sur un plan de 1840, en est un très bel exemple (voir figure 4 ci-dessus).

L'une des plus grande surprises de nos recherches a été de découvrir l'importance dans le massif de la Vanoise d'un autre aspect de l'interconnexion : des canaux ou ruisseaux naturels coulant plus ou moins parallèlement ou à proximité sont reliés par ce que nous avons appelé des canaux de raccordement afin de réguler le débit des uns ou des autres. Cette forme de contrôle du réseau hydraulique est déjà décrite à la fin du XIVe siècle à Montvalezan. Le règlement de 1374 stipule que « l'on mettait dans le dit [canal] quelque peu d'eau du Nant Supérieur … ansorte que la ditte eaux a cause du dit arrousement ne diminue pas, autrement quelle soit augmentée » (Gaide-Chevronnay 1931 : 150). Aux Chapelles, en 1724, les arrosants déclarent faire « coller l'autre avec celle-là, » autrement dit, l'eau « sera mêlée avec celle » d'un autre canal ou cours d'eau à proximité (ADS S745). De tels raccordements existaient toujours à Montvalezan en 1766 (AC I-Archives Anciennes) et en 1903 entre le canal Neuf d'en Haut et le canal Neuf d'en Bas (ADS PCF 3P 7356) ou encore à Bramans, en 1894, entre les canaux du Plan des Colombières d'une part et le canal du Plan et ses canaux dérivés d'autre part (ADS PCF 3P 7408). À Valezan en 1868, l'entrecroisement entre les canaux des Chapelles et de Montvalezan (-sur-Bellentre), leurs canaux secondaires et plusieurs cours d'eau naturels (ADS PCF 3P 7379) dessinait un réseau particulièrement complexe. Même chose pour la commune de Mâcot, d'après un plan de 1870, où quatre ruisseaux au moins étaient raccordés aux canaux des Ouvertes et de Côte Droite (figure 64). En 1885 encore, sur un plan détaillé de la commune de Bessans, on découvre avec quelque étonnement la densité du réseau formé par plusieurs canaux et ruisseaux quadrillant un vaste secteur arrosé de la plaine de l'Arc (voir figure 26 ci-dessus). Selon un expert local mauriennais, on rencontrait le même phénomène au début du XXe siècle à Aussois, notamment entre les canaux des Rossanches dessous et des Rossanches dessus. Là où les canaux d'irrigation passaient au-dessus des cours d'eau naturels ou des ravins, coupant leur parcours, des dispositifs de raccordement avaient parfois été prévus. La fameuse « pierre de partage » de Saint-André, en haute-Maurienne, en est encore aujourd'hui un bon exemple (Meilleur *et al.* 2012 ; voir figure 9 ci-dessus). En Tarentaise, à Hauteville-Gondon, le canal des Îles qui, en 1950, passait au-dessous du ruisseau du Nantet, lui était semble-t-il relié (ADS S752). Parmi les dispositifs de raccordement figuraient bien évidemment les canaux de décharge (ou « déchargeurs ») dont il a été question plus haut. Un très beau plan daté de 1864 figurant une section du canal de Montvalezan (sur la commune de Bellentre), souligne la dimension remarquable de ces équipements (figure 65).

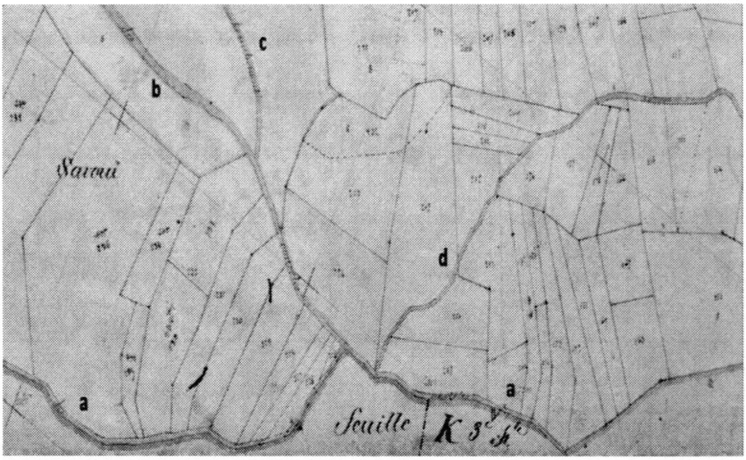

Figure 64. Interconnexions entre trois bras du canal des Ouvertes (**a**, **b**, **c**) et le ruisseau de Montaudet (**d**) (Macôt 1970). ADS PCF 3P 7353, M2.

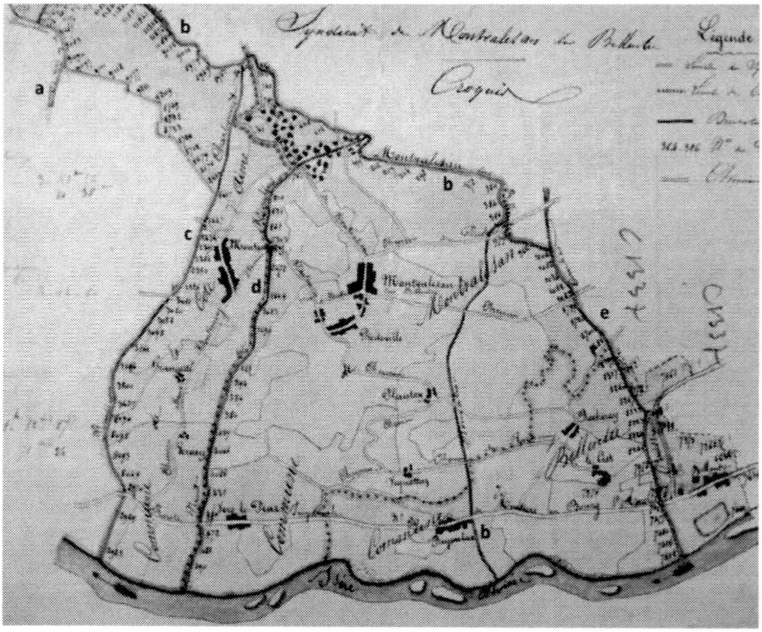

Figure 65. Interconnexions entre le canal (ou dérivation) de Montvalezan (**b**), le ruisseau du Charbonnet (**c**), le nant des Moulins (**d**) et le ruisseau des Combes (**e**) ; canal (ou dérivation de la Côte d'Aime (**a**) à gauche en haut (Bellentre 1864). ADS 39SPC1. Cliché BAM.

Plusieurs canaux semblent avoir eu un parcours en partie souterrain. Le canal de la Forge à Granier, tracé sur un plan de 1868, en est un exemple (ADS PCF 3P 7348). Des témoins habitant Hauteville-Gondon ont également évoqué devant nous le parcours curieux du canal de l'Adret des Tuffes. Partant de la rive gauche du ruisseau de l'Arc, dans le vallon de la montagne de l'Arc, il disparaissait dans une sorte de gouffre dans une zone de tufs et réapparaissait dans le secteur des sources du ruisseau de Saint-Pantaléon, sur le versant opposé, après un long parcours souterrain sous la chaîne de montagne des Frettes. Bien évidemment, l'utilisation de ces particularités topographiques par les constructeurs de ces canaux souligne leur connaissance manifeste de l'environnement.

L'interconnexion des canaux et des cours d'eau naturels devait s'accompagner d'un contrôle rigoureux des eaux visant à éviter des transferts d'eau anarchiques ou arbitraires. À Hauteville-Gondon en 1866, « l'association syndicale pour le partage de l'eau du ruisseau de Bordonnaisaz » débattait le problème du partage équitable de l'eau en soulignant que l'on pouvait facilement arroser les mêmes propriétés en se servant « de deux et trois canaux à la fois » (ADS 9O81). En 1883, le rôle de répartition des eaux du syndicat du canal de l'Arc défendait aux arrosants d'échanger leurs parts d'eau d'une façon non autorisée. De tels échanges de gré à gré étaient faciles « attendu les croisements fréquents des rigoles » (ADS S739). L'année suivante, un autre rôle, concernant cette fois le canal des Chapelles sur la commune des Chapelles, prévoyait des dates fixes pour le transfert des eaux entre plusieurs canaux ainsi qu'entre ces canaux et les zones arrosées (ADS S742).

Il faut insister sur le fait que seule une connaissance profonde de la géographie locale avait pu permettre aux anciens montagnards de maintenir une maîtrise des réseaux hydrographiques de leurs vallées tout en conciliant leurs besoins en eau avec les exigences de la nature. Curieusement, les documents anciens et notamment les règlements pour l'irrigation codifient rarement les mesures à prendre pour des situations difficiles, de pénurie ou au contraire de surabondance d'eau, qui devaient pourtant survenir de façon relativement fréquente et qui sont par contre décrites par les témoins âgés. Il faut en conclure que le savoir et les procédures nécessaires pour gérer les réseaux hydrauliques en situation de crise se trouvaient conservés principalement dans l'esprit de certains arrosants. Aux époques contemporaines, les directeurs des consortages, les gardes des canaux, les membres des commissions syndicales, ou encore certains conseillers municipaux, devaient être les essentiels dépositaires de ce précieux savoir qui se transmettait par voie orale.

Connaissance du terrain et gestion de l'eau

Les constructeurs des canaux tout autant que leurs successeurs, qui avaient pour tâche de gérer le réseau hydraulique en place, connaissaient parfaitement la configuration topographique de leur environnement et ses conséquences sur la disponibilité de l'eau. Sans GPS ni photos aériennes, les responsables de l'irrigation étaient néanmoins tout à fait en mesure d'expliquer pourquoi leurs ancêtres avaient construit certains canaux à tel endroit et de telle façon. En 1882, une lettre du directeur de la commission syndicale des Chapelles au sous-préfet de Tarentaise avançait les raisons qui, selon son auteur, justifiaient l'octroi d'une subvention pour réparer les canaux. Leurs besoins en eau d'irrigation, expliquait le directeur, étaient vitaux « parce la position physique du territoire des Chapelles a la forme d'un cône [ce qui] fait qu'il est complètement privé de l'eau provenant de la fonte des neiges qui déversent leurs eaux [dans des cours d'eau naturels] à droite et à gauche de son territoire » (ADS S742). Une autre lettre du directeur du même syndicat, datée celle-ci de 1887 et cette fois adressée au préfet de la Savoie, donne une brève histoire du canal des Chapelles et présente « la configuration territoriale [de sa commune comme] un immense mamelon » (ADS S742). Un ancien arrosant de Montvalezan — où la majorité des cours d'eau naturels coulent sur le secteur centre-est du territoire — nous a décrit sa commune comme « un bouclier », terme également employé par plusieurs témoins pour qualifier le quartier de Montrigon à Bourg-Saint-Maurice. Sans l'eau des canaux tirés de torrents plus ou moins éloignés des aires irriguées et/ou habitées, la topographie particulière de certaines communes ou quartiers de celles-ci les aurait condamnés à une aridité structurelle. Leur mise en valeur, leurs paysages, leur destin même auraient été bien différents de ce qu'ils furent, sans l'ingéniosité de leurs habitants et ce, des siècles durant.

La déclivité constituait un autre aspect de la géographie physique du massif pris en compte par les arrosants, en relation cette fois avec la nature et la perméabilité du sol. Dans ses délibérations de 1851 par exemple, le conseil municipal d'Hauteville-Gondon discutait des quantités différentes d'eau du ruisseau de l'Église qu'il revenait d'accorder aux propriétés pentues par rapport aux propriétés planes (ADS S742). Le débat, qui offre d'intéressants éclairages sur la logique sous-tendant la distribution de l'eau, s'est clos ce jour-là sur la décision de ne pas favoriser l'un ou l'autre groupe de propriétaires, au motif que les avantages et inconvénients de chaque situation s'équilibraient à peu près.

Ordinairement, le degré d'inclinaison de la pente, toujours en corrélation avec la perméabilité du sol, était vu comme un facteur primordial expliquant la disposition ancienne des canaux du massif, surtout s'agissant des canaux secondaires ou tertiaires qui distribuaient l'eau directement aux parcelles irriguées. À Termignon des experts locaux nous ont expliqué que la limite d'absorption par le sol de l'eau débordant par gravité d'un canal supérieur déterminait le placement du canal inférieur, et ainsi de suite jusqu'en bas de la pente. Dans des cas de surabondance anormale d'eau dans un canal supérieur, le canal inférieur servait alors aussi de fosse de récupération pour des eaux non-absorbées en amont. Ce type d'explication, qui sous-entend plusieurs siècles d'observation et sans doute de tâtonnements et d'erreurs, nous a été répété dans plusieurs autres communes de haute-Maurienne et de Tarentaise. La zone arrosée entre deux canaux de ce type a d'ailleurs été spécialement dénommée (voir le lexique en annexe).

L'insolation d'un terrain, définie à la fois par l'angle sous lequel tombent les rayons solaires et par la durée de l'ensoleillement, est reconnue par tous les arrosants comme un facteur important à prendre en compte en matière d'irrigation. Naturellement, un bon ensoleillement était essentiel à la croissance et la maturation de l'herbe comme au séchage des foins après les coupes. D'un autre côté, un ensoleillement intense et prolongé durant la saison d'été signifiait immanquablement la sécheresse, surtout sur des sols rocailleux ou sablonneux. Dans les années 1880, le directeur du syndicat des Chapelles rencontré plus haut justifiait encore ses demandes de subvention pour la réparation des canaux par l'aridité du sol et la force des rayons solaires en zone de montagne (ADS S742). Maints arrosants âgés nous ont décrit la combinaison d'un manque de précipitations et d'une insolation soutenue comme la principale raison d'être des canaux d'irrigation en Vanoise, l'arrosage du printemps contribuant fortement à une bonne récolte de foin et celui des mois de juillet et d'août étant seul à même d'assurer la réussite des regains.

Bon nombre d'arrosants soulignaient aussi la corrélation entre la « nécessité » ou non de l'arrosage et la localisation d'un quartier irrigué sur le versant « endroit » (adret) ou « envers » (ubac) d'une vallée. Grossièrement, et sans surprise, ce sont surtout les pentes de l'adret, orientées est-ouest et exposées au sud, où se faisait sentir l'impératif d'arroser. Les versants envers, surtout ceux exposés au nord restaient plus humides et avaient de ce fait moins besoin d'irrigation. Ceci était surtout vrai après la première coupe des foins, c'est-à-dire pour les regains. Le fait que la neige reste plus longtemps sur ces versants jouait aussi un rôle dans cette appréciation, puisque la fonte progressive de celle-ci gardait le sol humide plus longtemps. Certains géographes alpins comme Henri Onde, parlant de la haute-Maurienne, confortaient ces observations locales en déclarant que « l'arrosage corrige les effets d'une évaporation activée par l'insolation » (1940 : 482).

L'ethnoécologie et les rendements des propriétés irriguées

On ne peut évoquer l'ethnoécologie de l'irrigation en Vanoise, même superficiellement comme nous le faisons ici, sans prendre en considération la question des rendements. En effet, l'amélioration de la productivité des propriétés arrosées est, de l'aveu même des arrosants, le but principal de l'irrigation. Comme l'énonçait Pérouse en 1911 (p. 72), confirmant ces mêmes dires, puisque le nombre d'animaux ayant le droit d'être mis en alpage communal était conditionné par le nombre hiverné sur place — celui-ci étant limité par la production fourragère locale — l'augmentation de cette dernière se traduisait par la possibilité pour chaque arrosant de confier un plus grand nombre de bêtes aux fruits communs, l'un des objectifs clés des agro-pasteurs du massif.

Lorsque les documents anciens se proposent d'évaluer la productivité des prés irrigués, il s'agit essentiellement de comparaisons entre parcelles arrosées et parcelles non arrosées. Même chose pour les témoignages recueillis auprès des arrosants âgés. Nulle part on ne trouve d'estimations quantitatives précises. Les plus anciennes appréciations de la productivité des parcelles arrosées en Vanoise sont généralement très grossières, contingentes, presque anecdotiques, se contentant de noter les résultats néfastes de l'absence d'irrigation. Par exemple, en 1824 à Valezan, on estimait que c'était « lors des regains ... dont on en eu le plus grand besoin pour l'arrosement des prés » (ADS 5FS576). Et en 1863 à Hauteville-Gondon, un groupe d'arrosants discutant un nouveau rôle de répartition pour le canal de l'Auget, concluait que des prés non arrosés ... « ne produisent presque rien dans les temps de sécheresse » (ADS 9O81). Avec un peu plus de précision, la commission syndicale des Chapelles en 1888 soutient sa demande de subvention pour réparer ses canaux en notant que ... « sans l'arrosage, la production fourragère serait presque nulle pendant les années de sécheresse et réduite de plus de moitié pendant les années les plus favorables » (ADS S742). Nous avons ici une véritable évaluation de l'apport de l'irrigation : presque rien sans arrosage pendant des années de sécheresse, et du simple au double avec arrosage pendant des années de précipitations normales. En 1904, à Bessans, le conseil municipal déplore qu'à partir des années 1880, début du déclin de l'irrigation, « le rendement des terrains [a] diminué d'une façon considérable » (ADS 39SPC1). Cette corrélation sommaire établie entre l'arrosage et le rendement des prés fauchés se retrouve communément dans les propos de nos témoins les plus âgés. Un vieil arrosant de Sollières-Sardières, en haute-Maurienne, estimait que, dans les années 1930 et 1940, l'irrigation permettait de doubler le rendement des foins, spécialement pour les regains. Des évaluations semblables ont été recueillies en Tarentaise, à Bourg-Saint-Maurice et à La Côte-d'Aime. Pour Törbel dans le Valais, Netting, quant à lui, affirme une augmentation de quatre à cinq fois (1974 : 67), ce qui nous semble être une surestimation. À Landry en moyenne-Tarentaise, le desséchement actuel de nombreux arbres fruitiers sis sur la plaine au-dessous du village est attribué à l'abandon de l'irrigation dans ce secteur.

Bien qu'il soit d'abord un produit du contexte historique, socio-économique et technologique, le développement des réseaux d'irrigation dans le massif de la Vanoise dépendait également des contraintes et des opportunités offertes par un milieu naturel lui aussi soumis à des évolutions. Or, en ce domaine, les anciens habitants du massif ont su accumuler un savoir empirique étendu et transmis de génération en génération, prêtant une attention particulière à la pente, à l'érosion, aux éboulements, aux effets de l'ensoleillement, à la qualité des eaux ainsi qu'à la nature des sols. Au cours des siècles, ces populations de montagne ont été capables d'améliorer la productivité de leurs prés et prairies (et vergers et jardins) au moyen d'aménagements hydrauliques toujours ingénieux, malgré l'emploi de technologies élémentaires. Le prix à payer fut une gigantesque dépense d'énergie humaine, périodiquement renouvelée, ainsi qu'une attention de tous les instants.

Chapitre 14.
Contextes élargis :
histoire, géographie, épistémologie, patrimoine

Il est nécessaire de replacer toute étude locale dans un contexte plus large. C'est ce que nous ferons rapidement ici en réexaminant la question de l'irrigation en Vanoise au regard d'autres systèmes hydrauliques ou d'autres sociétés montagnardes. Élargir le contexte épistémologique ou patrimonial doit permettre aussi de mener une réflexion plus complète sur l'irrigation savoyarde.

En effet, l'arrosage des terres est pratiqué depuis plusieurs millénaires dans de nombreuses régions du globe. Certaines d'entre-elles se situent dans un contexte historique, géographique ou technologique comparable à celui du massif de la Vanoise tandis que d'autres relèvent d'univers très différents (Boëtsch et Cortot 2006). Les 350 principaux canaux d'arrosage du massif (Meilleur *et al.* 2012), dont certains ont peut-être deux mille ans d'existence si ce n'est plus, sont donc à replacer dans l'histoire générale des aménagements hydrauliques mondiaux. Celle-ci partage en particulier bon nombre de ses caractéristiques avec les systèmes hydrauliques coutumiers des régions montagneuses les plus proches. De plus, depuis au moins le XIXe siècle, l'irrigation a fait l'objet de débats épistémologiques importants. Certains chercheurs ont été jusqu'à en faire le point de convergence de forces historiques, économiques et sociales et le socle de véritables modèles de société. En 1957 (1964), nous y reviendrons, l'historien américain d'origine allemande Karl Wittfogel a ainsi proposé de voir dans les grands travaux hydrauliques mis en œuvre anciennement par l'Égypte, la Mésopotamie ou la Chine la matrice des grands empires centralisés du passé. Si nous sommes loin ici de l'irrigation traditionnelle en Vanoise, dont le contexte sociopolitique se situe même aux antipodes du fameux « despotisme » théorisé par Wittfogel, il semble néanmoins utile de réexaminer celle-ci au prisme des réflexions générales menées par les chercheurs de différentes spécialités à propos des anciens systèmes d'irrigation.

Il faut d'abord rappeler qu'en dépit de leur nombre, de leur ancienneté ou du rôle qu'ils ont pu tenir dans la réussite de l'économie agropastorale du massif, les canaux de la Vanoise restent parmi les moins bien connus en France et en Europe. Un inventaire récent des systèmes d'irrigation traditionnels en Europe ne les mentionne même pas (Leibundgut et Kohn 2011 : 163). En comparaison, beaucoup d'anciens systèmes hydrauliques, en France, en Europe ou ailleurs, ont bénéficié d'une attention soutenue de recherche, du fait de leur caractère spectaculaire, de leur complexité ou du rôle central qui aurait été le leur dans le développement économique et social régional. En France et dans les pays voisins, les premières recherches sur l'irrigation traditionnelle remontent à la première moitié du XIXe siècle (Andreossy 1804 ; Baird Smith 1852 ; Jaubert de Passa 1821, 1823 ; Farnaud 1821 ; Vignotti 1860). Des études importantes sur l'irrigation en Chine, en Inde, au Moyen-Orient et en Afrique du Nord ont été publiées au milieu du XIXe et au début du XXe siècle (Baird Smith 1849 ; Brunhes 1902 ; Jaubert de Passa 1846-47). Pour des régions proches de la Vanoise, les premières études sérieuses sur l'irrigation en Valais (Suisse) datent déjà de la deuxième moitié du XIXe siècle (Crettaz 1995 : 19), alors que pour la Vallée d'Aoste (Italie), elles commencent au début du XXe siècle (Trèves 1916 ; Henry 1920). En Vanoise, comme nous l'avons vu dans le chapitre 1 sur la méthodologie, les premiers travaux sérieux — brefs et peu nombreux — datent seulement du milieu du XXe siècle.

Certaines régions du monde, reconnues aujourd'hui par les archéologues et les anthropologues comme les « berceaux de la civilisation », devraient cette antériorité au développement précoce de l'irrigation. Des philosophes ou historiens ont même corrélé certains types de ces systèmes hydrauliques à un modèle particulier de société rencontré en plusieurs époques et en plusieurs lieux de l'histoire mondiale, « le despotisme oriental », recyclage partiel de la théorie marxiste connue sous le nom de « modèle de production asiatique ». Plus récemment, des économistes du développement, à la suite des travaux d'Elinor Ostrom et ses collègues (1990 [2010], 1994), ont élaboré un modèle de gouvernance des ressources communes bâti en partie sur la façon dont l'irrigation était organisée dans les sociétés traditionnelles locales. D'une façon générale, les spécialistes du développement international tentent aujourd'hui de comprendre la structure et le fonctionnement de l'irrigation coutumière dans l'idée d'étendre et d'améliorer celle-ci plutôt que de favoriser l'importation de modèles hydrauliques étrangers, plus coûteux et moins compatibles avec les sociétés et les environnements locaux. Du reste, avec la prise de conscience grandissante des menaces portées par les activités humaines sur la diversité biologique et le climat, certains aspects « durables » de l'irrigation traditionnelle ont été redécouverts et valorisés dans les programmes de protection de l'environnement. Enfin, à l'échelle des gouvernements nationaux et/ou des organisations non-gouvernementales internationales telles que l'UNESCO, plusieurs des systèmes d'irrigation qualifiés de « remarquables » sont aujourd'hui considérés comme patrimoines nationaux ou mondiaux et préservés comme tels. C'est ainsi que plusieurs systèmes d'arrosage traditionnels jouent encore un rôle identitaire important dans de nombreux pays et régions autour du globe.

Le contexte historique : un survol rapide

L'irrigation est connue pour avoir été pratiquée sur six des sept continents (à la seule exception de l'Antarctique), dans des environnements bioclimatiques allant des tropiques (déserts, milieux insulaires et montagnards) jusqu'aux régions subarctiques, en passant par des zones périurbaines méditerranéennes et des vallées montagneuses des milieux tempérés. L'eau douce a été largement domptée depuis six millénaires avant notre temps, d'abord dans le Croissant Fertile au Proche et au Moyen-Orient puis, un peu plus tard, dans le sous-continent indien, en Chine, ainsi qu'en Amérique du Sud dans les Andes et sur la côte Pacifique. Des systèmes d'arrosage comparables ont été par la suite développés de façon indépendante au Mexique, dans le sud-ouest de l'Amérique du Nord, en Asie du Sud-est et même en Océanie (Postel 2008). Au moins six grandes civilisations liées à l'irrigation ont fait leur apparition entre 6000 et 2000 ans avant notre ère (Michael 2008 : 17). Plusieurs de ces systèmes ont atteint une grande complexité technique et sociétale et ont servi de base à une conception universelle de la naissance de que l'on appelle « la civilisation humaine » (à la Gordon Childe). Plus spécifiquement, l'étude soutenue de ces systèmes anciens, parfois très sophistiqués, a permis de reconnaître le rôle central qu'a pu jouer l'irrigation dans l'amélioration de la productivité agricole, le développement des surplus, la croissance démographique, la stratification sociale, mais aussi dans la naissance de la méthode du management centralisé.

Entre le début du XIXe siècle et aujourd'hui, soit une période d'un peu plus de deux siècles, les superficies irriguées dans le monde ont été multipliées par trente (Postel 2008 : 5), et plus de 40% de la nourriture mondiale est produite aujourd'hui sur des terres irriguées (Michael 2008 : 17). En Europe, le fait que les systèmes d'arrosage aient été historiquement plus modestes que dans d'autres régions du monde, ne les a pas empêchés de connaître une extension remarquable et pas seulement dans l'aire méditerranéenne (Cabouret 1991 ; Leibendgut et Kohn 2011), au point que la consommation d'eau par l'agriculture constitue aujourd'hui un véritable souci environnemental.

Pratiquée dès la fin du néolithique, dans la protohistoire et l'Antiquité, développée par les Égyptiens, les peuples de Mésopotamie, d'Anatolie et d'Iran, reprise par les Grecs puis les Romains dans leurs vastes territoires d'Europe, d'Asie et d'Afrique, l'irrigation a connu une extension remarquable en Espagne sous la domination arabo-berbère. Du côté de l'Europe chrétienne, la Catalogne, le Roussillon, le Languedoc, la Provence, la plaine de Lombardie entre autres, voient leurs réseaux d'irrigation hérités de l'Antiquité se développer tout au long du Moyen Âge. L'hypothèse d'une diffusion de certaines techniques hydrauliques en Europe par le bais des Romains puis des Arabes n'est guère contestable, même si en Europe, les Romains ont davantage développé le drainage et l'approvisionnement urbain au moyen d'aqueducs que l'irrigation véritable (Carpentier et Leveau 2013 : 130-132). Cependant, le diffusionnisme intégral soutenu par les historiens et les anthropologues des siècles passés, de même que l'idée d'une diffusion exclusive « par le haut », c'est–à-dire à l'initiative des pouvoirs étatiques ou, au Moyen Âge, seigneuriaux et surtout monastiques, ne sont plus vraiment de mise aujourd'hui. Nul ne doute plus, surtout pas les archéologues, qu'en Europe même l'irrigation et les autres techniques hydrauliques possèdent aussi des racines locales et vernaculaires. Cela a été semble-t-il le cas, comme on l'a vu, dans les Alpes du Nord. Car ici, ce sont les finalités même de la maîtrise de l'eau qui sont adaptées aux particularités de l'environnement local et spécifiquement montagnard. Les systèmes hydrauliques les mieux connus et les plus spectaculaires, situés en dehors de notre continent, sont majoritairement orientés vers l'irrigation des terres céréalières, des jardins et des vergers, mais aussi vers la maîtrise des eaux de crue des grandes rivières ou encore vers la livraison de l'eau potable aux centres urbains. Dans les Alpes, au contraire, comme dans d'autres massifs montagneux d'Europe, l'objectif économique des réseaux de canaux est avant tout tourné vers l'arrosage des prés de fauche et donc vers la production de foin destiné à nourrir le bétail surtout en hiver.

Le contexte européen et montagnard

Malgré la prééminence des régions de climat méditerranéen ou subtropical, souvent arides, en matière de maîtrise de l'eau, presque toutes les régions européennes, même les plus nordiques, se sont dotées à un moment de leur histoire d'une forme ou d'une autre d'irrigation (Cabouret 1999 ; Leibendgut et Kohn 2011 ; Ronna 1888, 1889, 1890). S'étendant des pays scandinaves (y compris l'Islande) et l'Angleterre jusqu'à l'Italie, la France, l'Espagne, l'Autriche, les pays balkaniques et la Grèce, et présent dans des zones de haute montagne autant que de plaine, l'arrosage des terres était pratiqué à travers un large éventail de technologies et de modèles de fonctionnement que les spécialistes mettent souvent en corrélation avec la diversité des climats et des sols ainsi qu'avec les spécificités historiques et socio-économiques régionales européennes. C'est alors que l'arrosage privilégié des prés de fauche et des prairies est à mettre souvent en rapport avec les spécificités des milieux montagnards et de l'économie agropastorale développée dès l'âge du Bronze dans les régions montagneuses d'Europe. Alors que les vastes pâturages d'altitude permettent de nourrir d'immenses troupeaux durant la saison d'été, en hiver le froid et le manque de lumière qui inhibent l'activité végétale, ainsi que la neige qui recouvre les vallées plusieurs mois de suite, imposent de nourrir le bétail à l'étable. Dans ce contexte, l'arrosage des prés de fauche, au reste contraints du fait de la topographie tourmentée et de l'importance donnée aux champs de céréales, doit permettre d'accroître leur productivité et donc de récolter suffisamment de foin pour permettre à plus de bétail de tenir jusqu'au printemps.

Pour mieux appréhender les différentes formes d'irrigation des prés en Europe, Michel Cabouret (1999 : 31-53) a formulé une typologie basée sur trois critères principaux, en fonction de la finalité des dispositifs d'arrosage. Pour résumer grossièrement, le premier critère évoque le climat, distinguant les régions relativement froides et humides des régions chaudes et sèches. Un second critère se base sur la composition des sols (terrains secs contre terrains humides ou même marécageux) tandis que le troisième repose sur la technologie employée pour distribuer l'eau (gravitaire ou mécanique ; ruissellement ou submersion). En assignant différents éléments de ces critères aux systèmes d'irrigation des prés pratiqués en Europe, Cabouret identifie trois types principaux d'arrosage. Le premier se rencontre typiquement dans plusieurs régions relativement sèches d'Europe, souvent montagneuses et/ou chaudes, comme les Balkans du sud, la péninsule Ibérique, le sud du Massif Central, le Midi français, les Pyrénées orientales et les Alpes internes du nord et du sud. Partagé par lui en plusieurs variantes, ce type correspond à une irrigation par gravité et ruissellement. Pratiquée surtout en été, elle a pour but de pallier l'insuffisance des pluies estivales afin d'assurer au sol l'humidité nécessaire pour amener l'herbe à maturité et favoriser deux coupes ou plus de foin. Un second type d'irrigation est rencontré dans des régions plus humides, mais néanmoins différentes les unes des autres, telles que l'Angleterre, le Limousin, les Vosges, le nord du Massif Central, certains secteurs des Préalpes françaises et suisses, voire la plaine du Pô en Italie.

Ces régions, comme encore d'autres exposées aux vents porteurs de précipitations, irriguaient principalement en automne, souvent même en hiver et en début de printemps, l'objectif étant d'amender les sols et de les réchauffer afin d'aider la fonte de la glace ou des neiges et de favoriser la poussée précoce de l'herbe. Un troisième type, pratiqué principalement en Scandinavie (Finlande et Suède), consiste en une irrigation par inondation complète des zones marécageuses, entreprise en hiver et en début de printemps. Il s'agit ici d'étouffer la mousse et les plantes ligneuses afin de favoriser la poussée des graminées destinées à la fauche.

De ces trois types d'irrigation dépeints par Cabouret, c'est le premier qui correspond le mieux à celui anciennement pratiqué dans le massif de la Vanoise : région d'altitude, relativement sèche, où l'on irriguait pendant l'été et dont la technologie hydraulique est fondée sur l'arrosage par gravité et par ruissellement. En fait, il faudrait définir une sous-catégorie particulière correspondant à l'irrigation des vallées de montagne sèches que l'on retrouve dans des secteurs tels que les vallées savoyardes de la Maurienne et de la Tarentaise, les Alpes françaises du Sud, les cantons suisses du Valais et des Grisons, les Alpes italiennes (Val d'Aoste, Lombardie, Trentin et Haut-Adige), la Carinthie autrichienne (bassin de Klagenfurt) ou encore les Pyrénées Orientales. Mais c'est principalement des exemples proches valaisans et valdôtains que doit être rapprochée et comparée l'irrigation en Vanoise. Ainsi l'irrigation pratiquée en Valais, en Val d'Aoste et en Maurienne-Tarentaise ignore quasi-complètement l'arrosage des champs de céréales pour se concentrer avant tout sur les prés de fauche, et d'une façon secondaire sur les jardins, les vergers et les chènevières. On peut toutefois relever qu'aussi bien en Valais qu'en Vallée d'Aoste on arrosait aussi accessoirement les vignobles, ce qui, à notre connaissance, ne se pratiquait guère en Vanoise (Gerbore 1995 : 254 pour le Val d'Aoste ; Reynard 1995 pour le Valais, mais voir Roulier 1995 : 65). Le rapprochement entre les types d'irrigation traditionnellement pratiqués dans les régions citées se justifie par le contexte historique et culturel commun unissant les quatre vallées du Valais, du Val d'Aoste, de la Tarentaise et de la Maurienne, mais aussi par de nombreuses similitudes environnementales (caractéristiques de la zone dite intra-alpine des Alpes du Nord).

Le contexte historique régional

De fait, le Valais, la Vallée d'Aoste et les secteurs des vallées de la Maurienne et de la Tarentaise correspondant *grosso modo* au massif de la Vanoise, partagent, malgré leurs identités et trajectoires distinctes, un bon nombre de traits historiques et culturels. Probablement colonisée de façon permanente à la même époque, c'est-à-dire entre la fin du Néolithique et l'Âge du bronze (Baudais *et al.* 1987 ; Bocquet 1976 ; Martin 2014), chacune de ces trois régions a progressivement mis en place une économie agropastorale basée sensiblement sur l'exploitation des mêmes plantes et des mêmes animaux sauvages et domestiques. Pour certains archéologues, les hautes vallées de l'Isère, de l'Arc, de la Doire Ripaire et de la Doire Baltée, en relation avec le Valais, auraient formé, dès la fin du Néolithique, un ensemble culturel relativement homogène tourné vers l'agropastoralisme mais aussi vers l'exploitation des roches vertes puis du minerai de cuivre (Bocquet 1999 : 246-250).

L'appartenance du Valais, du Val d'Aoste, de la Tarentaise et de la Maurienne à la même aire culturelle se poursuit après l'Antiquité par l'usage des parlers francoprovençaux formés entre la fin de l'occupation romaine et le Moyen Âge central. Tout naturellement, la proximité géographique a favorisé, siècle après siècle, d'intenses échanges de biens, d'idées et de population, spécialement entre le Valais et le Val d'Aoste d'une part (Dubuis 1999), entre le Val d'Aoste et la Vanoise de l'autre (Emprin 1933 : 57 ;

Gerbore 1995 : 246, 258). Bien que leurs trajectoires géopolitiques soient complexes, Vanoise (et Savoie), Val d'Aoste et Valais ont en commun d'avoir appartenu au royaume de Bourgogne (X^{e}-début XIe siècle), au Saint-Empire-Romain germanique (après 1032-1034) et, au sein de celui-ci, aux États de la Maison de Savoie (à partir du milieu du XIIIe siècle). Ce destin commun se prolonge cahin-caha jusqu'au XVe siècle pour le Valais (qui forme alors une principauté épiscopale indépendante, alliée à la Confédération helvétique) et jusqu'en 1860 pour la Savoie et le Val d'Aoste. La première rejoint alors la France après un plébiscite tandis que le second intègre le tout nouveau royaume d'Italie. D'un point de vue religieux, la petite ville de Moûtiers, en moyenne Tarentaise, est, entre le VIIIe et le XVIIIe siècle, le centre d'une province ecclésiastique rassemblant les trois diocèses de Tarentaise, d'Aoste et de Sion en Valais (Dubuis 1999), la Maurienne étant rattachée quant à elle à la province d'Embrun (dans l'actuel département des Hautes-Alpes).

En arrière-plan de cette évolution politico-institutionnelle et, comme nous le verrons, d'un environnement physique semblable, les trois régions considérées ont précocement adopté un type d'économie agropastorale dont l'une des caractéristiques majeures est qu'elle implique la stabulation d'une grande partie des troupeaux durant la saison hivernale. C'est dans ce cadre, et pour répondre au choix de nourrir les bêtes à l'étable plusieurs mois de suite, qu'a peut-être été mis en place, de part et d'autres des crêtes, le même type d'irrigation estivale par gravité et ruissellement, ceci afin d'améliorer la productivité des prés de fauche. Sans surprise, l'architecture des réseaux d'arrosage et les techniques de construction employées — relativement rudimentaires — étaient similaires (Hogl 1995 pour le Valais ; Daudry et Daudry 1995 pour le Val d'Aoste ; pour la Vanoise voir « Aménagements et infrastructures », chapitre 3) : des canaux creusés à la main dans le sol ou à même la roche et dotés d'aqueducs en bois pour franchir des zones basses ou marécageuses ou au contraire des barres rocheuses ; des vannes et des écluses en bois ou en pierre taillée pour distribuer l'eau ; des murs de soutènement en pierre sèche pour faire passer les canaux dans les courbes et les zones escarpées. En Vanoise comme en Valais ou en Val d'Aoste, des centaines de canaux principaux d'arrosage ont fini, un siècle après l'autre, par former des réseaux d'irrigation d'une remarquable densité que de nombreux documents écrits montrent déjà en place à la fin du Moyen Âge (Hogl 1995 ; Daudry et Daudry 1995 ; voir encore « Aménagements et infrastructures », chapitre 3). Les textes les plus anciens faisant référence à des canaux d'irrigation remontent à la fin du XIIe siècle pour le Val d'Aoste (Gerbore 1995 : 241) et à la fin du XIIIe siècle pour le Valais (Stelling-Michaud 1956) et la Vanoise (voir « La quête des origines », chapitre 2). Récemment, comme nous l'avons vu, trois campagnes de fouilles archéologiques, l'une menée en Valais, les deux autres en haute et en moyenne-Tarentaise, ont révélé des indices probables d'irrigation remontant à l'Antiquité voire à la Protohistoire (voir aussi Leibundgut et Kohn 2011 : 157 pour un sommaire d'autres vestiges préhistoriques d'irrigation en Europe).

En l'attente de nouvelles données issues des fouilles archéologiques, c'est donc seulement à partir du bas Moyen Âge que l'on peut esquisser l'histoire des canaux d'irrigation dans nos trois régions. Les contrats de concessions seigneuriales de cours d'eau, dit albergements ou acensements, sont à l'origine de la majorité des premières citations d'irrigation. Dans les trois régions qui nous intéressent, les bénéficiaires de ces concessions étaient parfois des communautés d'habitants, mais le plus souvent des syndicats d'exploitants, appelés consortages, regroupant des propriétaires de prés de fauche (pour le Valais, voir Ammann 1995 ; pour la Vallée d'Aoste voir Bréan 1950, Gerbore 1995 ; pour la Vanoise, voir « Les consortages », chapitre 8). Ce sont ces consortages ou ces communautés qui, partout et jusqu'à leur abandon à l'époque contemporaine, ont géré la plupart des réseaux d'irrigation. Ces petits groupes d'ayants droit à l'eau, dont les membres étaient souvent liés par la parenté et/ou par leur résidence dans un même quartier ou village, se sont auto-organisés non seulement pour partager l'eau et les frais de construction et d'entretien des canaux, mais aussi pour organiser le travail collectivement, pour défendre les intérêts du groupe, pour prendre des décisions consensuelles en assemblée générale et pour appliquer les règles proposées par des commissions d'élus (Roten Dumoulin 1995 pour le Valais ; Bréan 1950, Gerbore 1995 pour la Vallée d'Aoste ; pour la Vanoise voir « Comment fonctionnaient les consortages ? », chapitre 8). Si l'on en croit les quelques actes de naissance de consortages à notre disposition, ce sont de tels groupes d'ayants droit qui probablement ont également pris en charge la construction de la plupart des canaux, l'intervention de spécialistes n'étant pas signalée avant le XVe siècle (voir surtout Kaiser 1995 ; voir « Construire, entretenir, réparer », chapitre 5). En Val d'Aoste et en Valais toutefois, des nobles et des notables locaux ont été identifiés comme étant à l'origine de certains ouvrages bâtis au Moyen Âge (pour le Valais, voir Kaiser 1995 : 194-197 ; pour la Vallée d'Aoste, voir Gerbore 1995, mais aussi Bréan 1950 : 10). Vers 1325, dans le Val d'Aoste, Pierre de Challant aurait ainsi fait construire le canal de Saint-Vincent en Valtournenche, tandis qu'en 1423, noble Jean Saluard d'Aoste aurait fait creuser le canal de Marcellin, près d'Antey (Duc 1988 [3] : 345 et [4] : 295). Cela ne semble pas avoir été le cas en Vanoise.

Si l'on considère maintenant l'évolution socio-économique des trois régions, il semble qu'elles aient connu des mutations importantes à peu près aux mêmes périodes. La mieux établie par les historiens, du moins avant les grandes transformations de l'époque contemporaine, est l'adoption d'une stratégie de développement favorisant les bovins au détriment des ovi-caprins. Débutée au XIVe-XVe siècle, dans un contexte de déprise démographique et d'accroissement du niveau de consommation des populations urbaines, poursuivie ici et là durant l'Époque moderne, elle aurait eu pour but ultime la production de fromage de vache principalement destiné à la commercialisation. Cette orientation nouvelle se serait traduite notamment par une tendance à l'augmentation des superficies allouées aux prés de fauche ainsi que par l'extension et l'intensification des réseaux d'irrigation préexistants (Ammann 1995 ; Carrier et Mouthon 2010 ; Dubuis 1995a ; Gerbore 1995 ; Reynard 1995). Ce contexte socio-économique commun, mais également la communauté linguistique, explique que, malgré quelques différences régionales, les termes employés pour désigner les aspects tant techniques qu'institutionnels des réseaux d'arrosage soient remarquablement similaires dans les quatre vallées. On nomme ainsi un canal principal « bisse » dans le bas-Valais (ou par endroits bai, bei ou bè ; Casanova 1995), « bied » (byé, byai) en Maurienne et Tarentaise (voir le lexique en annexe … du gaulois bedum ; Ammann 1995 : 268), mais « ru » en Vallée d'Aoste ; Gerbore 1995).

Le contexte géographique régional

Au-delà des particularités géologiques, orographiques et microclimatiques, Val d'Aoste, Valais et Vanoise partagent un environnement montagnard caractérisé par un climat relativement sec et une végétation continentale de moyenne et haute altitude (Binz et Thommen 1953 ; Fournier 1961). Les trois régions sont protégées des vents maritimes par des massifs extérieurs qui retiennent une fraction importante des précipitations. C'est pourquoi, l'aridité, même relative, a souvent été présentée, à tort selon nous, comme le facteur déterminant pour le développement des réseaux d'irrigation (voir le sommaire de Dubuis 1995a pour le Valais ; Bréan 1950 : 7 pour la Vallée d'Aoste ; voir « Les canaux pour pallier le manque d'eau ? », chapitre 2).

D'après de grands géographes de Grenoble, Valais, Val d'Aoste et Vanoise appartiennent aux Alpes internes du nord (Blanchard 1943 ; Onde 1943), constituant ensemble une sorte de S long de 150 à 200 km pour environ 10000 km^2 de superficie. À lui seul, le Valais couvre aux alentours de 5000 km^2, la Vallée d'Aoste 3000 km2, la Vanoise 2000 km2 (il faudrait prendre en compte l'ensemble des vallées de la Maurienne, soit 2100 km^2 et de la Tarentaise, 1700 km^2). Les quatre vallées forment ainsi un noyau de territoires plus ou moins contigus, s'étendant du Valais au nord-est, jusqu'à la Maurienne au sud-ouest. Chacune est constituée par un ou deux longs sillons intra-alpins orientés *grosso modo* est-ouest flanqués de vallées secondaires latérales. Massif et non vallée, la Vanoise se trouve encadrée par deux grands thalwegs drainés par les rivières Isère (Tarentaise) et Arc (Maurienne). Tout comme le haut Rhône en Valais, Isère et Arc se dirigent vers l'ouest pour se rejoindre dans la Combe de Savoie tandis qu'en Val d'Aoste, le cours de la Doire Baltée est orienté vers le sud-est et la plaine du Piémont.

Au total, Valais, Val d'Aoste et Maurienne-Tarentaise forment pour ainsi dire quatre vallées-sœurs au sein desquelles l'existence de réseaux d'irrigation très anciens n'est pas la moindre de leurs ressemblances. Seul le Valais, toutefois, a véritablement valorisé l'existence de ceux-ci jusqu'à en faire un élément clé de son identité. En Vanoise à l'inverse, l'irrigation traditionnelle a été délaissée au point de disparaître en grande partie de la mémoire collective, en tout cas de la mémoire patrimoniale.

Historiographie et épistémologie de l'irrigation

L'eau étant synonyme de vie, les systèmes hydrauliques mis en place par certaines grandes civilisations du passé, telles que l'Égypte, la Mésopotamie ou la Chine, ont fasciné chercheurs, philosophes et intellectuels de toutes sortes. Comme nous l'avons évoqué précédemment, ces mêmes systèmes et l'interprétation schématisée qui en était faite ont pu donner naissance à des tentatives de modélisation plus ou moins sophistiquées mettant l'irrigation au cœur de l'évolution et de l'organisation politique et sociale de ces mêmes civilisations (Radkau 2008 : 87-93). L'idée de base était que la création puis le fonctionnement des systèmes hydrauliques à grande échelle, souvent en milieu aride, auraient requis une modification considérable de l'environnement physique et biotique qui n'aurait été possible que par la création de technologies spécialisées et surtout par la mise en place d'un mode d'organisation du travail soutenu par des rapports politiques et sociaux particuliers. En conséquence, certains types d'irrigation se sont retrouvés au cœur de théories socio-économiques d'application mondiale. Plus récemment, à une échelle bien plus réduite, l'irrigation pratiquée par des sociétés traditionnelles de taille modeste a été soigneusement examinée dans plusieurs régions du monde, certaines de ses caractéristiques contribuant aujourd'hui aux programmes de développement économique, de protection de la nature, alors que d'autres sont devenues des enjeux de la mémoire et de l'identité nationale ou régionale, obtenant parfois, notamment par le biais de l'UNESCO, une reconnaissance mondiale.

Les deux Karl et les systèmes hydrauliques centralisés

Malgré les liens incontestables entre des systèmes hydrauliques et certaines anciennes civilisations, il n'existe aujourd'hui aucun consensus parmi les anthropologues et les historiens de la science à propos de l'impact général de l'irrigation sur la trajectoire ou l'intensification de l'agriculture et le développement des sociétés préindustrielles. Il n'en a pas toujours été ainsi.

Dans les années 1850, le philosophe et sociologue allemand Karl Marx établit un schéma évolutionnaire spécifique à l'histoire économique mondiale basé sur la succession de ce qu'il appelle des « mode de production » : communisme primitif, modes de production antique (esclavagiste), féodal, capitaliste puis, dans un futur plus ou moins proche, socialiste et communiste. Dès 1853, s'inspirant de la lecture d'écrits sur l'Inde britannique, Marx propose d'adjoindre à son modèle un mode de production supplémentaire dit « asiatique ». Celui-ci se caractérise notamment par l'absence de propriété de la terre et par l'implication forte d'un état centralisé à tendance théocratique dans la mise en place de grandes infrastructures, en particulier hydrauliques (Scott et Marshall 2009). Dans la seconde partie du XIXe siècle, l'influence des premiers écrits anthropologiques sur l'évolution sociale, notamment ceux de Lewis Henry Morgan (1877), conduit à affiner le modèle de mode de production asiatique. Comme nous l'avons vu, c'est en 1957 (1964), que l'historien d'obédience marxiste Karl Wittfogel, propose une théorie de la formation des gouvernements despotiques anciens associant ceux-ci au déploiement des grands systèmes hydrauliques. D'après lui, le niveau d'organisation et de contrôle exigé par la construction et la gestion de grands barrages, de citernes et de vastes réseaux de canaux auraient presque mécaniquement engendré le développement de gouvernements autoritaires, centralisés et à tendance théocratique : le fameux « despotisme oriental ». La religion et l'idéologie mieux que la contrainte auraient en particulier permis de mobiliser les masses pour de grands travaux de terrassement. Ces idées ont inspiré des milliers de pages d'interprétations et surtout de critiques passionnées. Elles ont également eu pour effet de stimuler l'intérêt des chercheurs pour la question de l'irrigation ancienne et ses rapports avec l'économie politique (p. ex. Butzer 1976). À titre d'exemple montagnard, on peut citer l'ouvrage de l'anthropologue Henry Sidky sur le rôle de l'irrigation dans la formation du petit royaume himalayen de Hunza dans l'actuel Pakistan (Sidky 1996). L'ombre de Wittfogel a eu hélas tendance à focaliser les recherches sur les liens entre l'irrigation et le développement du pouvoir, au détriment des aspects techniques et socio-économiques. La tentation modélisante a aussi parfois conduit à négliger quelque peu l'importance des facteurs locaux, notamment environnementaux, historiques et sociaux, dans le développement de l'irrigation.

Elinor Ostrom et la réhabilitation des communautés locales

L'aspect collectif de l'usage et du management de l'eau de certains systèmes hydrauliques traditionnels — opérant généralement à une échelle bien plus modeste et souvent dans d'autres lieux du monde que les exemples précédents — a attiré l'attention d'autres théoriciens en sciences sociales et notamment de l'économiste Elinor Ostrom et ses collègues (1990 [2010] ; 1992 ; etc.). Combinant des exemples de gérance coutumière d'autres ressources naturelles, comme des pêcheries, des forêts, des alpages ou des eaux souterraines, avec ceux des systèmes d'irrigation, Ostrom a formulé une théorie économique du management des ressources communes (« common property resources ») qui lui a valu un prix Nobel et qui est aujourd'hui couramment appliquée dans des programmes mondiaux de développement. En somme, son modèle a établi que la gestion des ressources locales par de petites collectivités auto-organisées, appliquant des règlements stricts élaborés en interne, était aussi sinon plus efficace que leur contrôle par les autorités centrales ou, à l'inverse, que leur exploitation dans le cadre de la propriété privée et des règles du libre marché. En collationnant et en analysant les études de cas dans la littérature anthropologique, dont une partie concerne les Alpes du Nord (voir surtout Netting 1974, 1976, 1981), Ostrom a pu montrer certains avantages des systèmes coutumiers de gestion collective sur les systèmes centralisés, en particulier dans l'exploitation durable des ressources naturelles et dans la mise en place de structures économiques locales stables et pérennes. Sa démonstration s'oppose donc frontalement au modèle dominant (depuis au moins le XVIIIe siècle) selon lequel la gestion communautaire des ressources ne peut qu'aboutir à une dégradation rapide de celles-ci, au contraire du contrôle étatique ou de la gestion privée jugés plus efficace (voir surtout Hardin 1968).

Aujourd'hui, les chercheurs qui travaillent sur les systèmes hydrauliques traditionnels en Europe se servent couramment du modèle Ostrom comme base théorique (Bravo et Marelli 2008 ; Riaux 2007 ; Ruf 2001). Dans la zone intra-alpine des Alpes du Nord en particulier — en Valais aussi bien qu'en Vallée d'Aoste — les études les plus récentes ont permis de rapprocher les structures collectives coutumières de l'utilisation de l'eau du modèle proposé par Ostrom et ses collègues (Finger et Borer 2013 ; Florio 2013 ; Reynard et Baud 2002). Celui-ci inspire également l'analyse des réseaux traditionnels d'arrosage que nous avons pu inventorier en Vanoise qui constituent l'objet de ce livre.

Que nous apprennent les systèmes d'irrigation traditionnels ?

L'étude des systèmes coutumiers d'arrosage en écologie humaine, écologie végétale ou en d'autres disciplines est de plus en plus prise en compte pour améliorer la productivité et la pérennité des systèmes hydrauliques modernes et pour formuler des programmes de conservation de la biodiversité. Bon nombre de caractéristiques techniques empiriques et de structures sociales et décisionnelles associées à l'arrosage coutumier sont aujourd'hui envisagées plus favorablement par les responsables du développement ou de la conservation des ressources (Adams 1992 ; Bon 2001 ; Coward 1979 ; Postel 2000 : Chpts. 9 et 10 ; Uphoff 1986). Ceci vaut également pour les Alpes internes du Nord, le Valais surtout, où les infrastructures d'arrosage par « sprinkler », installées progressivement depuis une trentaine d'années, ont été récemment réexaminées au regard des systèmes traditionnels de canaux à ciel ouvert, notamment pour leurs effets sur la diversité floristique et plus généralement écologique (Melliger *et al.* 2014 ; Riedener *et al.* 2013, 2014). Bien que la composition végétale des échantillons étudiés ait été au total peu modifiée par la transition du second système au premier, il semble que la technologie la plus récente ait conduit à une augmentation de plantes généralistes et à une tendance à homogénéiser le paysage. L'abandon complet des prés ou prairies traditionnellement arrosés par gravité et ruissellement a entraîné cette fois une réduction prononcée de la diversité végétale. Les données déjà exploitées pour la Suisse (car nous n'avons retrouvé aucune étude sur ce sujet menée dans les Alpes françaises), ont conduit à recommander le maintien, par endroits, des systèmes traditionnels d'arrosage, et surtout là où la conservation d'espèces végétales rares est une priorité. De même la question de l'influence positive des canaux ouverts et de l'arrosage par ruissellement sur la qualité de la végétation environnante, notamment forestière, a été abordée dans le cadre d'un programme national de recherche suisse (www.nfp61.ch ; Rigling *et al.* 2003). Enfin, dans le Valais, le rôle joué par les canaux à ciel ouvert dans le drainage des propriétés agricoles et l'évacuation des eaux lors des orages a été récemment reconnu dans des publications scientifiques (Zurwerra 2011).

Beaucoup de systèmes d'irrigation dans le monde ont été identifiés comme des aspects importants du patrimoine culturel national de leur pays. Une revue rapide des quelques 800 sites classés sous l'autorité de l'UNESCO comme « patrimoine mondial de l'humanité » révèle au moins une vingtaine de systèmes hydrauliques traditionnels répartis dans seize pays (whc.unesco.org). Beaucoup d'autres pays ou régions, caractérisés par la diversité et la richesse de leur patrimoine, comptent au moins un ensemble d'infrastructure hydraulique ancienne parmi les sites classés et conservés. Dans les Alpes du Nord, seul le Valais a entrepris des démarches pour la reconnaissance des bisses comme patrimoine mondial, les discussions étant toujours en cours. D'après de nombreux témoignages, les Valaisans (p. ex. www.aqueduc.info … Les bisses : économie, société, patrimoine ; Papilloud 2010) considèrent leurs réseaux d'arrosage comme l'un des éléments les plus spectaculaires de leur patrimoine paysager, agricole et culturel. Les bisses, comme du reste d'autres objets de l'héritage coutumier suisse, ont bénéficié dès la fin des années 70 de la possibilité d'une protection juridique (Reynard et Baud 2002 : 196) ainsi que d'efforts de restauration et d'interprétation (voir Leibundgut et Kohn 2011 : 172 pour un sommaire des programmes de réhabilitation des systèmes d'irrigation en Europe). Certains canaux en Valais et ailleurs dont l'utilité est désormais marginale dans une agriculture moderne, ont bénéficié d'un engouement « éco-touristique » du fait de l'image bucolique et authentique que leur présence confère aux paysages. Ils ont été de nouveau entretenus, ce qui a également permis de prolonger le service rendu aux cultivateurs. Enfin, un musée spécialement consacré aux bisses, à leur l'histoire et leur technologie a été inauguré en 2012 au cœur du Valais, à Botyre-Ayent. Sur le terrain, des dispositifs d'interprétation, complétés par une signalisation spécialisée sous forme de panneaux d'information, ont été mis en place pour une promotion du tourisme suisse. Cette stratégie a dû faire ses preuves depuis plusieurs décennies déjà car on la retrouve citée couramment dans des publications d'information touristique à destination des visiteurs (Baud 1998 ; Reynard 2002, 2005 ; www.loisirs.ch/dossiers/15747/bisses-du-valais).

Ces exemples, ainsi que d'autres moins avancés ou moins étudiés, témoignent de la place que certains systèmes d'irrigation ont pu prendre dans la formulation et l'exploitation touristique de l'identité culturelle de certains pays ou régions. En lisant les descriptifs fournis par l'UNESCO pour les sites hydrauliques classés, on est frappé par l'expression de fierté nationale qui en émane, au travers de l'affirmation de l'intelligence, du zèle, de la créativité, du caractère laborieux et de la capacité d'organisation de leurs constructeurs et gestionnaires. En Vanoise, une poignée de canaux ou de sections de canaux a déjà pu bénéficier de ce renouveau d'intérêt ; ainsi à Aime (et Longefoy), à Landry ou à Pralognan, où des panneaux d'informations ont été implantés. Le Parc national de la Vanoise quant à lui, commence à promouvoir la présence de l'infrastructure traditionnelle d'arrosage sur son territoire (www.vanoise-parcnational.fr … recherche « irrigation »), mais beaucoup reste à faire. On ne peut que se féliciter de cette évolution dans les mentalités des citoyens ainsi que des décideurs locaux du massif.

Conclusion

Méconnus, les canaux d'irrigation du massif de la Vanoise méritent pourtant notre pleine attention. Ils la méritent à la fois de par leur ancienneté, leur étendue et leur complexité, mais aussi de par l'ingéniosité et l'efficacité dont ont fait preuve les communautés montagnardes pour les construire, les maintenir et les gérer des siècles durant. S'étendant sur une quarantaine de communes, les réseaux d'arrosage de la Tarentaise et de la Maurienne sont composés de centaines sinon de milliers de canaux et de rigoles à ciel ouvert de dimensions variables. Cette formidable infrastructure hydraulique a sans doute joué un rôle essentiel dans la capacité manifestée par les populations de haute montagne à vivre et à prospérer obstinément dans un environnement difficile. Elle a su traverser les siècles. Les débuts de sa mise en place remontent peut-être à la fin de la Préhistoire tandis que son apogée s'étend du Moyen Âge central au début de l'époque contemporaine. Pour l'essentiel, les bases matérielles et humaines des réseaux d'irrigation se sont maintenues jusqu'au milieu du XXe siècle avant de s'effacer rapidement. L'objectif principal de cet effort gigantesque et sans cesse renouvelé était, nous l'avons vu, d'augmenter le rendement des herbages et donc la récolte du foin, ceci dans le but d'accroître le nombre de bêtes, surtout les vaches laitières, susceptibles d'être hivernées par chaque propriétaire. Dans ce but, des bassins-versants entiers ont parfois été aménagés, remodelés, connectés de façon à optimiser l'utilisation des ressources locales en eau.

En Vanoise l'eau qui cheminait dans les canaux creusés à main d'homme, parfois à même la roche, provenait des cours d'eau affluents des rivières Isère et Arc. Elle était principalement employée à la belle saison pour irriguer les prés et prairies de fauche, ceci dans le contexte d'une économie agropastorale traditionnelle de haute montagne. Accessoirement, on arrosait les jardins et les vergers tandis que l'eau des canaux servait également à faire fonctionner des moulins, à alimenter, notamment pour les besoins domestiques, des zones habitées, des bassins des fontaines et des abreuvoirs à bétail. Elle avait aussi un rôle important pour combattre les incendies. Pour mettre en place et étendre les réseaux d'arrosage, les constructeurs et leurs successeurs ont mis au point des formules d'ingénierie mais aussi de gestion qui leur ont permis d'ajuster leur action, non seulement aux caprices de la montagne, mais aussi aux exigences des divers régimes politico-administratifs qui se sont succédé en Savoie. Bien que certaines communes aient géré directement leurs canaux, la formule choisie dans la majorité des cas a été celle du consortage regroupant les propriétaires-arrosants en associations d'exploitants plus ou moins autonomes. Par le biais d'institutions coutumières telles que les assemblées générales, les commissions d'élus et les gardes des canaux, ces communautés sont parvenues, non sans conflits récurrents, à résoudre les problèmes de partage de l'eau d'une manière relativement juste et équitable, ceci même lorsque les canaux traversaient plusieurs communes. Cette gestion a été encadrée par l'élaboration et l'application de règlements communautaires, probablement oraux d'abord puis, au moins à partir du Moyen Âge, de plus en plus souvent écrits.

En dépit d'une technologie rudimentaire et malgré un manque de véritables spécialistes en hydrologie, les systèmes coutumiers d'arrosage de la Vanoise se sont ainsi montrés suffisamment robustes, ingénieux et stables pour fournir aux populations des ressources suffisantes en eau, ce pendant des générations. L'application de connaissances et de savoir-faire populaires, ainsi que la capacité à adapter le système pour répondre aux défis posés par le milieu naturel, par l'évolution locale des sociétés et par le monde extérieur, sont sans doute à la base de cette réussite.

Malgré la masse de documents écrits, figurés ou oraux rassemblée, il nous est apparu important de ne pas limiter notre étude au seul milieu local, mais de replacer les canaux de la Vanoise dans un contexte plus large, notamment à des fins de comparaison avec d'autres systèmes d'irrigation. La similarité, à la fois technique et institutionnelle des canaux savoyards avec les systèmes d'arrosage traditionnels existant en Valais et dans le Val d'Aoste (sans parler des Alpes françaises du Sud, moins bien étudiées à cet égard) souligne, s'il en était besoin, la grande proximité de ces régions alpines du point de vue du milieu physique mais aussi des trajectoires historiques et socio-économiques. De même, rappeler les grandes lignes de l'historiographie et de l'épistémologie de l'irrigation dans d'autres régions du monde nous a permis de souligner l'importance de ces questions dans les réflexions anthropologiques et même philosophiques concernant l'évolution des sociétés humaines.

Bien évidemment, nos recherches constituent un début et non une fin. Il y a en particulier beaucoup à faire pour connaître les particularités de l'irrigation et de l'activité pastorale en général, à l'échelle des secteurs, des versants et des communes du massif. L'inventaire des canaux reste à compléter s'agissant des communes de Maurienne et de Tarentaise extérieures au parc de la Vanoise. Enfin, l'univers des canaux d'alpage demeure encore assez peu exploré.

Dans le domaine strictement ethnohistorique, nos hypothèses sur les origines de l'irrigation et notamment sur la possibilité d'une corrélation existant entre les premières zones colonisées du massif (entre le néolithique récent et l'âge du fer) et la présence naturelle de l'eau en quantité, puis entre l'expansion ultérieure de la zone habitée et le développement des systèmes hydrauliques, restent pour le moment à étayer. Nous espérons vivement que les recherches archéologiques futures permettront de faire progresser ces questions. On le voit, il y a sans doute beaucoup à découvrir encore sur l'irrigation en Vanoise.

Dans le domaine écologique, les conséquences de l'abandon des canaux ou du passage de l'irrigation par gravité au système d'arrosage par aspersion n'ont pas encore été étudiées en France. On ne dispose par exemple d'aucune donnée sur les effets de cet abandon sur la forêt et notamment sur les plantes considérées comme menacées, ni sur l'évolution de la productivité des prairies. Alors que la règlementation de l'AOP Beaufort exige que 75% des foins servant à l'alimentation des vaches laitières soient d'origine locale, la rénovation voire la remise en service d'anciens canaux d'irrigation ne peut-elle offrir quelque intérêt, surtout dans le contexte du changement climatique global et de la sobriété exigée par l'objectif d'un développement durable ?

Laissant ouverte cette question de l'avenir des canaux, nous terminerons en revenant sur la question patrimoniale car, on l'aura compris, ce travail ethnologique et historique a également pour objectif d'éveiller l'intérêt du public et des acteurs institutionnels pour la conservation et l'interprétation du patrimoine hydraulique de nos régions. Le Valais que nous avons déjà appelé la star de l'irrigation dans les Alpes du Nord, a bien évidemment une longueur d'avance dans les domaines de l'identification, la conservation et l'interprétation des systèmes d'arrosage traditionnels.

Néanmoins, plusieurs canaux du massif de la Vanoise ont déjà bénéficié d'un effort de préservation, de rénovation et/ou d'interprétation, souvent sous l'impulsion d'une seule personne ou d'un petit groupe de passionnés. Malgré cela, les canaux de la Maurienne et de la Tarentaise restent peu connus du public comme des décideurs départementaux et nationaux. Pourtant, leur pérennité reste précaire. Les interrogations actuelles sur l'avenir des milieux alpins dans le cadre des grands changements environnementaux en cours ne constituent-elles pas le signe qu'il est temps pour les canaux de la Vanoise de sortir de l'obscurité et de prendre une place bien méritée parmi les éléments exceptionnels de l'histoire culturelle savoyarde et française ?

Bibliographie

ADAMS W.M. 1992, *Wasting the rain : rivers, people and planning in Africa*, Minneapolis, Minnesota University Press, 240 p.

AMMANN H.R. 1995, « Aperçu sur les documents relatifs aux canaux d'irrigation du Haut-Valais à l'époque médiévale (XIIIe – XVe siècles) », pp. 263-279 in *Les Bisses : actes du colloque international sur les bisses Sion*, 15-18 septembre 1994, Annales Valaisannes, Bulletin annuel de la Société d'histoire du Valais romand, 2e série, 70e année, 375 p.

ANDREOSSY A.-F. 1804, *Histoire du canal du Midi*, 2e édition, Paris, Imp. de Crapelet, 39 p.

BAIRD SMITH J. 1849, *Agricultural resources of the Punjab : being a memorandum on the application of the waste waters of the Punjab to purposes of irrigations*, London, Smith, Elder and Co., 36 p.

BAIRD SMITH J. 1852, *Italian irrigation : a report on the agricultural canals of Piedmont and Lombardy*, London and Edinburgh, Allen and Co., 2 vols.

BALMOT R. s.d. communication personnelle

BALSEINTE R. 1955, « La pluviosité en Savoie », *Revue de Géographie Alpine* 43 (2) : 299-355.

BAUD M. 1998, « Eau d'irrigation, eau atout touristique … », Mémoire de licence, Institut de Géographie, Université de Lausanne, 104 p.

BAUDAIS D., Ph. CURDY, M. DAVID-ELBIALI et O. MAY 1987, « Prospection archéologique du Valais : une approche du peuplement préhistorique », *Archéologie Suisse* 10 (1) : 2-12.

BÉNÉVENT E. 1926, « Documents sur le climat des Alpes françaises. Étude critique », *Revue de Géographie Alpine* 14(4) : 681-764.

BESSAT H. et Cl. GERMI 1993, *Lieux en mémoire de l'Alpe : toponymie des Alpages en Savoie et en Vallée d'Aoste*, Grenoble, ELLUG, Université Stendhal, 227 p.

BINZ A. et E. THOMMENN 1953, *Flore de la Suisse, y compris les parties limitrophes de l'Ain et de la Savoie*, Lausanne, F. Rouge et Cie., 450 p.

BLANCHARD R. 1920, « Régimes hydrauliques et climatiques. Alpes du Sud et ensemble des Alpes françaises », *Revue de Géographie Alpine* 8 (2) : 177-223.

BLANCHARD R. 1943, *Les Alpes Occidentales*, T. 3 Vol. 2 Les grandes Alpes françaises du Nord, Grenoble, Arthaud, 348 p.

BOCQUET A. 1997, « Archéologie et peuplement des Alpes françaises du Nord, du néolithique aux âges des métaux », *L'Anthropologie* 101 (2) : 291-393.

BOCQUET A. 1999, « La conquête de l'arc alpin par l'homme », pp. 239-258 in *Les Alpes : la géologie, les milieux, la faune et la flore, les hommes*, A. Fayard *et al.*, Lausanne, Delachaux et Niestlé, 319 p.

BOËTSCH G. et H. CORTOT (éds.) 2006, *L'Homme et l'eau en milieu montagnard*, Gap, Éditions des Hautes-Alpes, 239 p.

BON E. 2001, « Systèmes d'irrigation par gravitation du nord de l'Inde : le rôle du capital social dans la gestion locale des ressources communes », *Revue Tiers Monde* 166 : 333-351.

BOZONNET R. et Y. BRAVARD 1984, *Sainte-Foy-Tarentaise : une montagne pour des hommes*, Montmélian, Imp. Arc-Isère, 192 p.

BRAVO G. et B. MARELLI 2008, « Ressources communes : systèmes d'irrigation du nord de l'Italie », *Revue de Géographie Alpine* 96 (3) : 5-14.

BRÉAN J. 1950, *Anciens rus de la Vallée d'Aoste : la charte des franchises de la Vallée d'Aoste*, Aoste, Imp. Valdotaine, 48 p.

BRISSAUD I. 2004, « Fractalité de certains réseaux d'irrigation de l'Arc Alpin », *Cybergeo : European Journal of Geography*, art. 277, URL : http://cybergeo.revues.org/index2508.html

BRUNHES J. 1902, *Irrigation, ses conditions géographiques, ses modes et son organisation dans la péninsule ibérique et dans l'Afrique du Nord*, Paris, Naud, 579 p.

BUTZER K. 1976, *Early hydraulic civilization in Egypt : a study in cultural ecology*, Chicago, University of Chicago Press, 149 p.

CABOURET M. 1999, *L'Irrigation des prés de fauche en Europe occidentale, central et septentrionale*, Paris, Éditions Karthala, 320 p.

CAILLE N., P. ARPIN et L. MERENDET s.d. (1999), « La mise en place de l'arrosage par aspersion sur la commune de Séez Saint Bernard », ms. non-publié, étude commissionnée par l'EDF, archives familiales J.-L. Penna.

CAPONERA D.-A 2009, *Les principes du droit et de l'administration des eaux : droit interne et droit international*, Paris, Éds. Johanet (2e édition), 543 p.

CARCAILLET Ch. 1998, « A spatially precise study of Holocene fire history, climate and human impact within the Maurienne valley, North French Alps », *Journal of Ecology* 86 : 384-396.

CARCAILLET Ch. et J.-J. Brun 2000, « Changes in landscape structure in the northwestern Alps over the last 7000 years : lessons from soil charcoal », *Journal of Vegetation Science* 11 : 705-714.

CARPENTIER V. et Ph. LEVEAU 2013, *Archéologie du territoire en France, 8000 ans d'aménagements*, Paris, La Découverte, 176 p.

CARRIER N. 2001, *La vie montagnarde en Faucigny à la fin du moyen âge. Économie et société, fin XIIIe-début XVIe siècle*, Paris, l'Harmattan, 620 p.

CARRIER N. et F. MOUTHON 2010, *Paysans des Alpes : les communautés montagnardes au moyen âge*, Rennes, Presses Universitaires de Rennes, 418 p.

CASANOVA M. 1995, « 'Cum ergiaret ...', scène d'irrigation à Bagnes au XIVe siècle », pp. 315-322 in *Les bisses : actes du colloque international sur les bisses Sion*, 15-18 septembre 1994, Annales Valaisannes, Bulletin annuel de la Société d'histoire du Valais romand, 2e série, 70e année, 375 p.

CHAMBRE DEPARTEMENTALE d'AGRICULTURE 1937, *Usages locaux à caractère agricole du département de la Savoie*, Chambéry, Imp. Réunies, 150 p.

CHAMBERS R. 1986, « Canal irrigation at night », *Irrigation and Drainage Systems* 1 : 45-74.

CHARVIN M. 1979, *Histoires ... de Val-d'Isère*, Lyon, CNRS Éditions, 323 p.

CHAVOUTIER L. 1977, « Des moines cisterciens aux paysans savoyards : la création des alpages », *L'Histoire en Savoie* 46 : 1-24.

CHAZAL A. 2002, *Toponymie de Bessans*, Grenoble, Éditions de Belledonne, 242 p.

CHAZAL A. 2008-2009, « Les sites du Chatelard et de la Loza ou les pierres-témoins », *Bessans Jadis et Aujourd'hui* 60 : 5-24.

CHAZAL A. s.d., communication personnelle

CHEMIN R. (avec la collaboration de J.-M. TREFFORT et O. FRANC) 2010, « Aime, Les Chaudannes-Route de Villaroland », rapport INRAP, 174 p.

COANUS T. 1995, « Risque naturel et paysages : Analyses à partir du cas de Sainte-Foy-Tarentaise (Savoie) », rapport, École Nationale des Travaux Publics de l'État, Laboratoire Rives, 2 tomes.

COMBET Ch. et C. BOUCHAGE 1998, « Le bief Bovet, » *Société d'Histoire et d'Archéologie d'Aime* 18 : 3-30.

CONSTANTIN A. et J. DÉSORMAUX 1902, *Dictionnaire Savoyard*, Paris et Annecy, Bouillon et Abry, 443 p.

COUTURIER P. 2000, *Sections et biens sectionaux dans le Massif central, héritage et aménagement de l'espace*, Clermont-Ferrand, Presses Universitaires Blaise Pascal, 476 p.

COUVERT A. 2004, *Les derniers bérets noirs et l'histoire de lait*, La-Motte-Servolex, Imp. Lippmann, 152 p.

COUVIN-WLOSEK A. 2005-06, « Le compte particulier de Maurienne pour 1429-1430 (SA 16084) », Mémoires de master 1 et 2 de l'université de Savoie, Chambéry, inédit.

COWARD E.W. 1979, « Principles of social organization in an indigenous irrigation system », *Human Organization* 38 (1) : 28-36.

CRETTAZ B. 1995, « Autour du bisse : pour une problématique globale », pp. 17-32 in *Les bisses : actes du colloque international Sion*, 15-18 septembre 1994, Annales Valaisannes, Bulletin annuel de la Société d'histoire du Valais romand, 2e série, 70e année, 375 p.

DAUDRY D. et G.-J. DAUDRY 1995, « Le ru de Mazod-Chétoz (Vallée d'Aoste, Italie). Histoire, techniques de construction, importance agricole », pp. 143-162 in *Les bisses : actes du colloque international sur les bisses Sion*, 15-18 septembre 1994, Annales Valaisannes, Bulletin annuel de la Société d'histoire du Valais romand, 2e série, 70e année, 375 p.

DAVID F. 2010, « An example of the consequences of human activities on the evolution of subalpine species », *Comptes Rendus Palevol* 9 : 229-235.

DEBARBIEUX R. et H. GUMUCHIAN 1987, « Des lieux et des noms : pratiques, représentations et dénominations en haute montagne nord-alpine », *Documents d'Ethnologie Régionale* 9 : 149-160.

DEBELMAS J. et J.-P. RAMPNOUX 1994, *Guide Géologique du Parc national de la Vanoise : Itinéraires de découverte*, Paris, BRGM, 91 p.

DELORME M., Ph. LEBRETON, L. REYNAUD et D. ALLAINE 2009, « Analyse et réflexions préliminaires sur l'évolution climatique en Vanoise », *Travaux scientifiques du Parc national de la Vanoise* 23 : 69-104.

DEVOS R. et B. GROSPERRIN 1985, *La Savoie de la réforme à la révolution française*, Rennes, Ouest-France, 566 p.

DUBUIS P. 1995a, « Exposé introductif : Bisse et conjoncture économique. Le cas du Valais aux XIVe et XVe siècles », pp. 39-46 in *Les bisses : actes du colloque international sur les bisses Sion*, 15-18 septembre 1994, Annales Valaisannes, Bulletin Annuel de la Société d'histoire du Valais romand, 2e série, 70e année, 375 p.

DUBUIS P. 1995b, « Le temps du bisse dans le Valais ancien », pp. 281-290 in *Les bisses : actes du colloque international sur les bisses Sion*, 15-18 septembre 1994, Annales Valaisannes, Bulletin Annuel de la Société d'histoire du Valais romand, 2e série, 70e année, 375 p.

DUBUIS P. 1999, « Brève présentation de deux demi-sœurs : le Valais et la Vallée d'Aoste », pp. 11-14 in Voisins ? Vallée d'Aoste et Valais, *Histoire des Alpes* 4.

DUC A. 1901-1915, *Histoire de l'église d'Aoste*, Châtel-Saint Denis, tome 3 et tome 4, Aoste.

DURAFFOUR A. 1969, *Glossaire des patois franco-provençaux*, Paris, CNRS Éditions, 718.

EMPRIN J.-M. 1925, *Notes pour la monographie de la paroisse des Chapelles*, Montpellier, Imp. de la Manufacture de la Charité, 118 p.

EMPRIN J.-M. 1933, *Histoire de Sainte-Foy-Tarentaise*, Montpellier, Imp. de la Manufacture de la Charité, 382 p.

EXCOFFIER, R. s.d., communication personnelle

FARNAUD M. 1821, *Mémoire sur l'histoire des canaux d'arrosage et la pratique des irrigations dans le département des Hautes-Alpes*, Paris, Imp. Huzard, 294+ p.

FAVRE L. 1882, *Dictionnaire historique de l'ancien langage françois* …, consulté en-ligne à https://archive.org/details/dictionnairehist01sainuoft.

FINGER R. et A. BORER 2013, « Cooperative management of a traditional irrigation system in the Swiss Alps », *Social Sciences* 2 : 1-19.

FLORIO M. 2013, « Corvée verus money : micro-history of a water infrastructure in the Alps, the rû Courtaud 1393-2013 », working paper n° 2013-02, *Milan European Economy Workshops*, Universita degli studi de Milano, 22-23 juin 2012, pp. 1-23.

FOURNIER P. 1961, *Les quatre flores de France ...*, Paris, Ed. Lechevalier, 1103 p.

FREPPAZ C. s.d., « Glossaire du patois de Séez », 1953, tapuscrit non publié, médiathèque de Séez.

FREPPAZ C. s.d., « Monographie de Séez », Étude aux Archives Départementales de la Savoie, 434 p.

FREPPAZ C. 1987, *La vie traditionnelle en haute Tarentaise*, Challes-les-Eaux, Curandera, 194 p.

GAIDE F. 1994, *Le patois de Montvalezan-la Rosière, Haute Tarentaise, Savoie : dictionnaire*, La Plagne, C/A, 240 p.

GAIDE G. et R. 2000, *100 ans là-haut, de 1900 à 2000, Montvalezan-la Rosière*, Bourg-Saint-Maurice, Imp. L'Edelweiss, 351 p.

GAIDE-CHEVRONNAY J.-D. 1931, *Histoire de Montvalezan-sur-Séez (Savoie)*, Bourg-Saint-Maurice, Lib. Édouard Beroud. (Chpt. IX-Partage des Eaux), 212 p.

GARDELLE Ch. 1999, *Alpages, les terres d'été*, Montmélian, La Fontaine de Siloé, 389 p.

GENRIES A., S. MULLER, L. MERCIER, L. BIRCKER et Ch. CARCAILLET 2009, « Fires control spatial variability of subalpine vegetation dynamics during the Holocene in the Maurienne valley (French Alps) », *Ecoscience* 16(1) : 13-22.

GERBORE E. 1995, « Les rus de la Vallée d'Aoste au Moyen Age », pp. 241-262 in *Les bisses : actes du colloque international sur les bisses Sion*, 15-18 septembre 1994, Annales Valaisannes, Bulletin annuel de la Société d'histoire du Valais romand, 2e série, 70e année, 375 p.

GIMMI U., M. BÜRGI et M. STUBER 2008, « Reconstructing anthropogenic disturbance regimes in forest ecosystems : a case study from the Swiss Rhone Valley », *Ecosystems* 11 : 113-124.

GODEFROY R. 1941, « L'irrigation en Savoie intra-alpine », *Revue de Savoie* 1 : 74-76.

GOLDSTERN E. 1987 (1922), *Bessans—La vie dans un village de Maurienne*, Montmélian, Curandera, 157 p.

GONTHARET J. 1927, *Monographie de Tessens (Savoie)*, Chambéry, Imp. Réunies, 152 p.

GOTTELAND N. et L. CRABIÈRES s.d., « Inventaire des moulins de Savoie, vol. 1 : Haute Tarentaise, vol. 4 : Haute Maurienne », Association des amis des Moulins Savoyards, 1999 ; ADS J1706 (en 4 volumes).

GROS A. 1946, *Histoire de Maurienne, tome 1, Des origines au XVe siècle*, Chambéry, Imp. Réunies, 263 p.

GROUPE DE CONFLANS 1983, *La graphie de Conflans pour le savoyard*, Conflans, Centre de la Culture Savoyarde, 12 p.

GUICHONNET P. 1980, « L'irrigation artificielle », in Guichonnet, P. (éd.), *Économie et formes de vie traditionnelles, Tome 2. Destin humain, histoire et civilisations des Alpes*, Lausanne, Privat/Payot, 830 p.

HARDIN G. 1968, « The tragedy of the commons », *Science* 162 (3859) : 1243-1248.

HENRIQUET S. 2005, *Souvenirs d'un univers rural perdu*, C/A, 770 p.

HENRY J.-M. 1920, « Les heures d'arrosage dans la combe de Valpelline au Moyen Âge (1350-1550) », *Bulletin de la Flore Valdôtaine* 14 : 15-18.

HÖGL L. 1995, « Les bisses et l'évolution de leur technique de construction », pp. 121-142 in *Les bisses : actes du colloque international sur les bisses Sion*, 15-18 septembre 1994, Annales Valaisannes, Bulletin annuel de la Société d'histoire du Valais romand, 2e série, 70e année, 375 p.

HUDRY M. 1976, « Les salines de l'Arbonne », pp. 129-138 in *Métiers et Industrie en Savoie, Actes du Congrès des Sociétés Savantes de la Savoie*, Annecy 1974, *Mémoires et Documents Acad. Salésienne* 1976, tome 86, 349 p.

HUDRY M. 1982, *Histoire des communes savoyardes : Tome IV Albertville et son arrondissement*, Roanne le Coteau, Éditions Horvath, 444 p.

HUDRY M. 1985, « Documents pour une histoire de l'irrigation en Tarentaise », *Le Monde Alpin et Rhodanien* 4 : 113-120.

HUDRY M. 1991, « L'évolution des structures socio-économiques depuis les origines », pp. 23-40 in Chabert, L. (éd.), *Le versant du soleil, Mémoires et Documents de l'Académie de la Val d'Isère* (ns) 21, Moûtiers, 220 p.

JAIL M. 1969, « La Haute-Maurienne : recherches sur l'évolution et les problèmes d'une cellule montagnarde intra-alpine », *Revue de Géographie Alpine* 58 (1) : 85-146.

JAIL M. 1977, *Haute-Maurienne : pays du diable ?* Grenoble, Éditions Allier, 244 p.

JAUBERT DE PASSA F.-J. 1821, *Mémoire sur les cours d'eau et canaux d'arrosage des Pyrénées-orientales*, Paris, Huzard, 311+ p.

JAUBERT DE PASSA F.-J. 1823, *Voyage en Espagne dans les années 1816, 1817, 1818, 1819, ou recherches sur les arrosages, sur les lois et coutumes* ..., 2 vols., Paris, Huzard, 446 p. et 373 p.

JAUBERT DE PASSA F.-J. 1846-47, *Recherches sur les arrosages chez les peuples anciens*, Paris, Imp. et Librairie … Bouchard-Huzard, 298 p.

JEUDY J.-M. 2006, *Montagne maudite-montagne apprivoisée*, Montmélian, La Fontaine de Siloé, 243 p.

KAISER P. 1995, « Architectes et corvées dans la construction des bisses au XVe siècle », pp. 187-210 in *Les bisses : actes du colloque international sur*

les bisses Sion, 15-18 septembre 1994, Annales Valaisannes, Bulletin annuel de la Société d'histoire du Valais romand, 2e série, 70e année, 375 p.
LASSERRE F. 2008, « Irrigation traditionnelle et modernité dans le Queyras », pp. 513-526 in E. Hermon (éd.), *L'eau comme patrimoine. De la Méditerranée à l'Amérique du Nord*, Québec, Presses de l'Université Laval, 628 p.
LEGUAY J.-P. 1985, « L'agriculture en Savoie médiévale : bilan des connaissances actuelles », pp. 31-78 in Kanceff, E., J.-P. Leguay, L. Quagliotti et L. Terreaux (éds.), *Travailler la terre en Savoie et en Piedmont, Cahiers de civilisation alpine* 5, Genève, Éditions Slatkine, 312 p.
LEIBUNDGUT Ch. et I. KOHN 2011, « L'irrigation traditionnelle dans le contexte Européen », pp. 155-195 in *Les bisses : économie, société, patrimoine : actes du colloque international Sion* 2-5 septembre 2010, *Annales valaisannes* 2010-2011, 563 p.
LEVEAU Ph. 2006, « Rome et la gestion de l'eau dans les Alpes », pp. 29-41 in Boetsch, G., H. Cortot (éds.), *L'Homme et l'eau en milieu montagnard*, Gap, Éditions des Hautes-Alpes, 239 p.
MARTIN L. 2014, *Premier paysans des Alpes : Alimentation végétale et agriculture au néolithique*, Rennes, Presses Universitaires de Rennes, 225 p.
MEILLEUR B. 1982, « Du ramassage à la cueillette : l'exemple des Allues dans les Alpes du Nord », *Études Rurales* 87-88 : 165-174.
MEILLEUR B. 1984, « Une recherche ethnoécologique en Vanoise », *Travaux scientifiques du Parc national de la Vanoise* 14 : 123-133.
MEILLEUR B. 1985, « Gens de montagne, plantes et saisons : savoirs écologiques de tradition à Termignon (Savoie) », *Le Monde Alpin et Rhodanien* 1, 1985, 80 p.
MEILLEUR B. 1986, « Alluetain ethnoecology and traditional economy », thèse PhD, Seattle, Université de Washington, 468 p.
MEILLEUR B. 1990, « Traditions de l'arboriculture fruitière en Savoie : pommiers, poiriers et noyers aux Allues », *Travaux scientifiques du Parc national de la Vanoise* 17 : 253-275.
MEILLEUR B. 2008, *Terres de Vanoise : agriculture en montagne savoyarde*, Grenoble, Musée Dauphinois, 151 p.
MEILLEUR B., F. MOUTHON, J. VILLETTE, A.-M. BIMET 2012, « Les usages traditionnels de l'eau en Vanoise » rapport final pour le Parc national de la Vanoise, Chambéry, 172 p.
MEILLEUR B., F. MOUTHON et J. VILLETTE 2016, « Aménagement de la montagne et gestion de l'eau dans les hautes vallées savoyardes (XIIIe – XXe siècles) », in *Aménagement et environnement : perspectives historiques*. Actes du 2e colloque du Réseau Universitaire des Chercheurs en Histoire de l'Environnement (Paris, septembre 2013), Rennes, Presses Universitaires de Rennes, à paraître.
MELLIGER R., E. RIEDENER, H.-P. RUSTERHOLZ et B. BAUR 2014, « Do different irrigation techniques affect the small-scale patterns of plant

diversity and soil characteristics in mountain hay meadows ? », *Plant Ecology* 215 : 1037-1046.
MICHAEL A. 2008, *Irrigation : theory and practice*, New Delhi, Vikas Pub. House, 772 p.
MILLION M. et V. MIÉDAN-GROS 1866, « Inventaire des titres de l'archevêché de Tarentaise », *Recueil des Mémoires et Documents de l'Académie de la Val d'Isère*, Série des documents, t. 1, Moûtiers.
MOREL D. 2005, « Étude des équipements d'approvisionnement et de distribution de l'eau à valeur patrimoniale dans l'espace Vanoise—les canaux d'irrigation dans le Parc national de la Vanoise », Mémoire ENSAIA : Sciences et Technologies de l'Environnement.
MORGAN L.H. 1877, *Ancient society, or researches in the lines of human progress from savagery through barbarism to civilization*, London, MacMillan and Co., 560 p.
MOUGIN P. 1914, *Les torrents de la Savoie*, Grenoble, Grands Établissements de l'Imprimerie Générale, 1251 p.
MOUTHON F. 2001, « Moines et paysans sur les alpages de Savoie (XIe – XIIIe siècles) : mythe et réalité », *Cahiers d'Histoire* 46-1 (consulté en ligne).
MOUTHON F. 2002, « Entre familles et communautés d'habitants : les pareries dans les Alpes savoyardes des XIIIe et XIVe sicèles », pp. 97-120 in *Les hommes en Europe*. Actes du 125e congrès national des sociétés historiques et scientifiques (Lille, 2000), Paris, Éds. du CTHS, 354 p.
MOUTHON F. 2010, « Savoie médiévale, naissance d'un espace rural (XIe-XVe siècles) », *L'Histoire en Savoie* 19, 175 p.
MOUTHON F. 2015, « La gestion communautaire des forêts savoyardes d'altitude », pp. 77-93 in Corvel, A., C. Dereix, P Gresser et F. Lormant (éds.), *Forêt et montagne*, Paris, l'Harmattan, 418 p.
NETTING R. MCC. 1974, « The system noboby knows : village irrigation in the Swiss Alps », pp. 67-75 in Downing, T. et M. Gibson (éds.), *Irrigation's impact on society*, Tucson, University of Arizona Press, 181 p.
NETTING R. MCC. 1976, « What alpine peasants have in common : observations on communal tenure in a Swiss village », *Human Ecology* 4 : 135-146.
NETTING R. MCC. *1981, Balancing on an Alp : Ecological change and continuity in a Swiss mountain community*, Cambridge, Cambridge University Press, 278 p.
NIEDERER A. 1980, « Économie et forme de vie traditionnelles dans les Alpes », pp. 5-90 in *Histoire et civilisations des Alpes II, Destin humain*, Guichonnet, P. (éd.), Toulouse et Lausanne, Privat /Payot, 830 p.
ONDE H. 1937, « Jachère climatique et servitudes agricoles en Haute-Maurienne », *Annales de Géographie* XLVI : 369-373.
ONDE H. 1938, *La Maurienne et la Tarentaise. Étude de géographie physique*, Grenoble, Arthaud, 623 p.

ONDE H. 1940, « L'arrosage dans la zone intra-alpine en Savoie », *Revue de Géographie Alpine* 28 (4) : 481-489.

ORSI F. 2015, « Revisiter la propriété pour construire les communs », pp. 51-67 in Coriat, B. (éd.), *Le retour des communs : La crise de l'idéologie propriétaire*, Paris, Les liens qui libèrent, 301 p.

OSTROM E., R. GARDNER et J. WALKER 1994, *Rules, games, and common-pool resources*, Ann-Arbor MI, Presse universitaire Univ. de Michigan, 392 p.

OSTROM E. 2010 (1990), *La gouvernance des biens communs: pour une nouvelle approche des ressources naturelles*, Paris, De Boeck, 302 p.

PACCOLAT O., Ch. BROMBACHER, A. ANTONINI, F. ANSELMETTI *et al.* 2011, *Pfyn/Finges. Évolution d'un terroir de la plaine du Rhône*, Cahiers d'Archéologie Romande 21, Archaeologia Vallesiana 4, Lausanne, 444 p.

PAPILLOUD J.-H. 2011, « Avant-propos », pp. 7-9 in *Les bisses : économie, société, patrimoine : actes du colloque international Sion* 2-5 septembre 2010, Annales valaisannes 2010-2011, 563 p.

PARC NATIONAL DE LA VANOISE 2007, *Patrimoine naturel de Saint-Bon Courchevel*, Chambéry, Parc national de la Vanoise, 167 p.

PARC NATIONAL DES ÉCRINS 2011, « Le maintien des canaux … avec l'aide de Natura 2000 », in site PNE 20/1/2011 (traitant le Valgaudemar), consulté en-ligne.

PÉROUSE G. 1911, *Les communes et les institutions de l'ancienne Savoie d'après les archives communales*, Chambéry, Imp. Nouvelle, 99 p.

PÉROUSE G. 1915, *Inventaire sommaire des archives départementales de la Savoie : Inventaire des archives départementales et communales, archives ecclésiastiques, série G, Diocèses de Tarentaise, de Grenoble et de Maurienne*, Chambéry, Imp. Nouvelle, 53 p.

PÉROUSE G. 1933, *La Savoie d'autrefois. Études et tableaux quinzième siècle 1391-1497*, Chambéry, Imp. Réunies, 347 p.

POCHE B. 1999, *Le monde bessanais, société et représentation*, Paris, CNRS Éditions, 370 p.

POSTEL S. 1999, *Pillar of sand : can the irrigation miracle last ?*, New York, The Worldwatch Institute, 313 p.

RADKAU J. 2008, *Nature and power : A global history of the environment*, Cambridge, Cambridge University Press, 448 p.

REGGIO L. 1965, « La pratique de l'irrigation en Vallée d'Aoste », *Le Flambeau* 12 (3).

REY F. 1930, *L'Exploitation pastorale dans le département de la Savoie*, Chambéry, Dardel, 92 p.

REY P.-J. 2011, « Réservoirs et systèmes d'irrigation dans les alpages du col du Petit-Saint-Bernard : vers l'identification de structures antiques ? », pp. 353-375 in *L'Eau dans les Alpes occidentales à l'époque romaine*, Mathieu, N., B. Rémy et Ph. Leveau (éds.), Grenoble, Les Cahiers du CRHIPA n°19.

REY P.-J., I. ANDRÉ et J.-M. TREFFORT 2008, « Les versants du Petit Saint-Bernard de la préhistoire à l'antiquité : nouvelles données sur les premières occupations de la montagne autour d'un passage transalpin », pp. 149-175 in *Le peuplement de l'arc alpin*, Richard, H. et D. Garcia (éds.), Paris, Éditions du CTHS, 420 p.

REYNARD D. 2001, « Aux sources de l'irrigation : statuts et règlements des consortages de bisses en Valais (XVe siècle) », pp. 19-32 in *Histoires d'eau. Actes de la conférence annuelle sur l'activité scientifique du Centre d'Etudes Francoprovençales*, Saint Nicolas, Aoste, 184 p.

REYNARD D. 2002, *Histoires d'eau : bisses et irrigation en Valais au XVe siècle*, Lausanne, Université de Lausanne, Cahiers Lausannois d'Histoire Médiévale 30, 252 p.

REYNARD E. 1995, « L'irrigation par les bisses en Valais », pp. 47-64 in *Les bisses : actes du colloque international sur les bisses Sion*, 15-18 septembre 1994, Annales Valaisannes, Bulletin annuel de la Société d'histoire du Valais romand, 2e série, 70e année, 375 p.

REYNARD E. 2002, « Agriculture irriguée et tourisme de randonnée en Valais. Le cas du bisse d'Ayent », pp. 73-94 in Guex, D. et E. Reynard (éds.), *L'eau dans tous ses états*, Lausanne, Inst. de Géographie, Travaux et Recherches n° 22, 106 p.

REYNARD E. 2005, « L'utilisation touristique des bisses du Valais (Suisse) », Institut de Géographie, Université de Lausanne, 12 p.

REYNARD E. et M. BAUD 2002, « Les consortages d'irrigation par les bisses en Valais (Suisse) », pp. 187-209 in Aubriot, O. et G. Jolly (éds), *Histoire d'une eau partagée : Provence-Alpes-Pyrénées*, Aix-en-Provence, Université de Provence, 250 p.

RIAUX J. 2007, « La reproduction des eaux par les arrosages, historique et actualité d'une théorie », *Conserveries Mémorielles* [Online] n° 2.

RICHARD L. 1999, pp. 73-74 in *Les Alpes*, A. Fayard (dir.), Lausanne, Delachaux et Niestlé, 319 p.

RICHARK Ch. 1993, *La Savoie dans la Résistance, Haute-Savoie — Savoie*, Rennes, Éds. Ouest-France, 473 p.

RIEDENER E., H.-P. RUSTERHOLZ et B. BAUR 2013, « Effects of different irrigation systems on the biodiversity of species-rich hay meadows », *Agriculture, Ecosystems and Environment* 164 : 62-69.

RIEDENER E., H.-P. RUSTERHOLZ et B. BAUR 2014, « Land-use abandonment owing to irrigation cessation affects the biodiversity of hay meadows in an arid mountain region », *Agriculture, Ecosystems and Environment* 185 : 144-152.

RIGLING A., H. BRÜHLHART, O. BAKER, T. FORSTER et F. SCHWEINGRUBER 2003, « Irrigation effect on diameter growth and vertical resin duct production of *Pinus sylvestris* L. on dry sites in the central Alps, Switzerland, » *Forest Ecology and Management* 175 (1) : 285-296.

RONC C. 1992, « Le contrôle des eaux », pp. 294-295 in *L'Homme et les Alpes*, COTRAO (éd.), Grenoble, Glénat, 384 p.

RONNA A. 1888-1890, *Les irrigations* (3 tomes), Paris, Lib. Firmin-Didot ; 730 p., 618 p. et 810 p.

ROTEN DUMOULIN R.-M. 1995, « La quête de l'eau à Savièse », pp. 329-340 in *Les bisses : actes du colloque international sur les bisses Sion*, 15-18 septembre 1994, Annales Valaisannes, Bulletin annuel de la Société d'histoire du Valais romand, 2e série, 70e année, 375 p.

ROULIER E. 1995, « Un regard ethnoarchéologique sur la genèse de l'irrigation en Valais », pp. 65-74 in *Les bisses : actes du colloque international sur les bisses Sion*, 15-18 septembre, 1994, Annales Valaisannes, Bulletin annuel de la Société d'histoire du Valais romand, 2e série, 70e année, 375 p.

ROUSSELOT-PAILLEY A. 2007, « Les canaux d'irrigation du Briançonnais : témoins de la société montagnarde d'hier et d'aujourd'hui », *Histoire des Alpes* 12 : 83-99.

RUF Th. 2001, « Droits d'eau et institutions communautaires dans les Pyrénées-Orientales », *Histoire et sociétés rurales* 16 (2) : 11-44.

RUFFIER-LANCHE G. 2004, *Frères des cimes : cent paroles, mille secrets*, Montmélian, la Fontaine de Siloé, 167 p.

SCLAFERT Th. 1926, *Le Haut-Dauphiné au Moyen Âge*, Paris, Société anonyme du Recueil Sirey, 765 p.

SCOTT J. et G. MARSHALL 2009, *Dictionary of Sociology*, Oxford, Oxford University Press, 816 p.

SIDKY H. 1996, *Irrigation and state formation in Hunza, the anthropology of a hydraulic kingdom*, Lanham, Maryland, University Press of America, 198 p.

SILVIN D. 2009, « Le trésor de la langue peiserote : un patois de haute-Tarentaise », *Société d'Histoire et d'Archéologie d'Aime* n° 25, 344 p.

STELLING-MICHAUD S. 1956, « Vercorin : une commune valaisanne au moyen âge », *Vallesia* 11 : 43-82.

TOURNIER H., Ph. LEBRETON et J.-P. MARTINOT 2000, « Approche écologique de l'avifaune de Vanoise », *Travaux scientifiques du Parc national de la Vanoise* 21, 304 p.

TRACQ F. 2000, *La mémoire du vieux village : La vie quotidienne à Bessans au début du XXe siècle*, Montmélian, La Fontaine de Siloé, 559 p.

TRÈVES J.-M. 1916, *L'ancien ru d'Emarèse*, Aoste, Imp. Catholique, 50 p.

TRÉVISAN D., J.-M. DORIOZ et Y. PAUTHENET 1994, « Apport d'un modèle simplifié de simulation du bilan hydrique pour l'analyse de la satisfaction du besoin en eau des prairies irriguées des Alpes internes », *Agronomie* 14 : 683-696.

TRUCHET S. 1894, « Lanslebourg et Montcenis », *Société d'Histoire et d'Archéologie de Maurienne* 2e série, t. 1, première partie, pp. 78-94.

TRUCHET S. 1912, « Termignon », *Mémoires et Documents de la Société Historique et Archéologique de Maurienne* 5 (2) : 1-43.

TUAILLON G. 2015, « Le but et les méthodes de la toponymie », *Nouvelles du Centre d'Études Francoprovençales René Willien* 71 : 25-47.

UPHOFF N. 1986, *Improving international irrigation management with farmer participation : getting the process right*, Boulder, CO et London, Westview Press, 215 p.

VIGNOTTI A. 1860, « Des irrigations du Piémont et de la Lombardie », *Mémoires de l'Académie Impériale de Metz*, 2e série 8e année, pp. 163-225.

VILLETTE J. 2012, « De l'eau, des canaux et des hommes : l'irrigation en Haute Maurienne », Mémoire de M2 Spécialité Environnement, Développement, Territoires, Sociétés, MNHN Paris, 107 p.

VIVIAN H. 1964, « Données nouvelles sur l'hydrologie de l'Isère et de l'Arc supérieurs », *Revue de Géographie Alpine* 52(2) : 265-303.

WERNER Ph. 1995, « Les bisses et leur environnement naturel en Valais : utilité des observations de la végétation actuelle pour les reconstitutions historiques », pp. 75-90 in *Les bisses : Actes du colloque international sur les bisses Sion*, 15-18 septembre 1994, Annales Valaisannes 2e série, 70e année, 375 p.

whc.unesco.org

WITTFOGEL K. 1964 (1957), *Le despotisme oriental*, Besançon, Éditions de Minuit, 672 p.

www.aqueduc.info

www.loisirs.ch/dossiers/15747/bisses-du-valais

www.vanoise-parcnational.fr (rechercher "irrigation")

ZURWERA R. 2011, « La sauvegarde des bisses », pp. 291-306 in *Les bisses, économie, société, patrimoine : actes du colloque international Sion* 2-5 septembre 2010, Annales valaisannes 2010-2011, 563 p.

Abréviations et acronymes

AC (Archives communales)
AD (Archives Diocésaines)
ADStJdeM (Archives Diocésaines Saint-Jean-de-Maurienne)
ADS (Archives départementales de la Savoie)
AF (Archives familiales)
AF SA (AF Serge Anxionnaz)
AF HB (AF Henri Béguin)
AF A-MB (AF Anne-Marie Bimet)
AF LC-S (AF Liliane Costerg-Sabatier)
AF FF (AF François Fraissard)
AF PG (AF Paul Gaimard)
AF RM (AF René Mugnier)
AF J-LP (AF Jean-Luc Penna)
Cliché A-MB (Anne-Marie Bimet)
Cliché BAM (Brien A. Meilleur)
Cliché JV (Julia Villette)
PCF (Premier Cadastre Français)
RTM (Restauration des Terrains en Montagne)

Annexe
Lexique des termes en dialecte et en français associés à l'eau et à l'irrigation en vanoise

L'irrigation, de même que tous les autres usages coutumiers de l'eau, était appréhendée par les populations montagnardes de Vanoise à travers le prisme du patois qui se décline en de nombreuses facettes, chaque commune ayant le sien. Mais tous émanent de ce tronc commun qu'est le francoprovençal dont font partie les patois savoyards. En même temps, ceux qui ont dressé maints documents anciens touchant à l'irrigation — clercs seigneuriaux, géomètres et ingénieurs des différents états, notaires — ont employé des mots, parfois dérivés des dialectes locaux ou du latin, pour rendre compte des différents aspects de cette activité : travaux d'arrosage, éléments de l'infrastructure physique, groupes d'arrosants, etc.

Ce lexique est composé de termes employés pour désigner les composants, les activités et la technologie associés aux usages traditionnels de l'eau en Vanoise, avec un accent sur l'irrigation pratiquée naguère à Hauteville-Gondon en moyenne-Tarentaise. Les entrées principales sont donc issues du patois d'Hauteville-Gondon, écrites en employant la graphie de Conflans et mises entre [crochets]. Les autres entrées en italique, provenant d'autres communes du massif, ont été transcrites en employant la même graphie afin d'assurer une uniformité de présentation. Des termes non-italiques sont issus des documents anciens et font partie principalement du français standard mais avec certains termes en latin ou parfois en ancien français pour des documents moyenâgeux.

[abéòlète, abiòlète] (du verbe *abèò*, abreuver) (n.m.) : petite subdivision finale du canal d'arrosage que l'on fait déborder dans le pré ou petites ouvertures, encoches pratiquées dans le bord aval du canal pour faciliter le débordement. Les *[abéòlète]* sont presque toujours perpendiculaires à la pente à Hauteville-Gondon et, s'ils se trouvent sur une limite de propriété, sont implantés sur celle du bas et donc entretenus par le propriétaire du bas. *Abiòlète* à Bellentre, Landry ; *abéròlète* à Bourg-Saint-Maurice (La Thuile) : petites ouvertures, encoches faites vers l'aval dans une rigole coulant perpendiculairement à la pente. Le mot désigne aussi, dans certaines communes de Tarentaise, l'ardoise ou planche étroite qui sert à barrer le cours de l'eau pour l'envoyer dans le pré ou dans un autre petit canal. Voir *èvour, dzéton.*

[achi gonvé ou *achi gòdzi]* (n.f) : herminette à fer recourbé utilisée pour creuser les troncs d'arbre afin de confectionner des cheneaux d'aqueducs. Voir *issoün.*

addouboz (n.m.) : probablement une tannerie (Gros 1935 : 28). « Un addouboz » construit en aval de Landry pour « nettoyer toute sorte de piaux » (peaux ?) pollue des canaux en 1650 (ADS ADS DD39).

[adui] (n.m.) : trou d'évacuation, maçonné en pierres ou en lauzes, qui prolonge vers l'extérieur la rigole à purin, dans un chalet d'alpage ou de montagnette. On envoyait dans cette rigole de l'eau qui ressortait chargée de purin et, canalisée dans une petite rigole, allait amender la prairie aux alentours du chalet. Voir *[lakò]*. Trou d'évacuation de l'eau, dans une cave à lait, en montagne. Voir *[bouta]*. Aqueduc souterrain empierré, par exemple pour traverser un chemin. Voir aqueduc. À Montrigon (Bourg-Saint-Maurice), captage d'une source. Voir *gratuije.*

[aféò] (n.f.) : foin coupé à la faucille le long des canaux, la faux ne pouvant pas faire un travail assez soigné. *[aféò]* (v.) : couper ce foin à la faucille.

[agòte] (adj.) : tari.

[s'agòtò] (v.) : se tarir.

aiger, aiguer, ayguer (v.) : arroser ; « pour aiger les prés » dans un albergement à Hautecour en 1430 (Million et Miédan-Gros 1866 : 601) ; pour « arroser » ou « irriguer » en 1563 à Hauteville-Gondon (AC HH12) et aux Chapelles en 1724 (ADS S745). Peut-être aussi aigager, terme employé à Peisey-Nancroix en 1660 (1784), peut-être « faire arroser » (ADS Landy DD33). « Esgaige », « esguer » à Sollières-Sardières en 1570 (AD de StJdeM). Aigage : droit d'arrosage (Pérouse 1911 : 78). Voir *àivâr, [èyvò].*

airél, aeyriel, ayruol, heyriel, *aérèl, èrê, èrel, èryel, [èryé], éryé, èrél* (n.m.) : canal d'arrosage en moyenne et haute-Tarentaise, en général moins important qu'un *byé* (voir ci-dessous). On trouve plusieurs variantes dans les témoignages en Tarentaise et dans les documents écrits, par exemple, Bessat et Germi (1993 : 150) et Constantin et Gave (1902 : 12). Types d'airiel : heyriels cordiets, éryé korshé, *[èryé kòrché]* airiels de grande course (voir canaux coursiers) ; airiel égouttier à Séez en 1812, les arrosants sont ordonnés de pratiquer « sur leurs prés le long du chemin des rigoles ou airiels égouttiers pour que l'eau des arrosemens ne s'y répande plus … » (ADS 187^{E} dépôt 218). Voir fossé d'écoulement ci-dessous. Aux Chapelles en 1860 le mot semble désigner une quantité d'eau répartie pendant une heure … « le nombre des portions d'eau soit heyriés est fixé à sept pour le foin et à quatre pour le refoin » (ADS S745).

àivâr (v.) : irriguer, à Sainte-Foy-Tarentaise (Constantin et Désormaux 1902 : 12).

aiveur (n.m.) : terme ambigu. Semble désigner une quantité ou une part d'eau écoulée pendant une période de temps déterminée à Montvalezan en 1766 ... « le dimanche ... jusqu'à minuit, couleront deux aiveurs pour arroser les prairies de la Provenciere, et l'autre aiveur à l'Echertes » (AC I-Archives Anciennes).

allouds : référent inconnu. Employé dans une reconnaissance de 1660 pour la paroisse de Landry-Peisey-Nancroix ... « chacune fontaine, nants, rieux et ruisseaux de toute la paroisse de Landry et Peysey, et ycelles eaux prendre et conduire par acqueducs, allouds et conduits tans vieux que nouveaux ... aiguer et aigager » (ADS DD33). Allŭo = arroser dans le dictionnaire latin Olivetti (www.grand-dictionnaire-latin.com). Alloir (n.m.) : allée, passage, galerie, corridor etc. (Favre 1882) ; *alĭeu* (n.f.) : allée couverte, Haute-Savoie ; *alĭòŭ* (n.f.) : allée, passage couvert conduisant de la rue à l'escalier d'une maison, Haute-Savoie (Constantin et Désormaux 1902) *;* *alyu* (n.m.) : couloir, corridor dans la maison, Séez (Freppaz s.d.1953).

alôyeur (n.m.) : vanne, écluse, Avrieux.

[améò l'e̱va] (v.) : amener l'eau ; *amïn-à l'é̱va*, Peisey-Nancroix (Silvin 2009).

anbéryu (n.m.) : « petite dérivation bifurquant d'une rigole d'arrosage pour irriguer un point difficile, » Séez (Freppaz s.d. 1953).

aqueduc ou acqueduc (n.m.) : désigne dans des textes anciens un canal d'irrigation ou une partie d'un canal ; employé parfois comme synonyme pour *airiel* ou *bied* (voir ci-dessus) ; p. ex. à Versoye, Bourg-Saint-Maurice en 1882 « deux [canaux] ... dits le grand et le petit aqueduc » (ADS S738). À Landry en 1771 « construire un canal soit bied et aqueduc vulgairement dit » (ADS DD40). À Séez en 1869 « aigueduc ou airié » (ADS 187^E^ dépôt 218). Semble désigner à Hauteville-Gondon en 1862 (AC 3O13) et en 1908 (AC 308) des canaux secondaires ; toujours à Hauteville, au milieu du XXe siècle, ouvrage en pierre permettant le passage d'un canal sous la route. Peut désigner la partie d'une prise en bois pour sortir l'eau d'un cours d'eau enfoncé dans un ravin. Aux Chapelles en 1882 désigne un tronc d'arbre évidé et suspendu au-dessus d'un ruisseau assurant le passage de l'eau du canal, confectionné plus tard en planches sciées et cloutées en forme de « U » (ADS S742). À Séez en 1869 désigne des bras du canal de Beaupré (ADS 187^E^ dépôt 21). À Séez en 1865 nomme aussi la partie d'un canal en pierre passant «sous la route», une sorte de buse (ADS S749). À Bramans en 1878 « la réparation d'un aqueduc établi sous la route » (AC F8°4a).

[a rata pòrchon] (loc.adv.) : proportionnellement à, au prorata de. Par exemple, chacun a droit à une quantité d'eau proportionnelle à sa surface à irriguer.

aròlâ (n.f.) : portion de pré situé entre deux canaux d'irrigation à Bourg-Saint-Maurice, *èròlò* à Montrigon. Voir *ayròlä, blèyra, byala, [eûlò]*.

arpenteur (n.m.) : semble être synonyme de géomètre à Séez en 1802 (ADS 187^{E} dépôt 21).

arrosement (n.m.) ou arrosemens : employé communément dans les documents anciens pour désigner arrosage ou irrigation, p. ex. « les arrosements ».

arsêyoün (n.m.) : partie d'un pré qui reste non arrosée. Se produit lorsqu'on détourne l'eau trop rapidement ou pas assez longtemps, à Montvalezan (Gaide 1994).

arsiyoün (n.m.) : petite partie de pré qui n'a pas été irriguée, où l'eau n'a pas pu aller, à Séez (Freppaz s.d. 1953).

associé (n.m.) : membre d'un syndicat d'arrosage ; terme récent.

ayròlä (n.f.) : pré situé entre deux canaux d'irrigation à Montvalezan (Gaide 1994). Voir *aròlâ, blèyra, byala, [eûlò]*.

bachal, bachai (n.m.) : en français régional, bassin, lavoir, abreuvoir, auge creusé(e) dans un tronc d'arbre, parfois en pierre, servant à s'approvisionner en eau potable, à abreuver les bêtes, à faire la lessive, à laver ustensiles et outils etc. (Pérouse 1911 : 74 et autres dictionnaires). Voir les termes suivants, ainsi que *[òdzò]* et *tsinäl*.

badiais (n.m.) : ancien terme pour auges ou réservoirs (Pérouse 1911 : 74).

bassé (n.m.) : bassin, auge à Termignon.

batsassé (n.f.) : bachal en bois à Bessans.

batsòsse én' pèò (n.m.) : bachal en pierre à Bessans.

bialère, biallère, bialèr, biallier, biallière (n.m. ou f. ?) : canal, terme générique. Val d'Isère (Charvin 1979) ; Bessans (Chazal 2002 : 76, 110) ; bialèr : canal d'amenée à Villarodin-Bourget. À Bramans en 1791 « la biallière » du moulin (AC SO3e) ; en 1844 « la biallière dite du Verney » (AC SD1e2). Appliqué au canal du Biollay aux Allues en 1876 (AF FF). Variantes : biallerie (Modane 1514, ADS C1823), bialliage, bialliеré (Modane 1566 [1790], AC DD1). Voir *[bròtsète]*.

bijeléra (n.f.) : superficie arrosée par un *byai* à Aussois ; *lé byalré* à Bramans. À Modane en 1566 [1790] « une bialliеré d'eau allant en bas, » une quantité d'eau (AC DD1) ?

blayiré (n.f.) : canal d'amenée pour un moulin à Villaroger.

blèyérè (n.f.) : canal d'amenée à un moulin, une scierie à Termignon.

blèyeur (n.m. sing.) *blèyar* (n.m.plur.) : canal à Termignon ; *le gran blèyeur* = « le grand canal » à Termignon.

blèyra (n.f.) : zone irriguée entre deux *blèyar*, à Termignon. Voir *aròlâ, ayròlä, byala, èròlò* et *[eûlò]*.

[bòrnèl] (n.m.) : tuyau d'arrivée d'eau d'un bassin, en bois ou en métal. Il peut être habillé de façon artistique ; *bòrnèl* (n.m.) : bourneau de fontaine à Séez (Freppaz s.d. 1953)

bòrnèlira, bòrnèléra (n.f.) : trou creusé par l'eau d'irrigation quand on ne la surveille pas, provoquant des infiltrations, à Bourg-Saint-Maurice ; *[bòrnèleûa]* à Hauteville-Gondon. Voir *[s'én'bòrnèlò]*.

[bòryò] (n.m.) : digue de protection.

[bourna] (n.f.) : trou au sens général. Grande pierre plate placée au croisement de deux canaux, percée d'un trou rond, servant au partage de l'eau, délivrant une quantité d'eau déterminée par le diamètre du trou.

bourneau, borneau (n.m.) : canalisation en bois évidée, souvent enterrée, pour amener de l'eau d'une source à un bassin (ou bachal) à Sainte-Foy-Tarentaise (Emprin 1933) et à Valezan en 1693 (ADS CC65). Terme généralisé en Tarentaise.

[bouta], bouida (n.f.) : petite cave à lait, à Villaroger et plus largement en Tarentaise, parfois voûtée, en montagne, dans laquelle on faisait couler l'eau pour garder une fraîcheur constante. Le mot a aussi le sens plus général de petit abri muré et voûté à Hauteville-Gondon et à Bourg-Saint-Maurice. Voir *[krata], frègué*.

[bròtsèta] (n.f.) : tarière pour creuser les *[bròtsète], brotsêta* (n.f.), Montvalezan (Gaide 1994). Voir *[bròtsète]* et *[taòò]*.

[bròtsète] (n.m.) : « cheneau » en bois de gros diamètre, couloir de planches permettant de conduire l'eau dans des terrains instables ou perméables ou de la faire passer au-dessus du vide, en surplomb ou d'un rocher à l'autre. À Hauteville-Gondon, c'est aussi le canal d'amenée d'eau à un artifice.

buta (n.f.) : butte artificielle, à Termignon, sur laquelle on creusait un canal pour faire déborder l'eau de chaque côté et arroser ainsi les combes inaccessibles autrement.

byal, [byé] (n.m.) : gros canal, branché directement sur un ruisseau, en eau pendant toute la saison d'arrosage et entretenu par corvée par tous ses utilisateurs. En Tarentaise, en général, plus important que l'airel mais pas toujours, peut aussi désigner un canal secondaire (voir ci-dessus). Terme commun en Tarentaise : bié, biez, biedz, bied, bief, variantes de l'orthographe trouvée dans les anciens documents en Tarentaise, p. ex. « Bye ou bié de Berne » à la Côte-d'Aime en 1597 (ADS E-supplément, DD 35) ; variantes en haute-Maurienne : *bial*, Avrieux, Bramans *; byal*, Aussois (Duraffour 1969) ; *byai*, Aussois, Saint-André ; bial et biail à Modane en 1566 [1790] (AC DD1).

byala̲ (n.f.) : zone irriguée entre deux canaux à Bessans. Voir *aròlâ, ayròlä, blè̲yra, èròlò, [eûlò].*

byalè̲ (n.f.) : canal principal d'arrosage à Bessans ; *byalé̲ye* (n.f.) à Bonneval-sur-Arc.

byalèye (n.m.) : canal secondaire à Bessans et à Bonneval-sur-Arc.

canal (n.m.) : terme retrouvé dans des documents à partir du 18e siècle pour désigner des bieds ou airiels, p. ex. « canal principal », « canal secondaire », « canal de subdivisions », « canaux de distribution ».

canal coursier (voir aussi airiel coursier ci-dessus) ; corsier : désigne des canaux longs, importants. À Séez en 1803 appelés « les airiels de grande course » (ADS 187^{E} dépôt 218) ; à Séez en 1875 : « canaux secondaires dit vulgairement coursier » (ADS S740). À Modane en 1566 [1790] désigne des canaux secondaires entretenus par des riverains (AC DD1). Voir *[èryé kòrché].*

canal d'amenée : un canal amenant de l'eau à un artifice/un moulin. Voir béalière et *[bròtsète].*

canal d'arrosage ou canal d'arrosement : terme générique désignant un canal d'irrigation, p. ex. aux Chapelles en 1845 (ADS 5FS517).

canal de colature : désigne probablement un canal de récupération à Bellentre dans les années 1860 (ADS 39SPC1). Voir canal ou fossé de dessèchement ci-dessous.

canal de décharge : synonyme de déchargeur, déversoir (voir ci-dessous).

canal de rupture : synonyme pour canal de décharge, déchargeur ; employé à Longefoy (Aime) en 1876 (ADS 1Fi219).

canal ou fossé de dessèchement : désigne probablement un canal ou fossé de récupération à Séez en 1920 (ADS S740). Voir airiel égouttier ci-dessus, fossé d'écoulement ci-dessous.

canton (n.m.) : synonyme de « mas », « quartier » ou « section » aux Chapelles en 1849 (ADS 5FS517).

cartanée, quartenée, quartainée *[kartin-ò]* (n.f.) : mesure de surface ou de quantité, utilisée à Hauteville-Gondon (250 m^2), à la Thuile de Bourg-Saint-Maurice en 1806 (AF SA), en 1859 (ADS 83S10) et ailleurs en Tarentaise. En Suisse : « ancienne mesure de superficie et de capacité … utilisée dans les vallées grisonnes et valaisannes » (Dictionnaire Historique de la Suisse). *Voir émna.*

charger l'airiel, charger le bié (v.) : expression signifiant « mettre le canal en eau ». L'airiel est chargé = l'eau circule dans le canal, p. ex. à Séez en 1741 (ADS 187^E dépôt 21). Voir *[tsardjé l'èryé].*

chenal (n.m.), chenaux (plur.) : conduite en bois. En 1724 une chenaix passe au-dessus du canal des Chapelles pour desservir un moulin; en 1824 des « cheneaux en bois » faisaient passer le canal des Chapelles au-dessus du ruisseau de la Ravine à Valezan en 1824 (ADS 5FS576). À Bramans en 1901 « vingt mètres de cheneaux en bois » pour le canal de Verney (AC SO3°). Voir *salôa, salòoué, sèyurè, [tséò].* En français régional, le mot est parfois féminin, « la cheneau ».

conducteur (n.m.) : personne responsable du suivi des réparations d'un canal à Séez en 1802 (ADS 187^E dépôt 218).

consort (n.m.) : un ayant droit à l'eau, membre d'un groupe d'arrosants défini. Employé à Montvalezan en 1374 (Gaide-Chevronnay 1931 : 146+) et à Modane en 1566 [1790] (AC DD1) ; synonyme de « parier » (Pérouse 1911 : 79 ; voir ci-dessous).

cotet (n.m.) : document, liste des noms de ceux qui doivent de l'argent pour réparer un canal à Séez en 1802 (ADS 187^E dépôt 218).

couor (n.m.) : tuyau en bois amenant de l'eau aux montagnettes à Bessans (Chazal 2002 : 58).

coursier, canal coursier, bied ou airiel coursier, courdier, etc. (adj.) : canal important (voir canal de longue ou de grande course, ci-dessus). À Bramans en 1920 « le canal principal de transmission, dit coursier » (AC N1°e). À Aussois « L'eau captée sur les ruisseaux était amenée par un canal principal appelé canal coursier » (Couvert 2003 : 15). Ailleurs, canal secondaire important (voir ci-dessus et ci-dessous *[èryé kòrché], kortsé).*

[dèbòrdò] (v.) : déborder. On trouve aussi *[dèvarsò].*

déchargeur (n.m.) : canal de décharge, déversoir (voir ci-dessous).

déhèye (n.m.) : fuite d'eau ; *déhèyé* (v.) : tomber goutte à goutte à Bessans.

dérivation (n.f.) : canal de dérivation. Terme générique pour un canal d'irrigation.

[dèrontrè] (v.) : arroser une première fois au printemps.

détsardzu (n.m.) : déchargeur, « déchargeoir », canal de rupture, canal de déchargement, déversoir (voir ci-dessous). Terme commun en Tarentaise.

déversoir (n.m.) : déchargeur (Hudry 1985 : 114) ou « déversoir de trop plein », à Doucy en 1866 (ADS 7M211). À Séez en 1885 « un déversoir régulateur » implanté sur le canal de Beaupré en aval de l'écluse-prise pour règlementer le débit du canal (ADS S741).

dévèrya (n.f.) : écluse à Bourg-Saint-Maurice.

[dèvriya, dèvérya] (n.f.) : prise d'eau sur le ruisseau ou éventuellement sur un gros canal.

[dèvriyé, dèvéryé l'èva] (v.) : détourner l'eau.

devyer (v.) : détourner l'eau à Hauteville-Gondon en 1563 (AC HH12).

dzéton (n.m.) : encoche sur un canal pour le faire déborder, à Bessans.

[dzòrnò] (n.f.) : journée de travail effectuée en corvée collective.

écluse (n.f.) : à Séez en 1779 (ADS 187^{E} dépôt 21).

écluseau (n.m.) : probablement une petite écluse (Séez 1861, ADS S749).

èga (n.f.) : eau à Saint-André.

[èhantsi] (n.f.) : étang artificiel qui permet de stocker l'eau durant la nuit pour augmenter la capacité d'arrosage pendant le jour.

émna (n.f.) : à Bessans, mesure de surface valant 666 m^2.

[(s')én'bòrnèlò] (v.) : en parlant de l'eau, creuser la terre, y occasionner des tunnels pour resurgir plus bas.

[én'ganhi] (n.m.) : document officiel établi par un géomètre, qui réglait la division de l'eau entre les propriétaires au prorata des surfaces de chacun (voir rôle). Les jours et heures auxquels chacun avait droit à l'eau y étaient déterminés avec précision et notifiés à toute personne concernée. Le mot « égance », du latin *aequatio*, est encore utilisé en Suisse et en Val d'Aoste, avec le sens de juste répartition.

[én'kluza] (n.f.) : écluse, aménagement permettant de détourner une partie de l'eau du ruisseau dans le *byé* ; *ékluza, èn'kluza* à Bourg-Saint-Maurice.

entrepreneur, intrepreneur (n.m.) : présent dans des textes anciens désignant une personne retenue pour un travail touchant à l'irrigation, p. ex. celui qui a dressé le règlement de 1724 aux Chapelles (ADS 5FS517) ou celui qui a réparé le canal des Villards-Breuil à Séez en 1776 (ADS 187^{E} dépôt 21).

èròlò (n.f.) : portion de pré située entre deux canaux d'irrigation à Montrigon (Bourg-Saint-Maurice). Voir *aròlâ, ayròlä, blèyra, byala, [eûlò].*

[èryé] (n.m.) *[èryè]* au pluriel : canal, nom générique ; èryèl ou eyriel, Sainte-Foy-Tarentaise (Emprin 1933) ; airiel, Montvalezan (Gaide-Chevronnay 1931) ; airél (Constantin et Désormaux 1902) ; airiel ou airel, Villaroger (Duraffour 1969) ; *èryèl* (n.m.), Peisey-Nancroix (Silvin 2009) ; *êrél* (n.m.), Montvalezan (Gaide 1994) ; airiel, Landry ; *éryé*, Bourg-Saint-Maurice ; *érui*, Pralognan-la-Vanoise. Voir *airél.*

[èryé kòrché] (n.m.) : gros canal branché sur le ruisseau, en général restant en eau toute la saison ou canal secondaire descendant droit dans la pente. Dans ce dernier cas, il est toujours empierré. À Hauteville-Gondon, un *èryé kòrché* est un canal au débit rapide, soit du fait de la quantité d'eau transportée, soit du fait de la pente. Ériels ou éryè kòrchés : « canaux secondaires » à Séez (ADS DD187E dépôt 21 et 218) ; *èryé kòché* : canal secondaire de taille intermédiaire à Bourg-Saint-Maurice ; « heriers corsiers » ou « canaux secondaires conduisant l'eau dans l'intérieur des prairies » aux Chapelles en 1885 (ADS S742). Voir canal coursier.

ésuite (adj.) : tari à Bonneval.

état (n.m.) : règlement mis en place en 1724 aux Chapelles (ADS 5FS517).

[eûlò] (n.f. sing.) : pièce de pré allongée, délimitée à l'amont et à l'aval par un *[abéòlète]* ou un *[èryé]*. Une grande surface de pré est constituée de plusieurs *[eûlè]* (pluriel de *[eûlò])* parallèles, de largeur sensiblement identique, chacune correspondant à la capacité d'irrigation du canal qui la longe à l'amont. Voir *aròlâ, ayròlä, blèyra, byala, èròlò.*

[èva] (n.f.) : eau ; *êva* ou *êyva* (n.f.), Montvalezan ; *éva* (n.f.), Peisey-Nancroix ; *èvò,* Bessans. À Bessans, l'Arc se dit *l'èvò grôssa. L'èyvadzò dè l'èvò grôssa* = la crue de l'Arc. A Peisey-Nancroix, *la grant'éva* signifie la grande rivière, probablement l'Isère.

èvour (n.m.) : saignée, encoche dans un canal pour le faire déborder, à Termignon. Voir *[abéòlète], dzéton.*

[èyveûa] (n.f.) : irrigation. *[lò tin dè l'éyveûa]* : la saison de l'irrigation.

[èyvò] (v.) : irriguer, arroser par gravité ; *évò* : arroser, Bourg-Saint-Maurice, Peisey-Nancroix (Silvin 2009) ; è*yva* à Bessans, *èyvò* à Bonneval-sur-Arc, *évèr* à Termignon.

farouir (n.f.) : tourne métallique à Termignon, Aussois, Bramans. Voir *pala, pô, tourna, transha.*

[fontòa] (n.f.) ou *[sòrsa]* (n.f.) : source, fontaine ; *foüntonn-nò,* Bessans (Chazal 2002) ; *foutan-na,* Bonneval ; *foüntòna,* Termignon. Fontaine est synonyme de source.

fossé (d'écoulement) (n.m.) : canal pour récupérer l'eau en surplus, au bas des versants arrosés, aux Chapelles en 1885 (ADS S742). « Des fossés nécessaires pour égoutter les eaux qui ont servi à l'arrosage » à Ste.-Foy en 1907 (ADS 9O86). Voir airiel égouttier.

frègué (n.m.) : « petites cabanes … où on mettait les chaudrons à tremper pour les maintenir au frais avec les fromages » à Bessans (Chazal 2002 : 141). Voir *[bouta].*

garde, garde canal, garde champêtre, garde particulier, garde spécial (n.m.) : désignent variablement ceux qui surveillent et gèrent l'usage quotidien d'un canal. Variante : gardiature à Hauteville-Gondon en 1866 (ADS 5FS503).

[gòrda èryé] (n.f.) : garde-canal ; homme chargé d'assurer la surveillance d'un canal.

[gardò son èva] (v.) : surveiller son eau pour qu'elle ne fasse pas de dégâts.

[sè gardò] (v.) : surveiller sa prise d'eau pour qu'on ne vienne pas vous la détourner.

[glèrjé] (v.) : en parlant d'un cours d'eau, apporter des pierres, du gravier, du limon. *[Lè gléé] Les Glières,* en Tarentaise, toponyme associé aux terrains d'alluvions, souvent en fond de vallée au bord de l'Isère ou sur les cônes de déjection des torrents. *[An gléé]* (n.f.) : un pré, généralement assez grand, situé en de tels lieux.

goaye (n.m.) : ruisseau intermittent, souvent à sec, mais sujet à des crues brutales chargées d'alluvions, à la Côte-d'Aime. Ces *goaye* endommageaient souvent les canaux qui les traversaient.

[goulyi] (n.f.) : gouille (également purin) ; *gòya,* petit étang parfois élargi et/ou maçonné afin de fournir de l'eau potable, p. ex. à la Savine à Villaroger ; *gôlye* : gouille pour abreuver le bétail à Bonneval-sur-Arc ; *gòye d'éva* : gouille naturelle ou aménagée à Termignon.

gratuije (n.f.) : ouvrage en pierre sèche, qui recouvre une source pour la protéger, à Montrigon (Bourg-Saint-Maurice).

issoün (n.m. ou f.?) : herminette à fer recourbé servant à confectionner les cheneaux, en Maurienne. Voir *[achi gonvé].*

[kala] (n.f.) : éboulement, glissement de terrain. Voir *kaye.*

[kalò ou *mòdò an kala]* (v.) : s'ébouler.

kanòl (n.m.) : terme générique pour canal à Bonneval-sur-Arc.

kava (n.f.) : cave en montagne à Termignon.

kaye (n.m.) : glissement de terrain à Termignon.

kirielle (n.f.) : une sorte d'aqueduc, record ou tourne (?) pour détourner de l'eau d'un canal à un autre (Combet et Bouchage 1998 : 8).

kiv, [kiva] (n.f.) : mélange de purin et fumier versé dans un canal d'alpage à Villaroger et à Hauteville-Gondon. Également liquide répandu en abondance là où l'on s'attend à trouver le sec ou mélange de neige fondue et d'eau, à Hauteville-Gondon.

[kòpò l'éva] (v.) : couper l'eau à Hauteville-Gondon ; à Peisey-Nancroix (Silvin 2009).

kortsé, korshé, corshé, corché, corsier, cordier : coursier, adjectif employé avec canal, p. ex. airiel ou éryé korshé, etc. ; canaux de longue course, canaux secondaires, par endroits canaux principaux ; « les heyriels cordiers » à Hauteville-Gondon en 1563 (AC HH12) ; « des canaux secondaires désignés vulgairement sous le nom d'ériés corchés » à Séez en 1922 (ADS S750).

korva (n.f.) : corvée à Bourg-Saint-Maurice ; *[kòrvò]*, Hauteville-Gondon ; *kòrvé*, Bonneval-sur-Arc et Bessans ; *kòroua*, Termignon. Voir *[dzòrnò]*.

[kouéò l'èryé] (v.) : curer, nettoyer *l'èryé* ; *keua*, Bessans. *Fò faé na kòrvé pè keua la byalè* : « il faut faire une corvée pour curer le canal », à Bessans.

[kòvò l'èva] (v.) : laisser l'eau longtemps au même endroit sans surveillance.

[krata] (n.f.) : ouvrage de captage d'une source à Hauteville-Gondon, Bourg-Saint-Maurice. Le mot est employé parfois pour désigner une cave à lait en montagne, rafraîchie par un courant d'eau. Voir *[bouta], frègué.*

[kratén] (n.m.) : diminutif de *krata*. Petite cave.

krozò oün èryèl (v.) : creuser un canal à Peisey-Nancroix (Silvin 2009) ; *[kròzò on èryé]* à Hauteville-Gondon.

laké ou [lakò] (v.) : faire passer de l'eau dans la rigole à purin d'une écurie ou « halle » de montagne pour la nettoyer et faire ressortir cette eau chargée des excréments pour l'envoyer ensuite dans les prés ou pâturages alentour. On dit aussi *[nèyé]* (voir ci-dessous). C'était une façon d'amender les pâturages et les prairies de montagne ou de montagnette.

[laye] (n.m.) : lac. À Hauteville-Gondon, on obstruait le déversoir d'un petit lac d'où partait un canal pour obtenir momentanément un gros débit lorsqu'on voulait *lakò*, au chalet du Carreley.

levée d'eau (n.f.) : prise ou partie d'une prise, probablement en bois, pour sortir de l'eau d'un ruisseau violent ou enfoncé à Séez en 1864 (AF J-LP).

liak (n.f.) : eau imbibée de purin et fumier ... *on va liakor* à Sainte-Foy-Tarentaise.

[lô d'èva] (n.m.) : quantité d'eau attribuée à chacun, dans la répartition. Sur le canal de l'Arc, à Bourg-Saint-Maurice et Hauteville-Gondon, chaque lot correspondait environ à 15 litres/seconde.

[marén'] (n.m.) : matériaux de petite taille, déposés par un cours d'eau.

mariz ou maris (n.f.) : synonyme de « prise » en 1563 à Hauteville-Gondon (AC HH12), point d'origine d'un canal ... *[mâré]* en patois d'Hauteville ; « la matrice » aux Chapelles en 1724 (ADS S745).

[masse] (n.m.) : ensemble de propriétés situées dans un lieu-dit. S'écrit « mas » en français.

mènèrèchi (n.f.) : goulotte de bois conduisant l'eau à un moulin. Chéneau très grand à Séez (Freppaz 1987) ; *minoriche* : canal qui conduit l'eau aux moulins situés sur le ruisseau de l'Arbonne à Bourg-Saint-Maurice en 1859 (ADS 83S10) ; *mounéchi* : canal d'amenée d'eau au moulin à Peisey-Nancroix (Silvin 2009).

morèna (n.f.) : endroit surélevé sur lequel on creuse un canal ou une rigole afin d'irriguer les deux versants à la fois, à Sollières-Sardières. Voir *buta*.

[moulén'] (n.m.) : moulin *; moulïn,* Peisey-Nancroix *; meuleun',* Bessans *; mlén',* Termignon.

[mouléète] (n.m.) : petit moulin.

[nan], nant (n.m.) : ruisseau, torrent en Tarentaise; parfois employé comme synonyme pour canal, bied, airiel, etc. sur certaines cartes et textes anciens, p. ex. : « canal du nant des Villards » à Séez en 1803 (ADS 187^{E} dépôt 218).

[nantète] (n.m.) : diminutif de *[nan]*. Parfois utilisé comme nom propre : le Nantet à Bourg-Saint-Maurice et à Hauteville-Gondon.

[nè] (n.m.) : rouissoir à chanvre à Hauteville-Gondon. Ailleurs, petit étang créé immédiatement au-dessous d'une source pour accumuler l'eau et l'envoyer dans un canal d'irrigation ou pour irriguer des zones isolées.

[nèta] (n.f.) : vase, limon. *[nètò]* (v.) : en parlant de l'eau, déposer de la vase.

[nètò] (v.) : en parlant de l'eau, déposer de la vase.

[nèyé], [nèyé la drudzi] (v.) : noyer le fumier, amender les prés ou les pâturages avec un mélange de purin, fumier et eau ; *néyé* à Bourg-Saint-Maurice, à la Thuile et ailleurs. Synonyme de *[lakò]* ; *nèyé lò fèmèye* à Bonneval-sur-Arc ; *btò lò femeur a l'èva* : mettre le fumier dans l'eau à Termignon ; « noyer le fumier » à Versoye, Bourg-Saint-Maurice en 1882 (ADS S738).

[òdzò] (n.m.) : bassin, bachal ou auge, p. ex. *[l'òdzò du vladzò]* « le bassin du village » ; *[l'òdzò du pouér]* : « l'auge du cochon ».

ouvrage d'art : se dit d'un élément d'un canal confectionné par un spécialiste, un « homme de l'art », p. ex. des écluses ou des vannes à Bourg-Saint-Maurice, canal d'Arbonne en 1893 (AF SA).

pala (n.f.) : plaque pour détourner l'eau à Sollières-Sardières ; *palò* (n.f.) ; grande plaque semi-circulaire munie d'une poignée sur le dessus pour bloquer l'eau et l'envoyer dans une autre direction, à Bessans. Voir *farouir, pô, tourna, transha.*

parier (n.m.) : voir consort.

pechaye (n.m.) : en alpage, petite cascade au bout d'une rigole prolongée d'une « cheneau » en bois, sous laquelle on place des seaux, à Bonneval-sur-Arc ; *pichròta* (n.f.), Termignon ; *pichòye* (n.m.), Besssans (Chazal 2002 : 141). *L'èvò l'iareuvé pè lò byalèye é lié tsète dou pichòye din la sèyé* : « L'eau arrive par le canal et, depuis le *pichòye,* elle tombe dans la seille », à Bessans.

[pô] (n.f.) : planche et, dans un sens spécialisé, planche utilisée pour détourner l'eau. Dans ce cas, elle est parfois munie de deux longues pointes qui la maintiennent dans la terre. Voir *tourna.*

pòssan (n.m.) : tronc évidé ou couloir de planches clouées en « U » pour canaliser l'eau afin de traverser des ravins, de petits vallonnements, à Bourg-Saint-Maurice.

[prèyssa d'èva], préza d'éva (n.f.) : prise d'eau, à Landry, Villaroger ; *prèyza d'èva*, Termignon ; *préyza d'éva*, Bonneval ; *preuyzò,* Bessans.

prix factaire, prix fait (n.m.) : devis fixant un prix préétabli, p. ex. à Séez en 1779 (ADS 187^E^ dépôt 21).

procureur (n.m.) : celui assurant le suivi d'une réparation sur un canal, p.ex. à Séez en 1834 (ADS 187^E^ dépôt 218).

quartier (n.m.) : zone géographique (correspondant souvent à un ou plusieurs villages) recevant des eaux d'irrigation ; semble être plus ou moins synonyme de « section », « mas », « canton » aux Chapelles en 1724 (ADS S745) ; à Séez en 1766 (1855) « chaque acqueduc conduit l'eau dans chaque quartier » arrosé (ADS 187^{E} dépôt 218).

[ravudjé] (v.) : en parlant de l'eau, creuser, saper les talus, les digues … *[Lò nan a ravudja.]* « Le ruisseau a creusé, défoncé le sol ».

ré (n.m.) : ruisseau, Bessans ; *re*, Bonneval-sur-Arc ; *vassa l'èvò* = « traverser le ruisseau à Bessans ». Voir *nan*, *riu*.

règlement (n.m.) : désigne aux Chapelles en 1724 l'accord mis en place pour l'usage des eaux (ADS S745).

répartiteur ou ouvrage répartiteur (n.m.) : une sorte d'écluse ou vanne séparant l'eau d'un canal pour l'envoyer aux différents endroits, à Séez en 1865 (ADS S749).

rigola (n.f.) : rigole, terme répandu en Tarentaise et Maurienne ; *[rigôla]* à Hauteville-Gondon, p. ex. « rigole d'arrosage » ; à Séez en 1875 « de petits canaux soit rigoles » (ADS S740) ; parfois « rigoles de distribution » ou « rigoles de communication », à Hauteville-Gondon en 1881 et 1935 (ADS S752).

rigole de trop plein (n.f.) : à Macôt en 1912 (ADS 83S20) probablement un canal ou fossé de récupération (voir ci-dessus).

riu (n.m.) : ruisseau à Saint-André ; *rieu*, Aussois ; *riou*, Termignon. Voir *ré*.

rôle (roolle) (n.m.) : format abrégé d'un rôle de répartition de l'eau ou rôle du partage des eaux, entre les membres (associés) d'un consortage-syndicat ou autre groupe d'arrosants ; « roolle » à Hauteville-Gondon en 1692 (AF LC-S). Désigne aussi le document résumant les sommes ou les heures de corvée dues annuellement par les ayants droit pour l'entretien du canal ; un budget, p.ex. à Séez en 1812 « rôle de cottisation pour le payement d'entretien et réparations » (ADS 187^{E} dépôt 218).

rôle de répartition : format long pour rôle. Voir *[én'ganhi]*.

roulement (n.m.) : la période opérationnelle d'un rôle de répartition de l'eau, se renouvelle tous les x jours, en Vanoise généralement tous les 15 jours.

ruisseau (n.m.) : cours d'eau naturel. Désigne aussi parfois un canal d'irrigation dans des cartes et textes anciens, p.ex. à Séez en 1779 « le nant soit ruisseau de Séez » (ADS 187^{E} dépôt 21) ou le « ruisseau dit le bief Bovet » à Longefoy en 1868 (ADS PCF 3P 7352).

salèye (n.m.) : pièce fraîche pour conserver le lait ; cave à lait, souvent traversée par une rigole, à Bonneval-sur-Arc. Voir *bouida, [bouta], frègué.*

salôa (n.f.) : chéneau du toit en mélèze, auge en bois, canal d'amenée d'eau au moulin, à Bonneval-sur-Arc ; *salòoué* : chéneau creusé dans un demi-tronc pour recueillir l'eau du toit ou alimenter un chalet en eau, à Bessans ; *sèyurè,* Termignon ; *saléré* à Montvalezan, cheneau, autrefois en bois, servant d'évacuation des eaux de pluie du toit (Gaide 1994). Voir *[tséò].*

[sapa] (n.f.) : sape, outil servant à curer les canaux ou parfois à diriger l'eau dans tel ou tel canal ; *sapète* , Avrieux ; *sòpa* ou *sòpa byalèye,* Bonneval-sur-Arc ; *sapò,* Bessans ; *sapa dou blèyar,* Termignon.

section (n.f.) : désigne un « quartier » de la commune des Chapelles en 1884, p.ex. la commune est partagée en six « sections », chacune recevant sa part de l'eau d'arrosage (ADS S742).

sénalye (n.m.) : petit ruisseau pouvant servir à l'irrigation ou alimentant un moulin, à Bonneval-sur-Arc.

sèyurè (n.f.) voir *salôa.*

sinal (n.m.) : canal, tuyau, conduite, gouttière de toit. Séez (Freppaz s.d . 1953) Voir *[tséò], tsinäl.*

sociétaires (n.m.ou f.pl.) : ayants droit ou associés faisant partie d'un groupe d'arrosants à Bellentre en 1924 (ADS 9O73).

souscripteurs (n.m.) : désigne à Versoye, Bourg-Saint-Maurice, en 1882, les « associés » d'un consortage ou syndicat d'arrosage (ADS S738).

sousvoyé ou dyssouvoyé (v.) : se dit des eaux mélangées d'une source et d'un canal ou de deux canaux à Montvalezan en 1374 (Gaide-Chevronnay 1931 : 146+).

suiyé (v.) : tarir ; *la foünton-nò li suita* = « la fontaine est tarie », à Bessans. Voir *ésuite, [agòtò].*

[taòò] (n.m.) : tarière; *tariyirè* (n.f.) à Villaroger, longue tarière pour évider les bourneaux.

tchèvra (n.f.) : (littéralement « chèvre »), tuyau d'arrivée d'eau du bassin, à Bourg-Saint-Maurice.

[tòa] (n.f.) : cuvette où l'eau stagne, flaque.

[tourna] (n.f.) : tourne … plaque de fer, souvent semi-circulaire et munie de deux poignées, enfoncée verticalement en travers du canal pour le faire déborder ou renvoyer l'eau dans un autre canal. Terme commun en

Tarentaise. Il en existe de dimensions variables. Anciennement, à Hauteville-Gondon (et ailleurs en Tarentaise) on utilisait une planche (*an pô,* voir ci-dessus), munie de deux longues pointes en fer. Des lauzes, des pierres plates ou même des mottes de terre pouvaient aussi faire office de tourne. On parle aussi de *[dèvriya]* à Hauteville-Gondon *; touarna*, Peisey-Nancroix (Silvin 2009) ; *touérna*, Landry ; *turna,* Séez ; *tourna*, Montvalezan (Gaide 1994). À Termignon, *la tourna* désigne une digue en pierre sur un canal, servant à protéger une zone inférieure. Parfois donné en nom propre pour désigner un lieu-dit ou un site de détournement, p. ex, « la tourne des Fougères » aux Chapelles en 1882 (et 1724, ADS S745). Voir *farouir, pala, pô, transha.*

transaction (n.f.) : désigne un accord entre Montrigon et Hauteville en 1563 (AC HH12). Désigne en 1848 l'agrément pour la répartition de l'eau de 1724 aux Chapelles (ADS 5FS517).

transha, transhe (n.f.) : outil-plaque pour détourner l'eau, à Lanslebourg-Mont-Cenis. Voir *farouir, pala* pour la haute-Maurienne, *touérna, tourna* ... en moyenne et haute-Tarentaise.

[tsardjé l'èryé, lò byé] (v.) : charger le canal, le mettre en eau ; *tsardzé lo byé* à Bourg-Saint-Maurice.

[tsaròtò] (v. intr.) : se dit des ruisseaux qui gonflent et charrient des matériaux, ce qui pouvait endommager ou boucher les canaux et créer des désordres.

[tséò] (n.f.) : chéneau du toit en bois ou en métal. Demi-tronc creusé pour alimenter un bassin. En montagne où il n'avait pas toujours de bassin près des chalets, l'eau était amenée par une rigole dont la partie finale était équipée d'une *tséò* surélevée de façon à pouvoir recueillir l'eau facilement au moyen d'un seau ou d'une seille placé(e) sous la petite chute. Voir *salôa, salòoué.*

tsinäl (n.f.) : lavoir ou abreuvoir en bois, pierre ou béton ; chéneau en bois ou en fer amenant l'eau dans le réservoir d'un village à Montvalezan (Gaide 1994)

[turbilye] (n.m.) : roue à aubes, en bois, actionnant un artifice.

u (n.m.) : rigole à Bellentre, Les Chapelles, Valezan.

vannage de décharge (n.m.) : un point de déchargement d'un canal équipé d'une vanne, à Bramans en 1872 (ADS 42SPC2).

Dictons :

[I fò pò kòvò son èva, i fò la gardò] : « Il ne faut pas laisser son eau sans surveillance, il faut la surveiller ». Dicton d'Hauteville-Gondon.

[Kin on kouvè l'èva, i fè prindrè dè rvéè] : « Quand on laisse 'couver' l'eau, ça fait partir des ravines, des éboulements ». Dicton d'Hauteville-Gondon.

Ni pè plôzi ni pè radâ, lâchi toûn rècôr a êva : « Par n'importe quel temps, même s'il pleut à torrent, n'hésite pas à irriguer tes prairies » si tu veux obtenir une deuxième récolte de fourrage, car le terrain d'alluvions de Séez est très perméable et s'assèche rapidement. Dicton de Séez (Freppaz s.d. 1953).

[Pè plouvrè pè radò, i fò pò lòché lu prò a èyvò. S'i sarvèye pò u fin, i sarvéa u rèkôr] : « Qu'il pleuve ou qu'il rade (qu'il tombe des cordes), il ne faut pas laisser les prés à arroser » (sans arrosage). Si ça ne sert pas au foin, ça servira au regain. Dicton d'Hauteville-Gondon.

Table des matières

Des mêmes auteurs **7**

Remerciements **9**

Introduction **11**

Chapitre 1.
Méthodologie **15**

Les sources écrites 16

Sources d'archives 17
Les cartes et plans 18

Le recours à la mémoire : les « experts » locaux 19

Le repérage des canaux 20

La dénomination des canaux 26

Nouveaux problèmes méthodologiques 26

La « motivation » des noms 27

Plusieurs noms pour un canal… un même nom pour plusieurs canaux ... 29

Noms et ancienneté de construction ou d'usage 29

Chapitre 2.
La quête des origines **31**

L'irrigation médiévale en Maurienne et Tarentaise d'après les textes 31

Les sources 31

Les premiers résultats 33

L'irrigation en Vanoise, des origines préhistoriques ? 34

En résumé 35

Les canaux pour pallier le manque d'eau ? 36
Le climat, le relief, le sol, l'eau elle-même 36
Autres hypothèses 40

Chapitre 3.
Aménagements et infrastructure 45

Quelles propriétés irriguées ? 45

Le captage et le contrôle de l'eau 47

Où prendre l'eau ? Les points d'alimentation 48
Écluses, vannes ... et « tournes » 56
Les conduites 61
Les rigoles 67
Les canaux sur « moraines » 69

Dimensions 70

Canaux d'amenée, canaux de drainage et « déchargeurs » 71

Franchir les passages difficiles 74

Interconnexions 83

Dégâts aux canaux, dégâts des canaux 85

Dégâts naturels 86
Dégâts d'origine humaine 88
Dégâts aux propriétés 89

Canaux traditionnels et modernité … 89

Chapitre 4.
Le voyage de l'eau 91

La hiérarchie des canaux 92

La distribution secondaire 94
La fin du voyage 95

La saison des canaux 96

Mise en eau 97
Irrigation et regain 99
Morte saison 99

Les cycles d'arrosage 100

L'irrigation de nuit 103

Le calcul délicat des tours d'arrosage 105

Chapitre 5.
Construire, entretenir, réparer 109

Édifier 109

Maintenir 111

Les corvées 112
L'amateur et le spécialiste 118

Chapitre 6.
Des canaux pour d'autres usages 121

On n'irrigue pas seulement les prés de fauche.. 121

L'eau des canaux et les moulins 123

Combattre les incendies 125

Les usages domestiques de l'eau.. 125

La Vanoise en transition : les nouveaux usages de l'eau 128

Des canaux dangereux ? 130

Chapitre 7.
Les usagers et la répartition de l'eau 133

Questions de vocabulaire 134

Les premiers rôles de partage en Vanoise.. 135

Le XVIIe siècle : le changement dans la continuité 141

Le XVIIIe siècle : tradition, innovations et précision règlementaire 145

XIXe et début du XXe siècle : abondance règlementaire et formalisme. 148

Les rôles toujours plus précis 149

Différences locales.. 154

Fin de l'irrigation et involution des règlements 157

Qui dressait les rôles ? 159

Chapitre 8.
Les acteurs locaux.. 163

Les consortages.. 163

Consortages et communes 165

Comment fonctionnaient les consortages ? 166

Les associations syndicales.. 168

Les premiers changements tangibles 171

Associations libres ou autorisées ?.. 172

Anatomie des consortages-syndicats 173

Quelques statistiques à propos des consortages-syndicats................ 175

Les syndics.. 179

La haute-Maurienne : une irrigation sans consortages ?........................ 179

La surveillance des canaux 182

Les fonctions du garde.. 182

L'histoire du gardiennage des canaux en Vanoise 183

La désignation des gardes 186

Chapitre 9.
L'irrigation et les autorités supérieures....................187

Les canaux et le régime féodal....................187

Le statut de l'eau et des canaux....................187

La seigneurie et la gestion des canaux....................189

L'irrigation sous le régime sarde....................189

La gestion de l'eau et l'État français....................191

Le poids administratif....................193

Chapitre 10.
Questions de droit : à qui la « propriété » ?....................195

Posséder les canaux ou contrôler leur usage ?....................196

Contrôle collectif et contrôle communautaire....................198

Canaux d'exploitants....................199

Canaux municipaux....................200

Responsabilité partagée....................201

Les canaux partagés....................202

Contrôle partagé et jouissance conjointe....................202

Possession communautaire, canaux transcommunaux....................203

Le contrôle des cours d'eau naturels et des sources....................205

Au Moyen Âge....................205

Du XVIIe siècle à 1860 : la disparition des droits seigneuriaux et l'affermissement de la propriété communale....................207

Perte supplémentaire d'autonomie....................208

L'eau privée ? : le cas des sources....................209

Des cours d'eau comme limites intercommunales....................210

La « propriété » des canaux d'irrigation et le Premier Cadastre Fraçais210

La possession de l'eau et la propriété de la terre....................213

Chapitre 11.
Biens communs et pouvoir de décision....................217

Critères d'appartenance....................217

Les femmes....................218

Participer aux décisions....................219

Biens communs et utilisateurs multiples....................221

Cogestion de l'eau entre communes....................222

Chapitre 12.
L'irrigation… source de conflits 225

Acteurs et motifs des conflits 226
D'autres formes de conflit 228
Usagers contre experts 229
Partage des eaux et querelles de clochers 231
Usage des eaux et Révolution Industrielle 232
Contre les agents de l'État 233
Sanctionner la délinquance 234

Chapitre 13.
L'ethnoécologie de l'irrigation 237

Savoir populaire et traditions agropastorales 237
Connaissance des sols 238
Connaissance de l'eau 240
Du savoir populaire à la gestion globale de la ressource en eau 242
Connaissance du terrain et gestion de l'eau 246
L'ethnoécologie et les rendements des propriétés irriguées 248

Chapitre 14.
Contextes élargis : histoire, géographie, épistémologie, patrimoine ...251

Le contexte historique : un survol rapide 253
Le contexte européen et montagnard 254
Le contexte historique régional 256
Le contexte géographique régional 259
Historiographie et épistémologie de l'irrigation 260
Les deux Karl et les systèmes hydrauliques centralisés 260
Elinor Ostrom et la réhabilitation des communautés locales 261
Que nous apprennent les systèmes d'irrigation traditionnels ? 262

Conclusion 265

Bibliographie 269

Abréviations et acronymes 281

Annexe 283

Lexique des termes en dialecte et en français associés à l'eau et à l'irrigation en vanoise 283

La ruralité aux éditions L'Harmattan

Dernières parutions

FORÊT ET MONTAGNE
Textes réunis et présentés par Andrée Corvol, Charles Dereix, Pierre Gresser et François Lormant
L'importance économique de la forêt de montagne n'est pas neuve. Suite à l'évolution climatique, les États industrialisés ont engagé des politiques de boisement ou de reboisement en altitude. La sylviculture montagnarde progresse et transforme les paysages : les pentes dénudées verdissent peu à peu. Mais le vieillissement des forêts nuit à leurs fonctions et la chute d'arbres qui dévalent la pente est à l'origine des ponts obstrués et des routes coupées et aggrave les inondations. Comment y remédier et comment envisager leur rôle ?
(34.50 euros, 418 p.)
ISBN : 978-2-343-05523-7, ISBN EBOOK : 978-2-336-37259-4

JACQUES DE BOHAN UNE VISION DE L'AGRICULTURE
La passion d'entreprendre
Garnotel Joseph - Préface de Henri Nallet
Agriculteur champenois, Jacques de Bohan (1934-2005) fut de ceux qui révolutionnèrent l'agriculture de l'après-guerre. En tant que praticien puis dirigeant agricole, il manifeste une intuition qui fut à l'origine d'une profonde modernisation de l'organisation agricole française. Fondateur de Champagne viande et de Champagne céréales, le *leader* champenois exerça une influence profonde sur le destin de la coopération agricole. Ce livre traite également des défis actuels de la coopération agricole et de l'avenir qu'elle se prépare.
(20.00 euros, 202 p.)
ISBN : 978-2-343-05248-9, ISBN EBOOK : 978-2-336-37203-7

TIC ET AGRICULTURE
Appropriation des dispositifs numériques et mutations des organisations agricoles
Collectif sous la direction d'Aurélie Laborde
Malgré l'enthousiasme des discours portant sur la diffusion des outils numériques d'information, de communication et de gestion dans le monde agricole, les usages de ces technologies restent disparates, hésitants et souvent en deçà des possibilités réellement offertes par ces techniques. Ces usages et leur diffusion sont ici observés, dans une perspective interdisciplinaire, en s'attachant à étudier plusieurs secteurs agricoles et différents dispositifs techniques.
(Coll. Communication des Organisations, 24.00 euros, 244 p.)
ISBN : 978-2-296-96724-3

L'HARMATTAN ITALIA
Via Degli Artisti 15; 10124 Torino
harmattan.italia@gmail.com

L'HARMATTAN HONGRIE
Könyvesbolt ; Kossuth L. u. 14-16
1053 Budapest

L'HARMATTAN KINSHASA
185, avenue Nyangwe
Commune de Lingwala
Kinshasa, R.D. Congo
(00243) 998697603 ou (00243) 999229662

L'HARMATTAN CONGO
67, av. E. P. Lumumba
Bât. – Congo Pharmacie (Bib. Nat.)
BP2874 Brazzaville
harmattan.congo@yahoo.fr

L'HARMATTAN GUINÉE
Almamya Rue KA 028, en face
du restaurant Le Cèdre
OKB agency BP 3470 Conakry
(00224) 657 20 85 08 / 664 28 91 96
harmattanguinee@yahoo.fr

L'HARMATTAN MALI
Rue 73, Porte 536, Niamakoro,
Cité Unicef, Bamako
Tél. 00 (223) 20205724 / +(223) 76378082
poudiougopaul@yahoo.fr
pp.harmattan@gmail.com

L'HARMATTAN CAMEROUN
TSINGA/FECAFOOT
BP 11486 Yaoundé
699198028/675441949
harmattancam@yahoo.com

L'HARMATTAN CÔTE D'IVOIRE
Résidence Karl / cité des arts
Abidjan-Cocody 03 BP 1588 Abidjan 03
(00225) 05 77 87 31
etien_nda@yahoo.fr

L'HARMATTAN BURKINA
Penou Achille Some
Ouagadougou
(+226) 70 26 88 27

L'HARMATTAN SÉNÉGAL
10 VDN en face Mermoz, après le pont de Fann
BP 45034 Dakar Fann
33 825 98 58 / 33 860 9858
senharmattan@gmail.com / senlibraire@gmail.com
www.harmattansenegal.com

Imprimé en France
par Arts'Print Numeric - 24, rue de Vire - 14110 Condé-sur-Noireau
N° d'Imprimeur : 01896 - Dépôt légal : avril 2017

Made in United States
Orlando, FL
04 November 2026

90200817R00171